人生智慧三十六计

主编 钱斌

合肥工业大学出版社

图书在版编目(CIP)数据

人生智慧三十六计/钱斌主编．—合肥:合肥工业大学出版社,2019.3
ISBN 978-7-5650-4447-2

Ⅰ.①人…　Ⅱ.①钱…　Ⅲ.①人生哲学—通俗读物　Ⅳ.①B821-49

中国版本图书馆 CIP 数据核字(2019)第 054843 号

人生智慧三十六计

RENSHENG ZHIHUI SANSHILIU JI

钱　斌　主编　　责任编辑　疏利民

出　版	合肥工业大学出版社	版　次	2019 年 3 月第 1 版
地　址	合肥市屯溪路 193 号	印　次	2019 年 9 月第 1 次印刷
邮　编	230009	开　本	710 毫米×1010 毫米　1/16
电　话	综合编辑部:0551-62903018	印　张	23.5
	市场营销部:0551-62903198	字　数	301 千字
网　址	www.hfutpress.com.cn	印　刷	安徽联众印刷有限公司
E-mail	hfutpress@163.com	发　行	全国新华书店

ISBN 978-7-5650-4447-2　　定价：48.00 元

《人生智慧三十六计》编委会

序

抛砖引玉，智慧人生

2018 年 9 月 10 日，习近平总书记在全国教育大会上指出：“培养什么人，是教育的首要问题。”作为“人类灵魂的工程师”和“人类文明的传承者”，教师“承载着传播知识、传播思想、传播真理，塑造灵魂、塑造生命、塑造新人的时代重任”。

围绕立德树人的根本任务，新时代的高等教育要在学科体系、教学体系、教材体系、管理体系等方面进行重大调整，教师尤其“要在加强品德修养上下功夫”“要在增长知识见识上下功夫”“要在增强综合素质上下功夫”，对学生开展“智慧教育”。

然而，对于人类来说，“智慧”怕是最难定义的词汇之一了。不同国家、不同社会、不同民族的人们，在不同的历史时期，对智慧都有着不同的认识。

中国的先哲们，早已领悟到智慧对完善人生、发展社会的重要性。产生于春秋战国时期的诸子百家，从不同角度阐释了他们对智慧的理解，以及运用智慧的实践和心得，给后世留下了丰富的精神遗产。

孔子曾将智、仁、勇并称为“三达德”，认为这是天下通行的品德，可以用来调节君臣、父子、夫妻、兄弟和朋友之间的关系。他又将仁、义、礼组成一个系统，曰：“仁者人也，亲亲为大；义者宜也，尊贤为大；亲亲之杀，尊贤之等，礼所生焉。”用以构建他为政的理念。孟子则将“智”加入，以仁、义、礼、智为“四端”，认为这是君子必备的四种德行。后来，董仲舒又加入“信”，将仁、义、礼、智、信说成是人类与生俱来的法则，号为“五常”。

汉武帝罢黜百家、独尊儒术之后，儒家思想逐渐成为封建社会的正统思想。国家人才的选拔，开始重点考量士人的儒学修养；相应的，社会教育也开始以传授儒家经典为主。而智慧教育作为儒学教育的重要组成部分，则在中国延续了两千年之久。

我们甚至在一些启蒙读物中，也能发现智慧教育的内容，例如《增广贤文》。这部佚名的作品，以儒家精神统贯，博采诸子经典、诗词曲赋、戏剧小说、文人杂记以及民俗俚语，用韵编纂而成，重点教导儿童人生哲学、处世之道。其中许多语句，洞幽烛微，发人深省，至今流传。

不过，封建社会的智慧教育还是有所保留的。对于可能危及王朝统治安全的天文、兵法等，历朝历代均严加查禁，不允许民间私藏、阅览。中国古代最著名的兵书《孙子兵法》，在历史上曾长期被列为禁书。孙武的后代孙膑所著《孙膑兵法》，因长期雪藏于宫廷，以至于失传。直到 1972 年，在山东临沂银雀山一号汉墓出土了竹简本的《孙膑兵法》，才使这部兵书得以重见天日。

由于朝廷的严格管控，许多兵书只能以手抄本的形式流传。当代人熟知的《三十六计》，就是抄写在一本养生秘笈的后面。如果不是偶然发现，这本旷世奇书可能就此湮灭了。这本书被发现以后，以其深邃的思想、丰富的内容、精妙的变化，很快便被社会各界广泛关注、研究和运用，极大地丰富了今人的思想，启迪了当代人的智慧。本书也因此与《孙子兵法》并列为传统兵学经典。

1840 年以后，中国面临着“千年未有之变局”。在内忧外患的压力下，科举被无情地废除，新式学堂纷纷涌现，西式教育代替了儒学教育，传统的智慧教育也被废弃。

然而这些新式学堂单纯注重知识教育的问题，引起了国内有识之士的忧思。1936 年，时任浙江大学校长的竺可桢曾对学生提出：“诸位在校，有两个问题应该自己问问。第一，到浙大来做什么？第二，将来毕业后要做什么样的人?”他说：“第一，诸位求学，应不仅在科目本身，而且要训练如何能正确地训练自己的思想；第二，我们人生的目的是在能服务，而不在享受。”说明他已经认识到智慧对于大学教育的重要性。

人民教育家陶行知先生，不仅提出了“生活即教育”“社会即学校”“教学做合一”等智慧教育理念，并在晓庄师范加以推行，收获颇丰。

近年来，来自国外的“智慧教育”逐步受到国内教育界的重视。这是一种依托物联网、云计算、大数据、泛在网络、移动通信等新一代信息技术所打造的物联化、感知化、泛在化、智能化和个性化的新型教育形态和教育模式。许多高校和教师进行了尝试，取得了很好的教育教学效果。有专家据此断言：智慧教育是教育信息化的未来发展趋势，是未来教育的主要形态。

令人遗憾的是，迄今为止，教育界所做的“智慧教育”大都在内容上缺乏对传统文化的继承，在方式上缺少对传统实践的借鉴。全面传承传统理念和实践，富有中国特色的智慧教育思想远未形成。

如何贯彻习近平总书记“坚持扎根中国大地办教育，坚持以人民为中心发展教育，坚持深化教育改革创新”的要求，我校部分教师进行了一些可贵的探索。他们带领学生，以《三十六计》为线索，搜集整理古今中外案例，汇编《人生智慧三十六计》。

历时两年的编纂工作，让他们有了更多的收获。他们不仅丰富了“智慧教育”的内容、方式，厘清了新时代“智慧教育”的落脚点；并且在新的教育形势下，提出了大学生传统文化“科研传承模式”和“创新创业智慧学”的概念。他们还把智慧教育与课程建设、与思想政治教育、与大学生活动及各类项目进行了有效链接。

一种建构于传统文化基础之上的、全新的智慧教育理念与方式初具雏形。

我们出版本书，既是为了展现我校智慧教育的初步成果，更是希望抛砖引玉，吸引更多有志于探索智慧教育的专家、学者。

让我们共同努力，去培养更多符合时代需要、充满文化自信、有智慧的新型人才！

是为序。

陳鴻海

2019.8.28

（作者系合肥工业大学副校长）

目录

第一计　瞒天过海

肖　涵（合肥工业大学宣城校区信息工程系）

备周则意怠，常见则不疑。阴在阳之内，不在阳之对。太阳，太阴。

这是三十六计中“瞒天过海”的原文，意思是说：自认为防备十分周到时，就容易麻痹松懈；通常看惯了的，往往就不再产生怀疑。秘计总是隐藏在暴露的事物中，而不是和公开的形式相排斥。表面看来非常公开的事物，往往蕴藏着非常机密的内容。

一、颍考叔夺车遭射杀

诸葛亮用“瞒天过海”之计收了一名大将，而历史上的颍考叔却没掌握“瞒天过海”这一计策，胜利之际惨遭射杀。

接连击败宋国、戴国和卫国后，郑庄公准备讨伐许国。但郑庄公手下的大将太多，不知道该命谁为先锋。于是，郑庄公召来了足智多谋的祭足，请他出谋划策。祭足回答道：“很简单，让这些大将相互之间比赛一番，胜者即为先锋！”

比赛共分为三场。第一场比击剑格斗，各大将都想一展身手，夺得先锋之位。个个都拿出自身本领，经过比赛，选出了前六名大将，进入下一轮的比赛。

第二场比的是射箭。六位选手每人各有三次射箭的机会，射中靶心算一次。先上场的前四名大将，射箭的本领并不是太强。他们射出的三次有的两次中靶心，有的一次中靶心，有的甚至一次都没中。

第五位大将公孙子都上场了。只见他趾高气扬、气势十足地来到射箭位置，他把弓拉满，箭随即而出，三次全部击中靶心。公孙子都脸上露出了得意的笑容，他斜着眼看了看最后一位大将，眼神中透露着对他的蔑视。

最后上场的是位胡子花白的老人，名叫颍考叔，武艺高超。他曾劝郑庄公同母亲和解，郑庄公相当看重他。颍考叔三次射箭，也是三箭全中靶心。这时，颍考叔和公孙子都打成了平手。公孙子都心里特别不爽，决心要在决赛里打败颍考叔，当上先锋官。

决赛的规则是这样的：郑庄公派人拉来一辆崭新的战车，两位大将均站在百步开外的地方，同时出发抢战车，先抢到的即为先锋官。

公孙子都对先锋官势在必得。然而在他跑到一半的时候，不料脚下打滑，摔趴在了地上。当他爬起来时，颍考叔早已将战车抢在手中。公孙子都气愤地前来抢车，颍考叔见此连忙拉车跑远，公孙子都拔出戟追上去，一直追到大路上，二人的追逐最终在郑庄公的强制下才停止。郑庄公见状，赶忙宣布颍考叔为先锋官。

颍叔考因此担任这次征讨许国的先锋官，他也确实不负所望，取得一次又一次的胜利。最后，颍考叔率兵攻打许国都城，他身先士卒，搭云梯登上了许都城头。公孙子都因为之前的比赛一直对颍考叔怀恨在心，在这个眼看就要胜利的时候，他却拉弓朝着颍考叔的方向射去。颍考叔中箭后，摔下城墙，最终身亡。好在身边的瑕叔盈见先锋倒地，立即指挥士兵继续作战，终于攻下了许国都城。

满身武艺，戎马一生的颍考叔，的确是战死沙场的，但却不是被敌人杀害的，反而是因为自己取得了先锋一职，得罪了公孙子都，最终战死沙场。

颍考叔武艺太高，引起了心胸狭隘的公孙子都的嫉妒，从而招来了杀身之祸。我们应该从这个典故中学会一个道理，做人应该适当“瞒天过海”。

在职场中，与领导、同事打交道，要学会低调处事。不过分炫耀自己的才智，不轻易反驳别人的话。在人际交往中，装傻可以为自己遮羞，自找台阶，有时候更可以故意制造幽默的氛围，来达成反唇相讥的目的。

俗话说：“花要半开，酒要半醉。”在看到盛开的花朵时，我们会选择开得最艳的采撷，但是那些绽放一半的，反而摇曳得更长久。因而，“瞒天过海”才是生活的秘诀之一：有才华也不要全部显露，适当地隐瞒一部分，才可以给自身创造一个相对安全的环境，游刃有余地处理各种事情。

二、巧用歌声救性命

颍考叔因为不懂“花要半开”的道理，遭来公孙子都的嫉妒，而有人却用“瞒天过海”救了自己的性命，如外国的加里波第。

近代的欧洲各强国中涌现出无数的沙场强将，然而同为欧洲强国的意大利，强将却是少之又少。唯一算得上名声大震的军事明星，要数红衣大侠加里波第了。

加里波第的一生带有传奇色彩。他本是水手出身，十多岁时就像父亲一样做起了水手，乘帆远航。正因为有了做水手的这段经历，才使得他最初所在的组织起义失败后，顺利地逃到了南美。在南美的这段日子里，他集合意大利人组成了游击队，带着游击队在南美行侠仗义。渐渐地，加里波第带领游击队练出了很高的游击水平，多次以少胜多打败了正规军。因此，加里波第被人们称作“现代游击战之父”。不仅如此，因为加里波第还给队员们找来了一套红色的工作服，他的游击队又被叫作“红衫军”。

加里波第一生不仅为自己的祖国意大利而战，同时又曾出人意料地为巴西而战，为乌拉圭而战，为法国而战。

因为反对法国的独裁统治，身为起义军首领的加里波第被关押起来。1834 年的一个晚上，加里波第从监牢里逃了出来。他躲过了层层明岗和暗哨，避开了一队又一队的巡逻兵，来到了一家酒馆。

在酒馆里，正当加里波第享受久违的美味佳肴时，酒馆老板注意到了他。老板思索了一下，认出了他就是国王下令通缉的起义军首领。老板很是兴奋，想着如果把他送到国王面前，自己就能得到一笔不菲的财富。

酒馆老板为了进一步确认，来到了加里波第的身边，拍着他的肩膀问道：“嘿，兄弟，你哪里来的啊?”

加里波第抬起头，嘴里边嚼着食物边回答道：“我来自外乡，想要到这里来找份工作谋生，老板您是否能帮我一把?”

酒馆老板阴笑道：“算了吧！别以为我不知道你是谁，你就是那个被国王通缉的政治犯。你的口音出卖了你，刚从监狱里逃出来的吧。跟我走吧，让我把你平安地送回监狱，好让我发笔小财，说不定还会得到一个政府发给我的勋章。”

“我到监狱里原来会给你这么大的好处，”加里波第擦了擦嘴，站起来说，“那我就跟你走吧！”

刚走出位置两步，加里波第忽然转过身。酒馆老板以为他要逃走，忙抓住他：“你这个该死的政治犯，别想反悔。反抗可是没有任何意义的，你看看我的那些人，个个身材魁梧，力大如牛，你想逃也逃不掉的！”

加里波第笑嘻嘻地说：“老板，别着急啊！我是突然想到我点的菜还没上完，我也还没付钱，我白吃这么多菜，你舍得吗？”

酒馆老板听完了他的话，若有所思。见老板有犹豫之色，加里波第忙趁热打铁：“我知道你肯定在想，反正抓到政治犯的赏钱远远多于这顿饭钱。但是，这些饭钱也不少。你也说我是逃不走的，为何不让我吃完饭，你也多赚了钱，谁也不会和钱有仇，是不是？”

酒馆老板看着加里波第一脸真诚，终于说：“好吧，我就让你吃完这顿饱饭再进监狱。”

加里波第眼里闪过一道光，因为此时的酒馆里很热闹，有人唱歌，有人跳舞，还有人起哄。加里波第淡然地走到前面，大声地对众人说：“各位，下面请允许我为大家唱一首歌。”接着，下面响起了雷鸣般的掌声。加里波第瞬间进入状态，有模有样地唱起了《慈悲的上帝》。

不多会儿，歌曲本身的美妙加上加里波第神一般的演唱，令所有人都仿佛进入了一个无与伦比的境界，就连惦记着赏金的酒店老板也听得如痴如醉。

歌曲完毕，众人久久不能够回过神来。等到老板听到了喝彩声，才反应过来，想要抓加里波第，人却早已无影无踪。老板急忙向众人喊："大家快停下来，快抓住这个政治犯，别让他跑掉了呀！"

奈何酒馆里此时太过吵闹，老板的声音早被淹没了，哪里还有人听得到。即使老板一直不停地喊，也已经是徒劳无功了。

这个故事中，红衣大侠加里波第本来是落入老板之手，进定监狱了。然而他却没有放弃逃跑的准备，他巧妙地利用酒馆老板贪婪的特点，以付饭钱蒙蔽老板，使自己顺利逃脱。用障眼法转移人的注意力，掩盖真实的企图，这便是"瞒天过海"在处世中的妙用。

三、哈默"瞒天"成富翁

同加里波第一样，哈默也用过"瞒天过海"，不同的是，哈默连用了两次。这个哈默并不是家喻户晓的石油大王哈默，而是一位美国的医学博士。

1917 年，哈默独自一人在外求学。18 岁那年，他考进了哥伦比亚医学院，热爱医学的他立志要攻读硕士、博士学位。

然而正当他壮志满怀时，父亲突然来到了他的宿舍，神色哀愁地告诉他："儿子啊，我在纽约投资的药厂，被人骗了，损失很严重！现在，我决定让你回纽约接管药厂，挽回损失，但是不能退学！"哈默感到很为难，药厂在纽约，学校却在哥伦比亚，回去子承父业肯定会耽误学业的！然而不接手药厂又不行。思量许久，哈默想到了万全之策，开始进行他计划中至关重要的两步。

第一步，是对他学业的保障。他叫来了几位家境贫寒的同学，诚恳地对他们说："同学们，我很愿意和你们一起学习，最后一起攻读博士，但是现在我父亲的药厂濒临倒闭，我必须回纽约接手。我想和你们一起租一套公寓，你们所有的费用，都由我来支付。我只有一个条件，就是你们必须天天上课，每一门都不能逃，而且摘录下老师上课的重要内容，这些内容足够让你们考试通过，其他的不作要求。”

从这以后，除了必要的课程，哈默就不上其他的课程了。他只是定时取来几位同学摘录的笔记，用于自己闲暇时学习。四年以来都是如此，并且顺利通过各种考试和答辩，在 21 岁时戴上了博士帽。

第二步，是对公司的拯救。为了彻底清除公司的隐患，年纪轻轻的哈默辞退了所有徇私舞弊的工作人员。而后他招来 25 位推销员，对他们说道：“想继续留用的话，必须按照纽约市的地图，分地区推销。你们在各自划分的地区上，定期找医院、大药房推销；多多拜访医生，赠送我们的样品和每期的宣传材料。”

25 位推销人员疑惑地问：“但是你怎么保障我们每个人的收入？”哈默说：“你们的薪金由两部分组成：一部分是每月的底薪，每个人都一样，但是要降成原来的三分之二；第二部分则由你们每月推销药品的数量决定，每月推销得越多，薪金就越多。”

“那你怎么保证我们每月的那部分钱？”推销员们激动而又担心地问道。

哈默眼中闪过一道睿智的光芒：“你们向医生送药时，专门挑经济适用、快速有效的好药，而且必须是送很大一包，让医生不舍得扔掉，并且你们必须熟练地背下我给你们的材料，当他们问到时，能够做到有问必答，脱口而出。你们谁这样做还拿不到钱的话，我补发剩下的三分之一。”

听到这话，推销员们很快便再没有异议，纷纷行动起来。很快，哈默的办法便收到成效。随着订单的增多，药品的销路越来越广，职工越来越多，药厂的规模也日益扩大。当哈默成为博士的那天，他已经赚了100多万美元。

纵观哈默学生时代的这两次谈判，尽管带有明显的目的性，但还是深得“瞒天过海”一计的要义。首先，哈默为了顺利完成学业，隐瞒了自己想通过考试的目的，用生活费等诱人条件吸引同学，为学业提供了保障。其次，哈默为了挽救家里的药厂，同样以各种条件激起员工的上进心。最后哈默既完成了学业，又发展壮大了药厂。“瞒天过海”一计的核心，在于把真实的目的隐藏在外露事物的内部，不公开和事物对抗，最终取得理想的效果。

四、郁可松妙计除“蛀虫”

哈默连用两次“瞒天过海”，学业事业双丰收。然而，作为职场上职位不太高的员工，要想达到自己的目的，就更不易了。因此，在职场上适当地利用“瞒天过海”，会有事半功倍的效果。

郁可松跳槽到另一家公司时，在这家公司的市场部负责招标审核工作。这时，郁可松正在挑选合适的装潢公司，由于工作经验丰富，他一眼便看出来“御园装饰”公司水分大。调查后，郁可松更加惊讶：这家公司工程质量差、口碑差，为什么在以往的招标中屡次获胜呢？

原来，“御园装饰”公司的老板名叫黄千，和公司市场部经理钱峰是老乡。二人关系十分要好，而且精明的黄千抓住了钱峰爱财的心理，钱峰因此得到了不少好处。正所谓拿人手短，钱峰在公司里经常称赞“御园装饰”，所以才让“御园装饰”在招标中多次取胜。

郁可松很理智：如果把黄千公司的诸多漏洞一项一项摆在钱峰面前，非但不会对“御园装饰”造成影响，自己的前途很有可能受到影响。所以，要想扳倒黄千和钱峰，得逆着来。

郁可松是这样做的：在黄千面前，他努力地表现出一个新人的谦卑，毕恭毕敬。每当黄千自我吹嘘时，郁可松总是机智地应和。黄千看郁可松这样表现，心里暗自赞赏道：这是一个能够对我俯首称臣的人，值得拉拢过来。黄千的工程中出问题时，郁可松假装好意提醒，更让黄千信任郁可松了。

郁可松就这样隐忍着，终于等到了一个绝佳的机会。黄千资助钱峰和钱太太去马尔代夫旅游。郁可松马上收集了几家门店对黄千的投诉状，拿到黄千面前：“黄总，你看这几家门店对你们的装修效果怨言颇大，得尽快处理了，否则后果不堪设想！”黄千一听这话，神色慌张。郁可松马上趁热打铁，说：“加上这次你资助钱经理一家旅游的事情，已经传出去了，影响更大。”“不就是嫉妒旅游吗？我出钱让大家一起去，肯定就没人说什么了！”黄千立马转忧为喜，并且暗自得意。

然而，黄千并不知道他已经中了圈套。黄千出钱请相关的人都去旅游了一趟，但是这事很快被捅到了总部。总部立即派人下来彻查此事，很快，黄千和钱峰所有的事一并被查了出来，受到了相应的惩罚。郁可松轻轻松松地实现了自己的目的。

郁可松用“瞒天过海”一计巧妙地除去了“蛀虫”。他把自己敌对的一方拉拢过来，变成了自己人，使对方充分地信任自己。这可谓“瞒天过海”的最高境界。

黄千已经对郁可松足够信任，放松了戒备，这是“瞒”字的体现。这时候，郁可松利用黄千的信任，使黄千自己进了圈套，攻其不备，使下致命一击，顺利“过海”。

在职场中，应该学会“瞒天过海”，即学会制造假象，令对方麻痹，从而达到自己的目的，更轻松地度过职场生涯！

“备周则意怠，常见则不疑。”这是常人都会有的心理。所以，“瞒天过海”的本质便是利用人们这一心理，来实现自己的目的。

第二计　围魏救赵

孙习成（合肥工业大学宣城校区信息工程系）

共敌不如分敌，敌阳不如敌阴。

这是三十六计中“围魏救赵”的原文，意思是说进攻敌人兵力集结的地方，不如进攻敌人兵力分散的地方；主动攻击敌人，不如等待敌人露出弱点再进行攻击。

“围魏救赵”是我国历史上齐魏之间的一场战争，原指一次用计谋解除危机的军事行动，后引申为趁对方力量薄弱时发动攻击，用最小的代价获得最大的成功。对要达成的目的，不直接去攻取，而选择敌方要塞，乘虚而入，挫败或牵制敌人，间接实现自己的目的。这个计策的关键点在于对强大的敌人，不可以从正面攻击敌人，而是要避免敌人的锐利来攻击他的弱点。再一点，就是注意发现问题的关键，才能达到事半功倍的效果。

一、“马丁”送德假情报

二战时期，德国在欧洲大陆横行无忌，在矛头指向苏联后，德国逐渐陷入战争的泥潭，但是苏联一国之力对抗德国实在太过艰难，自然要求助英美等国相助。英美等国在考虑各种情况下，最终决定援助苏联，开辟第二战场。英美面对已经占领西欧海岸线的德国，登陆战势在必行，如何减少损失，则成了登陆战的头号重要之事。在这样的背景下，发生了下面的故事。

1943 年 4 月 30 日清晨，在西班牙南部的海岸上，一个渔民发现了一具身着英国皇家海军陆战队战地服装的军官尸体，附近还有一只被撞坏的橡皮救生艇。从死者身上找到的文件表明，死者是英国联合行动司令部的参谋马丁少校。他随身携带的物品中，有向银行透支的账单、一个姑娘的照片、刻着名字的手表、用过的公共汽车票等等。同德国关系密切的西班牙当局知道后，立刻把尸体运走了。

这个时候，英国驻西班牙大使馆的人员，表现得“惊慌失措”，要求西班牙政府帮助寻找一架失踪的飞机残骸。随后，英国向美国驻西班牙大使馆发出了“最高机密”的信件，通报了这一事故，并说马丁带有属于国家和军队机密的文件，并向西班牙政府提出归还文件的要求。

英国驻马德里的海军武官立即向西班牙当局说，马丁少校带有一只黑色公文箱，必须迅速和完整无缺地归还。有关当局以办理手续方面存在官僚主义作风为借口，拖了两个星期才归还公文箱。英国情报官员发现，尽管装有重要文件的信封是密封的，但显微镜检查表明，信的皱痕与原有的折痕不一致。

西班牙当时已是德国控制地，英国人知道，向西班牙人交涉，就是向德国人交涉，德国人肯定不会放过这个猎取英国情报的大好时机的。

果不出英国人所料。德国人立即对马丁进行了仔细的研究。认为他所携带的文件是极富价值的情报，尤其是那封蒙巴顿将军写给美国将军艾森豪威尔的信。德国人经过分析以后认为，盟军准备在东地中海选择进攻目标，而不是设想中的西西里岛。于是，德军最高统帅部迅速做出决断：把西西里岛的一支舰队调往希腊；命令第一装甲师火速穿越欧洲，从法国调到希腊的伯罗奔尼撒半岛，控制通向拉克索斯角和长拉马塔角两个海滩的交通要道，以阻挡对希腊半岛的进攻；在希腊沿海布雷，沿海岸部署炮群，建立摩托鱼雷艇的指挥部和海上巡逻队。

当德军正在为意外地获得如此重要的情报而额手称庆时，盟军突然在西西里岛登陆，使岛上的十万意军士兵成为阶下囚。

这个“马丁少校”实际上是伦敦医院里一具无人认领的尸体。他是英国情报机关用“六翼天使”潜艇，送给德国同行的一份“礼物”。得到的回报先是一个西西里岛，接着是整个德意法西斯的失败。

这个计策并非是典型的“围魏救赵”计策，但这个计策的确是对“围魏救赵”思想的最佳体现，是“围魏救赵”哲学思想的运用。对于当时的盟军来说，德国在欧洲横行无忌，为了打破这个局面，援助苏联方面，盟军必须进行登陆作战，只有登上欧洲大陆，才能拥有与德国进行战斗的机会，不然，只能作为旁观者。

德国担心自己后背受敌，要阻止盟军登陆；盟军要登陆，就要面临登陆战可能造成的巨大损失。为了避免这种损失，盟军采用了“围魏救赵”的方法。登陆西西里岛是目的，达成目的是十分艰难的。这时，盟军用假情报迷惑德国方面，让德国调走部分西西里岛的军队。将自己面对的敌人力量弱化，达到出其不意、轻松战胜的目的，这正是“围魏救赵”所要达到的！

二、一元钱的花费

“围魏救赵”在为人处世中如果能恰到好处的运用，能让你在人生的重要节点掌握主动权！

一位刚毕业的大学生到一家公司应聘会计，面试即遭到拒绝，因为他太年轻，公司所需要的是富有工作经验的员工。这位大学生却没有气馁，他对主管说：“请再给我一次机会，让我参加完笔试。”主管拗不过他，答应了他的请求。结果，这位大学生通过了笔试，由人事经理亲自复试。

人事经理对这位大学生颇有好感，因为他的笔试成绩最好。不过，大学生的话让经理有些失望，他说自己没有工作经验，唯一的经验是在学校掌管过学生会财务。他们不愿找一个没有工作经验的人做财务会计。人事经理只好敷衍道：“今天就到这里，如果有消息我会打电话通知你。”

这位大学生从座位上站起来，向人事经理点点头，从口袋里掏出一元钱给人事经理，说：“我希望如果我没有被录用，你可以给我打个电话。”

人事经理因此对这个大学生产生了浓厚的兴趣，问：“如果你没被录用，你想让我打电话告诉你什么？”

“请告诉我，在什么地方不能达到你们的要求，我在哪方面做得不够好，我好改进，那一元……”

没等大学生说完，人事经理微笑着说：“请你把一元钱收回去，我不会打电话了，我现在正式通知你，你被录用了。”

就这样，那位大学生用一元钱敲开了机遇大门。

大学生为什么会被录用？道理很简单，他拥有坚毅、诚信，敢于承担责任的品质。正是这些品质让人事经理破格录用这位大学生。从一开始的坚持参加笔试，到后来承认没有工作经验，再后来用一元钱，央求告知没有录用的原因。这种种行为告诉了公司主管，他拥有这么多的品质。而那自掏电话费，让主管告知没有被录用的原因，用“掏电话费”作为借口，其实想说的是他拥有“良好的素质和高尚的品格”。

面对拒绝，有的人选择放弃，从而失去了机会，而有的人选择用策略去应对。比如这个故事中的大学生，他没有被拒绝吓到，而是采用迂回进攻的策略，侧面展示出自己的优点，最终打动了主管的心。

“围魏救赵”精华在于避实就虚，转移视线。在为人处世中，要善于避实就虚，从侧面出击，获得主动权。

另外一个故事中，也体现出为人处世中“围魏救赵”的运用。

世界名著《一千零一夜》的诞生有着一段传奇的背景：暴君舍赫亚尔因为王后淫乱，愤而将王后斩了。从此每招一个女子入宫，一夜春宵后，一到天亮就将她处死，成千的女子因此受害。宰相的女儿莎赫扎德自告奋勇入宫，同时又找妹妹入宫，名为讲故事给她听，以便珍惜这生离死别的最后一夜，实际上，却是讲给暴君听。当莎赫扎德讲起第一夜《商人与魔鬼》时，暴君当即被引人入胜的故事吸引。她特意在天亮之前讲到令人欲罢不能的情节，天亮了，故事中断。暴君为了继续听，不忍杀她，让她一夜一夜地讲下去，直到一千零一夜，暴君却已经爱上了莎赫扎德，最终没有杀死她。

莎赫扎德在面对暴君的暴政时，为避免陷于被动，主动站出来，直到一千零一夜，将主动权掌握在自己手里，以说故事的方式转移了暴君的焦点，改写了她的人生命运。

三、“围魏救赵”打击气焰

某出口公司甲从国外进口 100 万吨 A 产品，考虑到该产品适销对路，质优价廉，受消费者欢迎，国内各大公司因此竞相订货，该出口公司通过经营该产品也收获颇丰。尽管对方延期交货，使得该公司失去几次发展良机，蒙受了一定的损失，但为了双方的长期往来，并未依照合同实行制裁。

此后不久，A 产品在国内供不应求，甲公司准备进一步同国外公司商量再次进口该产品的事宜，甲公司想要提出降低价格 10%左右的要求。但他们也知道，在市场未发生变动的情况下，贸然提出这个要求，必然被拒绝。这里就需注意一点谈判技巧，迫使其就范。

于是，甲公司通过研究，找到了问题的突破口。谈判伊始，甲公司就在上次 100 万产品延期交货上大做文章。甲公司说：“由于你们上次延期交货，导致我们蒙受巨大损失。”对方听后，以为甲公司要按照合同进行索赔，心里慌乱不已，忙对延期交货的事加以解释，表示歉意。甲公司趁机提出削减价格的要求，对方无奈，只能答应。

上述案例表明在商务谈判中，我们应当在气势上大做文章，在对方气势强大时避其锋芒，待对方气势衰弱时，我们再乘机进攻，让对方不得不答应我们的要求。这里正是切合了“围魏救赵”中避强击弱的思想。

打个比方，如果你和某方谈判，对方故意抬高价格，你为了降低价格，就要想办法去让对方主动降低价格。这时，你就可以利用这多层的关系。可以和同盟者互相做戏，假装双方谈好价格了，让对方有压迫感，使得对方害怕失去合作伙伴从而降低价格。

上述案例的核心思想与前面的案例是相差无几的，虽说这里面借用了谈判对象互相的牵扯，但实际上也是为了打压敌人的气焰。古语有云："激水之疾，至于漂石者，势也。"由此可见气势在斗争之时的重要性。当敌我双方力量相差悬殊时，我们唯有靠着气势上的压制，才能战胜对方。在商务谈判中，基本上双方力量差距不会太大，那么，此时去削弱对方气势，会让我方取得谈判先机，最终达成目的。

四、双赢的职场计谋

小李是一个学生，大学没毕业就写了很多小说。毕业后，他打算当个作家。经过一番调查，最后确定两个网站为应聘候选单位。第一个规模很大，前途很不错，但是相对来说，稿费就显得有些少了，每千字只有 100 元。第二个网站规模一般，前途稍显迷茫，但是给的稿费却要高些，每千字 120 元。

当时很多作家是临时的，写完一篇大有可能换一家网站继续写作，是否拥有更多的固定作家是一家网站的发展根源。所以，小李找到第一家网站的负责人，向他阐述了自己的优势，如果可以提高稿费，就可以成为该网站的固定作家，以后有新的小说，可以向该网站提供第一手资料，该网站享有优先发布权。如果不行，他就到第二家小说网站应聘。第一家网站经过研究，认为确实如小李所说，他是个优秀作家，所以就给他提高了稿费，每千字 120 元。就这样，小李留在了第一家网站，经过一段时间的努力，成了该网站的主编，前途一片光明。

"围魏救赵"在使用时应当使人难以觉察，让对方不得不应对你的出招。案例中小李在面对两家前景不同以及待遇不同的网站时，没有盲目地选择，而是在考虑了两家的待遇情况并通过谈判将自己的待遇争取到最大化。

谈判时，小李对于“围魏救赵”的运用也体现出了他对于计策的理解以及准备的充分。固定作家的价值显然高于流动作家，小李正是抓住了这一点，旁敲侧击地说另一家网站给的待遇高，实际上就是在说，你给我更高一点的待遇，那么我就成为固定作家。这里的“围魏救赵”并非是我们传统意义上的打败敌人，而是体现出了双赢的局面。对于该网站来说，它得到了一个可成为骨干的人才。

在当今社会的大环境下，合作双赢是主流，我们更应该抓住这个趋势。计策并不一定是要击垮敌人，如果计策能带来双赢，这就比被动地接受好很多！

“围魏救赵”在人们的生活中随处可见，它体现着逆向思维。生活中，为人当正直，做事却不能“一根筋”。适时地思考事情的本身，想想它的本质，从本源出发，思考对策。也许，走出的路偏离了原本的方向，绕了远路，实则不然。事物之间存在着相互联系、相互制约的关系，任何事物都不可能独立于其他而存在。如果能够抓住事情本身的节点，便能牵一发而动全身。这样，看似绕远路，实际上，只不过用更轻松的方法去达到目的。

我们的生活中，在诸多方面都能找到有关“围魏救赵”的影子，这与“围魏救赵”的本质是不无关系的。“围魏救赵”体现着以小利搏大利的关系，让人情不自禁地去尝试。

第三计　借刀杀人

奚吉众（合肥工业大学宣城校区）

敌已明，友未定，引友劲敌，不自出力，以损推演。

这是三十六计中“借刀杀人”的原文，意思是：在敌方情况已经明确，友军态度尚未稳定之时，应引导友军与敌人拼杀，不必由己出兵攻打，以保存实力。

一、晏子二桃杀三士

晏子，即晏婴，春秋时任齐国相国。当时与晏子同朝共事的还有“齐邦三杰”，即田开疆、古冶子和公孙捷，这三人都勇猛异常。由于此三人均对齐国有过突出贡献，被景公视为“五乘之兵”，颇受器重。三人团结一致，倚仗其功劳和勇力，口出狂言，十分傲慢无礼。这三人身份特殊，地位不一般，加之团结一心，逐渐形成了一股强大的政治势力。齐国大臣陈无宇居心叵测，到处散发钱财，收买人心，暗中准备篡夺齐国的统治权。陈无宇与田开疆等三人结成一伙，晏子对此深感忧虑。他几次都想杀掉这几个人，但又怕齐景公不赞成，到时不仅除不掉这三个人，反而还会引起他们的防备，引火烧身。为了齐国的安危，晏子想方设法，要铲除这三位猛士，消灭这股黑恶势力。

机会终于来了。一天，鲁昭公带着其相国叔孙诺到齐国来访问。“齐邦三杰”带剑站立于堂前。酒至半酣，晏子对齐景公说：“院里的金桃熟了，可以摘来尝一尝鲜，为两位国君祝寿。”景公同意了，晏子又说：“金桃十分难得，我应当亲自监视摘桃。”于是他拿了桃园钥匙走了。

不一会儿，晏子将果盘献上，只见盘中放着六枚桃子，每个都像碗一样大，火一样红，香味扑鼻，珍异无比。晏子奉命用玉杯斟酒敬献给鲁侯，侍者献上一枚金桃。鲁候饮了酒，取桃而吃，觉得甜美无比，夸奖不已。接着，齐景公也喝了一杯酒，吃了一个桃子。齐景公说：“这种桃子是难得之物。叔孙诺大夫贤名著于四海，应该吃一个桃子。”叔孙诺谦虚地说：“我的德行，万不及晏子，这桃子该让晏子吃才对。”齐景公说：“既然叔孙诺大夫推让，就同晏子各吃一枚桃子吧。”叔孙诺和晏子跪着各吃了一个桃子，喝了一杯酒。晏子说：“盘里还有二枚桃子，大臣中功劳最大的，可以吃这二枚桃子。”景公同意了晏子的主张，让各大臣自己讲述自己的功劳，由晏子来论功行赏。

于是三位勇士各自摆起功来了。

公孙捷最性急，第一个站出来说：“当年我跟随主公一道在桐山打猎，力诛猛虎，这样的功劳够得上吃桃子吧？”晏子说：“啊！你拳打猛虎，保护了主公的安全，就像一双手擎着天不让其塌下来一样伟大。这样大的功劳，当然应喝一杯洒，吃一枚桃子。”说着给了公孙捷一杯酒、一枚桃子。公孙捷吃了酒和桃子，退回班中站立。

这时，古冶子急不可耐地一跃而出，说："打死一只老虎有什么稀奇呢？我当年曾在黄河斩杀妖鱼，使主公转危为安，这样的功劳够得上吃桃子吧？"晏子听说，赶快赐予古冶子一杯酒、一枚桃子。

古冶子喝酒吃桃之时，田开疆按捺不住了，只见他用手提起长衣的前摆，一步跳了出来，大声叫道："我曾经奉命讨伐徐子，斩杀了徐子的著名大将，俘获了几百甲士，使徐子屈服于齐，震慑各国诸侯，使他们都赶快来推举我们主公为盟主，这样的功劳难道够不上吃桃子吗？"晏子对齐景公说："田开疆的功劳比公孙捷和古冶子的功劳大十倍。但可惜没有桃子了，只好赏酒一杯，等明年有了桃子再赏赐给他一枚吧！"景公也对田开疆说："你的功劳最大，但可惜你说晚了，现在没有桃子了，唉！"

田开疆按着剑柄吼道："斩鱼打虎，小事一桩，这样的人尚且吃到了桃子，我跋涉千里之外，血战成功，反而不能吃到桃子，我在两位国君面前受到这样大的侮辱，被千秋万代的人所耻笑，还有何面目立于天地之间呢？"说完，拔剑自刎而死。公孙捷大吃一惊，也拔出宝剑说道："我们功劳小的吃到桃子，田君功劳大反而吃不到桃子，我们去争桃子吃而不能让给田君，已是不廉洁了，如果见田君死又不能跟着死，那就更显得不勇敢了。"说完也自刎而死。古冶子大吼道："我们三个像亲兄弟一样，发誓同生共死，现在他们两人都死了，我怎么能一个人活下去呢？"说完也自刎而死。齐景公急忙派人劝阻可是为时已晚。

晏子利用了"齐邦三杰"的心理缺陷和他们的有勇无谋，以区区两枚桃子，竟令三位权倾朝野的大将同日丧生。这就是"借刀杀人"计谋的经典之作。

二、巧借力，缓危机

在生活中，有些事情往往当事人不便于挑明，但又必须解决。这就要借助外人的力量来助自己一臂之力，只要用得巧、用得妙、不伤害自家人的和气，就不失为一个好计策。

王先生深爱的妻子新结识了一位同行，由于两人兴趣相投，近来，两人的电话变得越来越频繁了，而且一聊就是一两个小时。王先生也接过这个男人的几次电话，但每次都是恭恭敬敬地把听筒交给自己的妻子，显得很有男子汉气概。可是一看到妻子和他聊得开心的样子，王先生心里就有一种难以掩饰的急躁与烦乱，就连玩自己最喜欢的电脑游戏也心不在焉。可是，又没有“恰当”的理由阻止妻子，因为婚前两人有协定：婚后双方都有交异性朋友的自由。即使有过这方面的协议，把这种事情放到明面上讲也总是尴尬万分。王先生每次都是这样忍了过来。

有一天，妻子竟把这个男人“请”到了家里，说谈一些专业问题。妻子向王先生介绍说：“这是……，对专业十分在行，你要没事也过来一起听听。”王先生虽然不悦，但还是对这位客人表现得非常热情，又是让座又是倒水，说：“经常听妻子提起你，今天才得以见面，你们慢慢聊，我出去买张报纸。”王先生表现得非常潇洒，可是一出门，一阵凉风吹来，清醒了许多，使劲掐了自己一把，感觉还疼，怎么想怎么别扭，在他们面前倒觉得自己像个“第三者”似的，心里那个憋屈。可找那个男人直说吧，怕妻子跟他生气，伤了自己与妻子之间的感情；跟妻子直说了吧，又怕妻子说自己小心眼儿。这么多年在妻子眼中的男子汉形象将付之东流，也可能会引起妻子的反感。终于，王先生想出了一个好办法。回到家里，王先生同这个男人进行了一通闲聊，从中得知了这个男人妻子的联系电话。

第二天一上班，他就给那位男人的妻子打了个电话，晓之以理，动之以情。那个男人的妻子也觉得不能放任他们继续毫无节制地交往下去。最后，两人达成了共识：双方都不动声色地拉远他们的距离。

回到家里，王先生看到妻子像以前一样在等这个男人的电话，等了半天没等到，于是打了过去，可是没说几句就挂了电话，脸上略有些失落。王先生问她："怎么了？他是不是没在家呀？"妻子说："他在呢，说今晚他妻子请了客人，因为要招待客人，没时间了，下次有空再聊。"王先生一听，嘿！这招儿还真灵，于是对妻子说："人家有人家的事，谁能老和你这么聊呀？"妻子细细想来也觉得丈夫说得合情合理，内心的不悦也淡化了不少。

以后的几天，一到两人通话时间，不是那位男士家"有事"，就是王先生为妻子安排了"节目"，王先生在这段时间里也好好地与妻子一起相处，两个人又有了长聊的机会，对彼此有了更深的了解。由于俩人之间的联系越来越少，妻子与那男人的关系变淡了下来，王先生夫妻的生活恢复了正常，俩人也越来越亲密，他的心态也恢复到了原位。两个家庭又都回到了当初和睦、快乐的时光。

"借刀杀人"之计看起来必定会有一方损失，但王先生用此计达到了双赢的目的。虽然妻子与那男人可能也没有什么出轨之意，但俗话说日久生情，如果让他们再如此亲密地交往下去，到最后可能坑害的就是自己与家人。每个人都想拥有稳定和睦的家庭生活，王先生就是抓住了这一点，巧妙地利用了那位男士的妻子，"攻击"了他自己的"敌人"。在维护自己感情利益的同时，也促进了对方夫妻间感情的加深。

三、齐王伐宋

“借刀杀人”小到可以影响家庭成员之间的关系，大到可以影响国家与国家之间的关系。历史上的苏秦就是完美地利用了“借刀杀人”之计，将战国诸侯国玩弄于股掌之间。

苏秦洞察了昭王想攻齐的意图，献计于昭王道：“我们虽然收回了被齐占领的土地，但当年亡国之恨不可以不报。如果使齐西劳于宋，南疲于楚，我们即可趁机发动进攻，一举灭齐。我请求到齐国说服宣王攻宋。”燕昭王遂拜苏秦为上卿，出使齐国。

秦国一向与宋国交好，齐伐宋就必须与秦绝交。恰好秦派人到齐国商议共同称帝的事，苏秦趁机劝说齐王：“齐秦并立为帝，天下人是尊齐还是尊秦?”齐王说：“当然是尊秦了!”“那么齐放弃帝号，天下是爱齐呢，还是爱秦?”“当然是爱齐了!”“两帝并立，共约伐赵，与齐军独攻宋，哪一个更有利呢?”齐王回答：“当然伐宋有利!”苏秦接着劝齐王道：“如果我们同秦一样称帝，天下只尊秦国，如果我们放弃帝号，天下就爱齐而称强秦，共约伐赵又不如单独伐宋。所以，我主张放弃帝号以顺应天下。”

齐王听从苏秦建议，联合赵国在阿地会盟，约定共同抗秦，秦齐关系恶化。苏秦趁机劝齐王攻宋：“宋国国君荒淫无度，天下共愤。如果我们挥师西击宋，正是奉天讨罪的壮举，大王必然贤名震于诸侯，且可得到实际的利益，使齐雄踞东方，成为中原诸侯之长。”齐于是攻宋。燕为了取得齐的信任，派兵协助齐国。宋在联军的攻击下，割淮北地求和，而齐国实力也因战而衰弱。

苏秦在齐国，继续做削弱齐的工作。他劝齐王大兴土木，纵情享乐，对外则大肆战争，广树仇敌。齐秦关系恶化，再加上齐攻宋国，秦王震怒。苏秦劝齐王先采取军事行动，以打击遏制秦势力的发展，同时也想使齐的力量进一步被消耗。

齐王对燕怀有顾虑。苏秦为燕辩解说："燕国国小力弱，一向依附于强齐，而齐之所以能号令天下，也正是有了燕的支持。这种友好关系是燕国人心所向，怎么会对齐有异心？"齐王释然。于是，苏秦出使，为齐王合纵攻秦而奔走。

苏秦分别游说韩、赵、魏、燕四国国君，各自出军兵粮草，以攻秦国。推选赵国宰相奉阳君为合纵长，而齐国实际上却是合纵的真正组织者和指挥者。齐国名义上合纵攻秦，其实不过是借齐制秦，使其不能抽身救宋，齐好再次攻宋。苏秦极力主张强攻秦国，然而齐不卖力，赵、韩、魏、燕自然也都互相推让而逡巡不进。因此联军始终未与秦发生大规模的战争。尽管如此，齐劳师袭远，仍然大损国力。

这次五国"合纵"攻秦，表面上看行动一致，为攻秦而集结军队，但暗地却各有各的打算。军队停留在荥阳（今河南荥阳市东北）、成皋（今河南荥阳市西北）间不前进，结果无功而散。齐国却趁机伐宋，夺得一部分土地。而苏秦破坏秦、齐关系，结成反齐联盟的目的却是达到了。

齐王发动攻秦的同时，展开了对宋的第二次进攻。这实际上使其他四国联军陷入进退维谷的境地，既无法合力攻秦，又不能马上撤兵回国，于是各国对齐都暗怀不满。本来苏秦此时南下，明着合纵攻秦，暗中却在积极为燕联系反齐的同盟军。苏秦见各国离心，便暗中劝在魏国的孟尝君："昔日您在齐国时，为齐立下盖世之功，而齐王暗昧，不但不重用，而且使您背井离乡，远来归魏。今又弃信义于不顾，玩弄联军各国。燕军有攻齐意，赵国也早对齐怀恨，如果联合起来东击齐国，则中原势大，魏和先生您也定会名动天下。”孟尝君采纳了苏秦的建议。

苏秦又劝说齐王同秦求和：“魏赵距秦近而齐地距秦远，如果我们五国合纵不能击败秦，魏赵为了保护国家就肯定要向秦求和，秦一旦同其他国家联合，定会连横来攻打齐。望大王早作准备，先与秦谈和，以免形势被动。”齐王以为苏秦说得很有道理，便抢先与秦做出友好的表示，并打算用亲秦的韩聂做宰相。

赵国奉阳君正忙于合纵攻秦，见齐王未商量就先与秦交好，大为恼怒，便联合魏、燕要对正忙于攻宋的齐国开战。齐王慌忙从宋撤军，并答应送给奉阳君土地，奉阳君才停止了攻齐的行动。

公元前 284 年，燕国见齐国孤危，大举伐齐的时机已然成熟，逐起倾国之师，带甲数十万、车七百乘、骑六千匹，命乐毅为大将攻齐，秦、赵、韩、魏四国军队，先后与燕国大军汇合，并公推燕国大将乐毅统率全军。五国联军以燕军为主力，秦、赵、韩、魏四国之军为羽翼，军威盛大，号称百万。齐王见五国联军攻入齐国腹地，惊慌失措，不知所以，但齐国毕竟是军事实力异常雄厚的大国，齐国有带甲之士百万，车千乘，总兵力与秦楚两大国相当。齐国统治集团竭尽全力调集了全国的主力，联营列阵于济西，拦截五国联军。

乐毅率联军与齐军会战与济水之西，大破齐军，齐军主将阵亡，全军溃散，齐军副将率残部退守国都临淄。齐王这下才知道了苏秦的阴谋，勃然大怒，将其车裂于临淄城中。济西大战，齐军主力损失殆尽，齐国遭受了立国以来从未有过的惨败。五国按原先达成的瓜分协议，分多路攻略齐地。赵军北上攻取齐国河间之地；秦军南下占商业名城定陶（原属宋国）；魏国进军齐国东南，取彭城，尽略宋国故地。乐毅率燕军主力向东攻破临淄，直捣胶东，半年时间，连克齐国七十余城。燕军另一路偏师攻略齐南之地，破齐内长城直插吕城。南方的楚国原本未参加合纵攻齐，但此时见齐国必亡之势已成，遂诈称援齐，遣军至莒城劫杀齐王，收复淮北之地。至公元前 283 年初，除了齐将田单坚持抗战，死守即墨孤城外，齐国举国之地均被燕、赵、秦、魏、楚五国瓜分殆尽。

由此可见苏秦有着相当厉害的口才，以一人之力将战国诸侯国玩弄于股掌之间，以“借刀杀人”的外交方式帮助燕国战胜了强大的齐国。

四、善借职场之刀

善于利用“借刀杀人”，这是现在职场中的重要技能。张杰是一家公司的生产主管，全公司有 200 人左右，而他手下就有 100 多人，所谓的树大招风说得一点也不假。他刚进公司时，工厂处于混乱状态，老板遇到他就像遇到了一根救命的稻草。因为公司的前任主管是工人提起来的，由于不是很懂管理，货一直都赶不出来，如果长期出不了货大部分客户都将流失。而张杰一进公司就将全部的精力都投在了生产上，通过他合理的安排再加上日夜赶工，货终于交出了，客户也保住了，工厂恢复了平静的状态。于是张杰也成了老板身边的红人。

赶完货就开始整顿，因为在赶货期间发现不少问题，于是张杰就帮公司制定各种规章制度。开始实施的时候执行力特别差，张杰在无计可施的情况下炒掉了几个带头人。因为如果不这么做根本无法执行各种制度，但这样一来也得罪了不少人。被炒掉的几个人中其中有一个和公司的另一位主管有关系，所以张杰也等于得罪了这位主管，也因此埋下了祸根。

那天，张杰像往常一样下班后回去睡觉，到半夜时听到有人敲门。

张杰虽然觉得有些奇怪但还是开了门，随后他得罪的那位主管和另外一位同事进来了。他们进门后并没有直接坐下，而是东找西找的像是在找什么东西，结果在没有找到什么的情况下，与张杰东扯西拉地说了几句话就走了。

第二天，张杰才知道那天晚上是一个同事的生日，这位同事喜欢张杰很久了，但张杰一直只把她当作一般的同事对待。而那位主管却利用这个机会在吃饭的时候，在那位同事的酒里下了迷药，吃完饭回宿舍的时候就把她送到了张杰的宿舍门口就走了。这件事使张杰非常生气，而在张杰的心里已产生了不能留他的念头。

直到有一天张杰抓到了他的把柄，而张杰的一位好朋友也早就看不惯那位主管的所作所为。于是张杰就把那位主管的失误告诉了他的朋友，他的朋友就把这件事写成文字，投进了公司的意见箱内。他们公司意见箱的钥匙只有老板一个人有，几天后老板就找张杰的朋友问情况，张杰的朋友把张杰事先告诉他的事和那位主管设计害张杰的事和盘托出，而那位主管没过几天就办了离职手续。

害人之心不可有但防人之心不可无，案例中的主管想利用那个暗恋张杰的女同事作为“刀”去陷害张杰，幸运的是张杰没有上当。而张杰在自身荣誉、生命安全受到威胁时，及时地做出了反击，借助他朋友的力量最终将那个阴险的主管逐出公司。

由以上案例可以看出这“借刀杀人”一计被广泛应用在各个方面，它可以在保全自己的同时轻而易举地除掉对手，获得收益。

作为兵法上的计谋，我们选择这一案例，但在实际工作中，我们要坚决摒弃这一“借刀杀人”的思想。

第四计　以逸待劳

丁琴梅（合肥师范学院文学院）

困敌之势，不以战；损刚益柔。

这是《三十六计》中“以逸待劳”的原文，意思是：耗损敌人的力量，可以来用静守不战的战略，使敌人由强变弱。也就是说要使敌人处于困境，不一定只靠打的办法，可采取《易经》“损”卦中的“损刚益柔”的办法取胜。“损刚”的意思是敌人攻势猛烈，表面上十分强大，但不能持久，容易疲惫；“益柔”是说防守者防御、挨打，看起来好像软弱，但能以逸待劳，不断削弱敌人力量，使自己由劣势转化为优势。

一、此时无声胜有声

“以逸待劳”之计如果运用得恰当，在军事上可以弱胜强，以少胜多，在日常生活中，运用此策略，可以沉着应对外界的干扰。

人生处处是战场。既然是战场，也就避免不了针锋相对、剑拔弩张，甚至恶语相向、大打出手。谁都想在竞争中胜出，但叫嚣得最狂妄的往往并不是最后的胜者。懂得适时沉默、以逸待劳，让对方在狂乱中消耗实力，然后看准时机、一招致敌的人才是真正拥有大智慧的人。

晓丹是一家大公司的总经理助理，她能力出众、踏实勤勉，因此很受老总的器重。有些人嫉妒她，便放出谣言说晓丹是凭借自己的美色才获得老总的青睐。晓丹也不知听了多少这样的话了，但她置之不理。晓丹的好友为此愤愤不平，但是晓丹听完后却淡淡一笑，一句为自己辩解的话都不说，依然安安静静地做好自己的本职工作。

有一天，当晓丹像往常一样埋头在办公桌前工作时，办公室的门突然被撞开了，一个中年妇女闯了进来。她直接冲到晓丹的办公桌前，破口大骂，什么“狐狸精”等各种难以入耳的污秽之词如同暴风骤雨一般倾盆浇下。晓丹开始有些发蒙，不知道这女人是谁，自己也并没有得罪什么人，但她很快便明白过来，这女人一定是对自己有什么误会，但是她并没有急着为自己辩解，而是埋着头，任由那女人发泄着自己的愤怒。女人越说越生气，最后竟用拳头猛击办公桌，将桌上的茶杯都震得掉到了地上。

晓丹一声不响地拿起扫帚，将碎玻璃扫干净，然后倒了一杯水放在女人的面前。大发雷霆、暴跳如雷的女人叫骂了这么久，却没有得到一句反击，不禁有些泄气。她愣愣地看了晓丹一会儿，突然掉头跑出了办公室，消失在门口。

办公室内外都围满了看热闹的人，平时对晓丹满怀嫉妒的人更是幸灾乐祸，都等着看晓丹怎么收场。晓丹没有理会他们，也没有一句解释，而是像什么都没有发生一样，把门关起来，照常工作。

快下班时，来闹的女人突然又回来了。她连连道歉，说自己认错了人，实在是抱歉。晓丹笑着说：“我早就知道了，你嘴里的那个人根本不是我。”

“那你怎么一句话也不为自己辩解呢?”女人奇怪地问。

“你那时正在气头上，就像一座喷发的火山，无论我说什么，你都不会相信的，甚至你还会以为我是在为自己狡辩、开脱，那岂不是相当于火上浇油？所以我索性等你发泄完，然后自己找出真相，自然就会还我一个清白。”晓丹停顿一下，又说：“假如我急着向你辩解，在那种情况下就会越描越黑，被一些不怀好意的人渲染传播开去，就会无中生有、节外生枝。所以我要做的就是等待你亲口承认错误，这比我说一千句、一万句更有力。”

女人竖起了大拇指。晓丹笑了笑，说自己并没有放在心上。这件事也在公司传开了，原本对晓丹嫉妒不满，等着看笑话的人也都从内心感到了惭愧。经过这场闹剧，大家对晓丹的为人更加敬佩了，也明白了晓丹受老总青睐的原因。

俗话说：“清者自清，浊者自浊。”沉默有时比语言更能说明问题、还原真相。难怪有人说“沉默是金”，从这个意义上讲，晓丹的适时沉默实在是一种智慧、一种艺术，达到了“此时无声胜有声”的效果。

二、海威察色擒窃贼

做事与做人的原则不同：做事是今天的事今天做，效率越快越好；做人，尤其是处理一个复杂的人事问题，就需要拖延一下，待各方面都冷静下来，再行处理则更为稳妥。拖，并不是怯懦，也不是卸责，而是一种手段，是静观事物的变化，以做最后的决定。

在日常生活中，我们也会常常使用以逸待劳的方法，因为这种方法非常奏效，化学家海威就用这种方法成功捉住了一名珠宝大盗。

事情是这样的：珠宝商考尔太太收藏着一颗珍贵的金伯利黑钻石，这颗钻石价值连城。考尔太太逢人便夸，把钻石作为招徕生意的法宝。

一天，三位绅士——查尔、艾伦、贝洛慕名来访，考尔太太便带这三人走进收藏室，然后打开匣子，一颗乌黑闪亮、辉煌灿耀的硕大钻石立刻呈现在客人们的面前。

来客们一边细细观赏着钻石的质地和成色，一边连连赞叹。欣赏完之后，主人合上百宝箱，用一张涂满糨糊的白色封条封好，然后邀请绅士们到客厅叙谈。

说来也非常奇怪，在谈话过程中，考尔太太发现他们三人有一处古怪的巧合——三个人的右手指都有点小小的毛病：查尔的食指也许是发炎，涂上了紫药水；贝洛的拇指明显是被划破了，搽上了红药水；艾伦的拇指大概被毒虫咬肿，搽上了碘酒。

谈话的气氛非常热烈和友好，尽管三位绅士曾先后离席“方便”，但回到客厅后，依旧是谈笑风生。

宾主谈兴正浓时，考尔太太的好友、化学博士海威来访。

考尔太太再次陪同博士前往珍藏室参观。当她揭开湿漉漉的白色封条，打开箱盖时，突然发现钻石不见了。她只绝望地喊了一声“上帝呀”就浑身瘫软地倒了下去。

虽然可以断定，钻石在如此短的时间内，不会飞出屋去，一定是三位客人中的一位拿走了，但一颗钻石，实在是太小了，只要人们随意藏在一个地方，也许就会永远找不到。更何况，没有充分的理由，是不能随意搜身的，就算是勉强搜身，如果找不到钻石，也只能是自取其辱。

海威博士扶着考尔太太来到客厅，把钻石失窃的事向三位绅士说明，然后风趣地说："尊敬的先生们，这调皮的钻石不会是飞到你们手里了吧？"

三位绅士耸耸肩膀，双手一摊，异口同声地说："这是绝不可能的事。"

海威博士一边安慰着考尔太太，一边沉稳地说："如果各位还想看到这颗钻石重现的话，就请耐下心来，再等片刻。"

三位绅士不愿担嫌疑，于是便重新入座，加入漫谈的行列。

海威博士借谈笑的当儿，细细观察着每个绅士的表情、神色乃至一举手、一投足的细微举动。

一刻钟后，海威博士犀利的目光从三人手上一扫而过，然后指着其中的艾伦对考尔太太说："好了，现在事情已经大白了，盗窃钻石的就是他。"

考尔太太惊讶地问："你怎么能断定是他呢？"

"是啊，你怎么能将这样的罪名随便加在我头上呢？要知道，这会毁坏我的名誉和声望的。"艾伦大声抗议着说。

海威不动声色地指着艾伦已变成蓝黑色的拇指，肯定地说："手指上的颜色已经告诉了我们一切。"

众人都惶惑不解地盯着海威博士。

海威博士说："刚才，我同各位绅士握手的时候，发现各位的手指上涂有不同的颜色。查尔涂的是紫药水，贝洛涂的是红药水，艾伦搽的是碘酒，而三位刚刚观赏过这颗钻石后，钻石便失踪了。我想，或许是哪一位绅士在跟我们开一个小小的玩笑，玩一个捉迷藏的游戏。"

海威博士环视了一下众人，接着说："我觉得要判断是谁在玩这个游戏需要时间。知道吗？中国有一个绝妙的计策，叫作'以逸待劳'，于是我便采用了这个计策，让大家在这儿随意地漫谈片刻，果然，我等到了我需要的结果，奇迹出现了，你们瞧……"

海威站起来，走到艾伦身边，抓住艾伦的手指，高举起来，说："看到了吗？艾伦手指上原来搽的碘酒，而当碘酒与糨糊接触时，手指便由原来的黄色变成了蓝黑色。这是因为碘酒中的碘与糨糊中的淀粉接触而产生了化学反应。我想，当考尔太太已经封好了珍宝箱后，艾伦先生又去接触封条上的糨糊，一定不会只是出于好奇吧？"

艾伦低下了头，乖乖地将那颗钻石从已经密藏好的衣扣里取出来。

海威博士非常细心和机智。他身为化学家，所以对化学反应掌握得一清二楚。他也非常留心三位客人的神情样貌和手指颜色的变化，他还非常镇定地等待时机，并且在言语上尽量顾及别人的面子，不伤害他人。面对朋友珠宝的失窃，海威博士很有谋略，不慌不忙地将真相揭示出来，这正是海威处世方法和人格魅力的体现。这对于我们每个人的人生都有借鉴意义，做事一定要三思而行，处处留心。

三、卡特用计签协议

"以逸待劳"之计运用的范围很广，除了古代军事斗争，为人处世等，在商业谈判上这一计谋也非常好用。

谈判的过程是一个斗智斗勇的过程。它使人不得不忍受时间和错综复杂的问题的煎熬，使人每时每刻都在一种惶恐的、紧张的气氛里度过。有时一个谈判会拖很长时间，一般的人很难承受这种心理上的压力。所以，谈判也是一种意志的考验，是心理承受力的较量，谁能坚持下来，谁的意志力强，谁就能在谈判中取胜。

因此，在你这一方，你要耐得住时间的考验，要禁得住各种诱惑，克制自己的各种私欲。同时，对你的对手则要采取疲劳轰炸，用打破砂锅问到底的战术，挫伤对方锐气。

1978 年 9 月 17 日，美国、埃及、以色列签订了戴维营和平协议，埃以关系进入缓和时期。为了促进埃以关系的改善，在谈判桌上，卡特以超人的耐心和别出心裁的方法打破了谈判僵局，促成了埃以双方最终签订协议。

卡特把谈判地点安排在戴维营一个偏僻的、没有生气的地方，繁华的街道、喧闹的市场、电影院、酒吧间、夜总会一概与它无关。卡特在那里安排了两辆自行车，供前来参加谈判的 14 个人玩耍，此外不再增加其他娱乐设施。晚上休息时，人们可以任选三部乏味的影片中的任何一部片子来看。

埃及总统萨达特和以色列总理贝京从 9 月 6 日开始先在戴维营这座别墅休息了几天，发现这附近也没有什么好玩的，于是找这三部影片来看，这三部电影片看来看去都快背熟了。

这样过了 8 天，此后每天早晨 8 点，萨达特和贝京准时听到同一节奏的敲门声。随着听到那个熟悉的声音，友好地说："你好，我是卡特，我们再把那个乏味的题目讨论一天吧!"萨达特和贝京起初还认为这种消遣持续不了多久，双方都不愿让步。到了第 13 天，两人都实在受不了了，有点脾气也都磨平了。双方在该签字的地方留下了他们无可奈何的笔迹。

关于戴维营协议签字经过，卡特后来调皮地对人说："那一招是我向最小的儿子学来的!"卡特的这一招正是"以逸待劳"之计的妙用。

四、陈嘉言不动声色占先机

陈嘉言就是一个深谙以逸待劳、抢占先机的职场女性。她不爱看言情肥皂剧，却爱看《孙子兵法》。别看她刚参加工作不久，但是却能将

《孙子兵法》和《三十六计》熟练地运用于职场之中，并打了一个又一个漂亮的大胜仗。

陈嘉言大学毕业后进入一家大公司，从普通文员做起，一步步成为总经理助理。和她一同担任同等职位的还有张晓风，一个能力、水平和资历都与她不相上下的女人。最近有传闻说，公司总部有意提拔两人中的其中一位做副总经理。传闻一出，陈嘉言自然心中暗潮汹涌，因为她知道这是一个千载难逢的机遇。假如被提拔，就有可能跟随老总前往香港总部任职，前途可谓是不可估量。但是她也知道，张晓风是绝不会将这个机会拱手相让的，她必定也是铆足了劲想获得这个职位。两强相争，鹿死谁手？陈嘉言心中还没想好对策，张晓风便已按捺不住，首先出招了。

她先是摆出一副对这个职位志在必得的架势，玩命儿似的工作，几乎不眠不休。不管是否是她责任范围内的工作，她都事无巨细，统统包揽过去，显然是想在工作业绩上盖过陈嘉言，令大家刮目相看。同时，她竭力拉拢各个同事，不仅为他们忙前跑后、有求必应，还经常自掏腰包请同事聚餐、玩乐。陈嘉言还听说，她在总经理和几位副总面前经常说自己的坏话，甚至连陈嘉言生活上的个人隐私和小毛病、小缺陷，也被她拿来说事，并被无限地放大。

当陈嘉言的好友心急火燎地跑来告诉她这一切时，陈嘉言竟然笑了。她说："我正愁不知怎样出招呢。这样最好，水来土掩、兵来将挡，我就看她出招，以不变应万变吧。"

于是她看着张晓风一人如跳梁小丑一般上蹿下跳、卖力地表演，而自己却气定神闲，当起了"逍遥派"。当然，她的"逍遥"并不是真正地彻底放松或放弃，因为她听说在提拔之前，总部会派人来公司调查候选人的情况，包括工作能力、业绩以及与同事、上下级的关系等，同时还要进行考核。所以，她暗中做了很多的准备工作，当总部派人来考核时，她精力充沛、从容而有条理，而张晓风却因为疲于应付各种琐事，根本没有准备，所以考核成绩一塌糊涂。虽然同事收了她不少的好处，但是上上下下都知道她为了这次晋升而使出的各种手段，所以真正对她心存好感的人并没有多少，上司们因为她对陈嘉言的攻击而对她的人品也早有微词。因此，最后张晓风败了，败得很惨，而陈嘉言却顺顺当当、轻轻松松地当上了副总。

为了竞争一个副总的职位，张晓风可谓是无所不用其极，最后心力交瘁，反而一败涂地。陈嘉言却不动声色，眼看对手一点点消耗实力，而自己却暗中做好准备，这实际上就是一个此消彼长的过程，张晓风又怎能不败呢？所以说，陈嘉言这一招“以逸待劳”用得实在是巧妙。

第五计 趁火打劫

蒋竹君（合肥工业大学马克思主义学院）

敌之害大，就势取利，刚决柔也。

这是三十六计中“趁火打劫”的原文，意思是说：趁人家家里失火，一片混乱，无暇自顾的时候，去抢人家的财物。乘人之危捞一把，这可是不道德的行为，将它运用在军事上，便是《孙子·始计篇》所说的“乱而取之”。即当敌方遇到麻烦或危难的时候，就要乘此机会进兵出击，制服对手。唐朝杜牧注释孙子此句道“敌有昏乱，可以乘而取之”讲的就是这个道理，现比喻乘人之危捞一把。

一、王羲之智斗恶绅

诸葛亮运用“趁火打劫”之道，令敌人反目，擒住了孟获，而王羲之也曾运用“趁火打劫”之计，以其人之道还治其人之身，其案在当地广为流传，成为一段佳话。

唐兴家住在唐家湖，从小丧母，由父亲把他养大。一天，父亲上山采石，不小心摔死在山涧里。唐兴想选择一块好地安葬父亲，无奈家境清贫，无钱买好地。热心的邻居对他说："财主牛鲁家的祖坟前有一块空地荒着，你不妨找他去说说，今天正逢他老母亲八十大寿，高兴之下也许会送你一块地。"

唐兴没有办法，只好厚着脸皮去找牛鲁，没想到牛鲁十分爽快，他说："我向来喜欢行善，今天老母亲八十大寿，乡邻有难，我怎么能不管呢？我送你一块空地，你可以安葬父亲，不过你要送一壶好酒给我娘祝寿。"

乡亲们听了，都夸牛财主心眼好。大家帮助唐兴安葬了父亲，又凑钱买了一壶好酒让唐兴送给牛鲁。

这件事本来就算完了，谁知五年以后却又起了风波。

这五年间，唐兴靠出苦力积累了一笔钱，买了几亩地，盖了几间草房，还娶了媳妇，小日子过得挺红火。牛鲁一见有油水可榨，便想夺取唐兴的田产。

一天，牛鲁领着一帮人走进唐兴的家，对唐兴说："你这几年的日子好过了，那前几年借的账就在今天还了吧。"

唐兴听了，像丈二和尚摸不着头脑，不解地问："我什么时候欠过你的钱呢？"

牛鲁冷笑道："真是贵人多忘事，我来问你，五年前，你爹安葬在何处？"

唐兴答道："我爹是安葬在你家的荒地里，可当时我已经送一壶好酒给你母亲祝寿了。"

牛鲁说："我当时要的是一'湖'酒，你却只送了我一壶酒，所以你不是还欠我吗？"

唐兴听了这番话，差一点气破肚皮，这牛鲁分明是“趁火打劫”，仗势欺人。他指着牛鲁的鼻子骂道：“你是一个狼心狗肺的小人，这种冤枉债我就是不还！”

牛鲁气急败坏地让狗腿子们一拥而上，对唐兴拳脚相加，最后把房里值钱的东西抢个精光，然后扬长而去。

唐兴把状纸递给了新任太守王羲之。王羲之知道牛鲁为人刁滑，要想让他服输，只能智取。他听说牛鲁家养了一大群鹅，顿时计上心来。

这天，王羲之亲自来到牛鲁家，牛鲁见太守拜访，受宠若惊。王羲之说：“我生性爱鹅，听说你养了许多鹅，我想用手书的《乐毅论》来换你的一活鹅，不知你同意否？”

牛鲁知道王羲之的书法一字千金，如果能用一只鹅换取一幅字，岂不是天上掉馅饼的好事吗？他美滋滋地答应了，次日清早就拎着一只上好的大白鹅来到太守府。王羲之见鹅，拍手笑着说：“真是千里挑一的好鹅，不知其他鹅是否也这么好看？”

牛鲁满脸堆笑：“小人家的鹅都是这样，大人吩咐要一只活鹅，所以小人今天只带来这一只，大人如果还要的话，小人改日再多送几只。”

王羲之闻言，陡然变色，拍着惊堂木厉声说道：“大胆刁民，我要的是‘一河鹅’，难道我亲笔写的《乐毅论》只值一只鹅的钱吗？”

牛鲁吓坏了，为自己辩护说：“请问大人，天下人买鹅卖鹅只论个、十、百、千，哪有论河论湖的道理？”

王羲之见时机已到，就传令唐兴上堂，喝问牛鲁：“鹅不应论河，那么酒怎能论湖？”

这时，牛鲁才知道自己掉进了王羲之的计谋之中，无奈自己理屈，只得苦苦哀求，请太守老爷宽恕。

王羲之提笔写道：“牛鲁抢占唐兴的家产要如数退还，另罚银五百两，以补偿唐兴惊吓奔波之苦。本官以清正为本，焉能要劣绅的白鹅，着令牛鲁将本官书写的《乐毅论》奉还，堂上的那一只鹅退回。若有差错，罪加一等。”

王羲之巧妙判案的故事很快在当地广泛流传，成为美谈。

二、苏珊抓住机遇一举成名

王羲之“趁火打劫”巧断案，而美国著名影星苏珊·海华德也深谙此道，趁热打铁为自己的演艺事业带来转机。

我们都知道苏珊·海华德是美国影坛最伟大的女星之一，她长得漂亮，苗条、性感。她的青年时代，正是好莱坞的主要制片公司发展的全盛时期。她像其他闪亮的童星一样，当年怀着成为好莱坞电影明星的梦想，当上了合同演员。在进入好莱坞的最初几个月中，她面对的不是摄像机，而是照相机。她穿着泳装，日复一日地摆弄各种姿势，为广告做模特儿。她那充满魅力的微笑，随着报纸杂志的广告传遍五洲四海。读者大多是电影的影迷们，对她已经具有一种倾倒和渴望的感情。

然而苏珊的演艺事业并不像我们想象的那样顺利。虽然她在模特行业做得风生水起，并拥有了一批自己的粉丝，但她一直得不到当演员的机会。她每次询问老板时，得到的回答总是：“耐心地等一等，总有一天会推荐你的。”她也时常会在夜晚默默地问自己，机会什么时候才会到呢？尽管如此，她并不气馁，因为她知道，机会总是留给有准备的人的。

有一次，机会突然来了。1938 年，派拉蒙公司在洛杉矶举行全国性的影片销售会。苏珊接到旅馆舞厅的通知，舞厅里来了很多电影院的老板和各州的商人，而当影星们进入舞厅之前，派拉蒙公司对自己的影片已进行过大肆宣传。

影星们一个接一个与观众见面。当苏珊出场时，会场上发出了一片欢呼。她此前还没意识到这是一次机会，但当她站上舞台，看到底下那么多的观众时，她突然意识到，机会来了。她面对观众，像对老朋友们一样微笑着说："我知道你们都认识我，你们中有谁见过我的照片吗？"

台下立即有许多人举起了手。

苏珊接着问："那么你们有人看过我在电影里的形象吗？"没有人举手，只有笑声。

苏珊趁热打铁，发问道："你们愿意看我在电影中的形象吗？"

会场上立即响起了雷鸣般的掌声，代替了回答。

苏珊这一计即兴拈来，大获全胜。于是她接着说道："那么，诸位愿意捎个话给制片公司吗？"

这是一次民意测验，那么多观众代表想看苏珊在电影中的形象，制片公司的老板得到这一民意测验的结果，完全可以判断，如果请苏珊出演影片，此片一定走俏。于是苏珊不久之后便受聘出演，上了大银幕。

1944 年，她在《多毛的类人猿》中扮演一个红发女人，这个女人把轮船上的司炉当作她征服其他男人的抵押品。海华德的表演真实、生动。一位著名影评家曾为她扮演的这个"讨厌""堕落"的角色拍手叫好，并预言"一个出色的女演员即将诞生"。几年后，苏珊·海华德因主演《毁灭：一个女人的故事》《愚蠢的心》获得了奥斯卡最佳女主角提名。1952 年，她在传记片《我心中的歌》中扮演女歌星简·弗洛曼。弗洛曼的形象正是海华德本人的生动写照，她饰演的这一角色使她第 3 次获得奥斯卡奖提名。3 年后，海华德主演了另一部反映女歌星莉莲·

罗斯生活的传记片《明天我会哭》，她因此第 4 次获得奥斯卡奖提名。

这些经历为她的演艺事业积累了丰富的经验，并为她最后的成功奠定了坚实的基础。在拍《我要活下去》时，海华德撕去了自己美丽的容貌，凭其高超的演技逼真地刻画了一个污秽的死囚形象，使这个既无道德感又无责任感的残忍惯犯活现在银幕之上。苏珊·海华德在 5 次被提名后终于获得了奥斯卡金像奖。

可以说，苏珊的成功与她当初抓住机遇，巧用观众来反映民心密切相关。难道你不承认苏珊是一个善于抓住机会、一举成名的高手吗？不但成名需要抓住机遇，赚钱也不例外。机遇是名，机遇也是利。能不能获得名与利，就要看你善不善于抓住机遇了。

三、德国趁胜赢谈判

“趁火打劫”不仅在现实生活的处事中起到很大作用，在军事、商务谈判的领域中同样得到了很好的实践。

1917 年俄国十月社会主义革命胜利之后，苏俄仍然属于协约国一方，与同盟国处于交战状态。当时的苏维埃政权面临着很严峻的形势。一方面苏俄国内的经济已经濒临崩溃，民不聊生，苏维埃急于退出战争，以休养生息的方式保住新生的社会主义政权；另一方面新生的苏维埃政权为周围的国家所敌对，国内的大资本家和贵族对新生的政权也虎视眈眈。

苏俄一开始提出的和平建议被协约国拒绝后，便与同盟国中的德国进行和平谈判。此时德国看出了苏俄面临的困境，想从困境中的苏俄捞一大笔。在 1917 年 12 月 3 日开始的谈判中，德国提出把波兰、立陶宛、爱沙尼亚的局部土地和拉脱维亚、白俄罗斯的全部土地割让给德国，并让苏俄赔款30亿卢布的苛刻条件。

对于是否接受这个苛刻条件，在布尔什维克中引起了严重的分歧，使得苏俄更是雪上加霜。结果，不出列宁所料，德国开始对苏俄大举进攻，苏俄的军队由于长期面临给养的缺乏，全面败退。

在十分紧急的情况下，中央委员会举行了2月18日的紧急会议。会上，列宁的主张以6∶7的票数被否决。随后，中央又连夜开会，经过激烈的争论，托洛茨基转而支持列宁，会议以7票赞成、5票反对、1票弃权的结果通过了列宁的提案。苏俄连夜通知德国方面，同意签约。

但德国得到通知后继续进攻，并于2月23日提出更加苛刻的条件，并要求苏俄在24小时内答复。党中央又召开由15名委员参加的紧急会议。会议气氛紧张，争论十分激烈。发言中，大多数委员表示不赞成列宁的主张。列宁焦急而愤怒，但仍然严格遵守民主制的原则。他只得提出，如果这种空谈的政策继续下去，他就要辞职，退出政府和中央委员会。布哈林对此毫不在乎，斯大林也未发生动摇。列宁指出："如果你们不签字接受这些条件，那么三个星期之后你们就得在苏维埃政权的死刑判决书上签字！"托洛茨基本来不同意列宁的意见，但为了防止列宁辞职和党的分裂，他的态度发生变化。在他的影响下，出现了4票弃权。结果列宁的主张以7票赞成、4票弃权、4票反对获得通过。

2月24日苏俄重新派出了谈判代表团与德国进行谈判。3月3日，布列斯特和约正式签订：规定波兰、立陶宛、白俄罗斯和爱沙尼亚的大部分领土割让给德军；俄军应完全复员；苏俄要向德国支付巨额赔款等。此时的德国在与苏联的谈判中以大获全胜而告终。

四、张建民趁势除“蛀虫”

不管是在军事、商务谈判当中，还是在竞争激烈的职场中，“趁火打劫”作为一条计谋来说，它并没有道德的好坏之分。若是运用恰当，不仅可以为自己争取应得的权益，还能挽救他人。这并不是一个夸张的说法。前不久，张建民就遇到过这样一种情况。

张建民是一家大企业的监察科长。最近他发现随着企业的快速发展、人员激增，企业内部一些违纪、犯规行为也越来越多了，特别是一些有权有油水可捞的部门，小偷小摸、贪污腐败的现象愈演愈烈。张建民感觉自己肩上的担子很重，却又不知从何抓起。虽然这是一家大企业，但是说到底还是民营企业，其中人事关系盘根错节、十分复杂。稍有不慎就可能得罪“皇亲国戚”，最后自己的饭碗能不能保得住都是个问题。

但是看着企业的公共财产被侵吞，自己作为直接负责人如不管不问，良心实在难安。因此，他一直在自己的饭碗和应尽的责任之间犹豫不决，而就在张建民苦思对策之时，机会终于来了。

一天，保安将监控录像放给张建民看，张建民发现材料科科长刘源经常趁夜间加班时，偷偷将厂里的布匹等材料带出工厂，不用说，这肯定是侵吞公物的行为。

但是，刘源是老板的小舅子，张建民本来不敢拿他开刀，但是最近他发现老板对刘源态度很不好。于是，他准备抓住这个机会。

几天之后，张建民听见老板在办公室大发雷霆，过了一会儿，刘源就灰溜溜地走了出来。张建民意识到机会来了，于是立刻将此事向老板作了汇报。老板一听，更是震怒，原本只是扣罚刘源一年的奖金，这下，索性将他彻底开除了。

通告一出，全公司的人都人人自危。老板连自己的小舅子都开除，那还会对谁留有情面呢？张建民再趁热打铁，将贪污和侵吞公家财物的处罚条例细化后，下发到各个部门。自此之后，大家全都收敛了，不敢再偷偷摸摸地做一些违背公司条例、损害公司利益的事情了，小偷小摸和贪污腐败的现象自然也就渐渐消失了。

第六计　声东击西

陈剑波（合肥工业大学宣城校区机械工程系）

敌志乱萃，不虞，坤下兑上之象。利其不自主而取之。

这是三十六计“声东击西”的原文。根据《易·萃》势的解释，“坤下兑上”，是说聚集在一起的，是一潭高出地面的死水，随时都有溃决的危险，喻义乌合之众，缺乏正确的指挥，迟早非要失败不可。全计的原意为：“战争中，当敌人指挥混乱（乱萃），不能判明或来不及防备（不虞）突然发生的事变，应利用其失去控制力的时机而消灭它。”所谓“声东击西”，即是忽东忽西，声彼击此，欲退以进，欲进以退，巧妙引诱敌人，造成敌人的错觉，乘机歼灭敌人的一种计谋。

一、刘邦巧计回汉中

话说楚怀王命令刘邦和项羽分头领兵，分路进攻咸阳，并当众宣谕“先入关者为王”。刘邦虽然先入，但无奈兵力不如项羽。故此权力都归属项羽，刘邦反而受到了项羽的控制，并被改封为汉中王，驻地被分到南郑（今陕西）。项羽麾下第一谋臣范增觉得刘邦是一个祸患，多次建议项羽把他杀掉，使他不能上任，但项羽刚愎自用，不愿做此事。于是，刘邦便留在了咸阳，名为辅助，实为软禁。

刘邦急欲逃脱项羽的控制，返回汉中，便向张良求救，张良则去拜访陈平。陈平附耳向张良说了几句话，张良开怀大笑，连称妙计。

第二天，陈平先以调虎离山之计向项羽奏请，派范增往彭城催怀王徒居郴州。范增临行的时候，向项羽提出约法三章：一、不得离开咸阳。二、重用韩信，或不用则杀之，避免为他人所用。三、不得使刘邦回归汉中，待项羽应允之后，范增才起程前往彭城。

事隔不久，陈平再次上表，言及国家经济首要任务在于节流。目前有几十万军队驻扎在咸阳，坐吃山空，不如将各诸侯遣回驻地，以减少开支。

项羽准奏，立即命令新封各诸侯限期五天返回各自驻地，唯独不准许刘邦回归汉中。刘邦大惊，已觉察到项羽有加害之意，急忙与张良商量计策。张良眉头一皱，计上心来，让刘邦上表，跟项羽请假，说是要回老家丰沛看望父母，并教他如此这般行事。

项羽看了刘邦的表章后，思考一阵，对刘邦说："你想要回家乡看望父母，也是一片孝子之情，我本不应该阻止的，但我猜想这恐怕不是你的本意吧！应该是我让你留在咸阳，你才会提出这一要求啊！"刘邦假装悲伤地说："我父亲太公年事已高，无人侍奉，我日夜挂念他的身体状况，时刻放心不下。往日里看见陛下才刚刚即位，事务繁忙，所以不敢开口提出回家看望父母之事。现各诸侯均返回驻地，能享受天伦之乐，只有我一个人留在这里，还不知道何时才能够见到老父！"说着，刘邦便放声大哭起来。全然没有一副枭雄的样子，只剩下一副孝子模样，令人好生惋惜。

就在这时，张良故意唱起了双簧，出班启奏："不能放他回乡去接取家眷，宁肯让他回驻汉中，派人去丰沛把他的家眷接到这里来作抵押，好使他规规矩矩地做人，莫生妄念！"

听罢此言。项羽点了点头，说："你说得虽然有道理，但是我不放他回汉中去，就是怕他产生异心，对我的江山社稷造成威胁。"

陈平又趁机启奏："陛下既封刘邦为汉中王，已公告天下，臣民共知，不让他上任，恐怕陛下会不足以取信于天下。人家会说陛下一登上帝位就说假话，那对以后的法令，他们不是也会阳奉阴违吗？还不如听张良的话，用刘邦的家眷作为人质，留在咸阳，遣他返回汉中去。这样，既可保全信誉，又能约束刘邦，岂不是两全其美的好办法吗？"

沉思良久后，项羽才无可奈何地对刘邦说："既然大家这样说了，而且也在情在理，现在我准你去汉中赴任，不得存有异心，且不得回丰沛，明日就起程吧！"

听了项羽这番言语，刘邦心中无限欢喜，但外表上却装出一副可怜的样子，拜伏不起，继续请求准许回乡看望父母。

项羽也有些心中不忍，便安慰他说："你还是好好地去汉中吧！我会把你的父亲等家眷接到这里来抚养，等你到了汉中，把事情安排妥当之后，再派人来接，也不失奉养孝敬之意啊。"

这时，刘邦才勉强起身，感谢项羽的大恩大德。

刘邦回营后，迅即下令将士火速起程，众将士如同猛虎下山一样，浩浩荡荡地奔往汉中去了。

至此，刘邦终于得救回汉中。

其实，人生有时候需要学会变通，会一些计谋，这样才能在这个社会中脱颖而出。面对错综复杂的社会环境，你的想法未必会让别人认同。倘若使用“声东击西”，便可让别人不明白你的真实意图。人生在世，想要活得自由自在，有时还是需要一些智谋的。

二、苏联妙计得“飞机”

“声东击西”不仅仅在中国古代战争中多次使用，在外国，此计也曾经被多次运用在战争当中。当然，有的是真刀真枪的战争，有的是不见硝烟的战争。所谓“不见硝烟”的战争，即科技方面的战争。

自二战过后，苏联和美国的军事实力愈发强大，成为战后世界的两极。两国自认为不可能发生第三次世界大战。于是便开始在科技方面进行斗争，其中颇为经典的便是苏联盗窃波音公司的“战争”。

1961 年，美国的波音飞机公司改名为波音公司。早在二战中，波音公司便开始研制大型轰炸机。其中 B－17（绰号空中堡垒）、B－29 轰炸机等都在二战中发挥了重要的作用。而苏联对美国波音公司的飞机制造技术一直都心存觊觎，希望得到波音公司的飞机制造技术，这样就可以在飞机制造上赶上美国甚至于超越美国。但波音公司对自己内部的商业秘密，保密措施非常严格有些机密甚至只有公司核心成员才知道。

自 20 世纪 60 年代以后，波音公司的主要业务由军用飞机转向商用飞机。1957 年研制成功的波音 707 是该公司首架喷气式民用飞机，同时该飞机也奠定了波音公司在全球商用飞机制造商的地位。

1973 年，苏联人在美国放风说，准备发展本国经济，打算挑选美国的一家飞机制造公司为苏联建造一个世界上最大的喷气式客机制造厂，促进苏联和其他国家的贸易。该厂建成后将年产一百架巨型客机，并且盈利无数，可以极大地提高苏联的经济发展。但如果美国公司的条件不合适，没办法满足苏联的要求，苏联就将同英国或前联邦德国的公司做这笔价值近3亿美元的生意。

面对这天上掉下的“馅饼”，美国波音飞机公司、洛克希德飞机公司和麦克唐纳·道格拉斯飞机公司三大飞机制造商都高兴得不得了，都想抢到这笔“大生意”使自己的公司在美国超越其他两家公司。所以，他们便背着美国政府，分别同苏联方面进行了不为人知的私下接触。正是这一接触，却使得苏联得到了不小的发展。苏联面对三大公司，机智地在它们之间周旋，让它们竞争，以便可以更多地满足己方的条件，也可以使己方得到更多的好处。

波音公司为了能够抢到这笔生意，首先同意苏联方面的要求：让20名苏联专家到飞机制造厂参观、考察。

在波音公司里面，苏联的专家被视为上宾，他们不仅仔细参观了飞机装配线，而且还到了波音公司机密的实验室里“认真考察”。不仅如此，苏联专家们还先后拍了成千上万张照片，不仅得到了大量的资料，最后还带走了波音公司制造的巨型客机的详细计划。

波音公司的老板及员工热情地送走苏联专家后，满心欢喜地等待他们回来谈生意、签合同，甚至有些人都在想着等接了这笔大生意，自己的工资和奖金会不会翻一番呢？岂料这些所谓“苏联专家”们，有如“肉包子打狗”，有去无回。

后来，美国人发现苏联盗窃了波音公司提供的技术资料，并且用其设计制造了伊柳辛式巨型喷气运输机。这种飞机的引擎是美国罗尔斯·罗伊斯喷气引擎的仿制品，而且有关制造飞机的合金材料，也是从美国获得的。

原来，苏联专家穿了一种特殊的皮鞋，其鞋底能吸引从飞机部件上切削下来的金属屑，带回去的样本一分析，就得到了制造合金的秘密。

这一招，使得一向精明的波音公司叫苦不迭，有苦难言。

苏联人为了获得美国制造巨型客机的合金材料，故意放风说要挑选美国的一家飞机制造公司为苏联建造喷气式客机制造厂，以“声东击西”瞒住了波音公司，获得了巨型客机的制造材料和有关制造飞机的合金材料的秘密。这一计利用了波音公司在巨大的利益面前失去了分寸，此即“声东”，而后利用波音公司的贪婪，派遣了众多专家去往波音公司“参观”，并且盗窃了大量珍贵资料和飞机设计图纸等，此为“击西”。此招“声东击西”可谓用得出神入化，准确把握了波音公司贪婪的心理，乘机拿到了自己所需要的资料。波音公司得到了“偷鸡不成反蚀把米”的深刻教训。

三、娄厂长的谈判技巧

“声东击西”这个计谋，除了用在有硝烟的军事战争上，还可以用在无硝烟战争的商场中。

1985 年春，娄维川以烟台市塑料编织袋厂厂长的身份与日本方面达成正式购买生产线的口头协议。4 月 5 日，娄维川与其他同志一道在青岛开始与日方谈判。

在进行了一周的技术交流后，谈判进入了实质性阶段。对方主要代表是国际业务部的中国课课长，他起立发言：“我们经销的生产线，由日本最守信誉的三家公司生产，具有 80 年代先进水平，全套设备的总价是 240 万美元。”课长报完价，漠然一笑，摆出一副不容置疑的表情。娄厂长也微微一笑，心想，你吓唬谁呀！以前进口的编织设备，价格高的 180 万，便宜的才 140 万。

娄维川缓缓站起身，说道：“据我们掌握的情况，你们的设备性能与贵国某家会社提供的产品完全一样，我省购买的该设备，比贵方开价便宜一半。因此，我想请你重新报价。”

日方代表听罢，相视而望，首次谈判即宣告结束。

一夜之间，日本人把各类设备的价格列出了详细的清单。第二天，报出的总价是 180 万美元。经过激烈的争论，总价压到了 140 万美元，直至 130 万美元最低价。

到此为止，日方表示价格无法再压。随后在持续长达 9 天的谈判中，双方共计谈崩了 35 次，最终拉锯战并没有结果，双方互不妥协让步。

“是否到了该签字的时候了？”娄厂长苦苦地思索着，回顾整个谈判历程，前一段基本上是日方漫天要价，我方就地还价，处于较被动的地位。如果对方以为：中国方面是抱着“过了这个村就没有这个店”与他们进行压价谈判时，就难以再叫他们让步。于是娄厂长灵机一动，采用“声东击西”的策略，假意与另一家洽谈。此事被日商知道后，总价立即降至 120 万美元。

这个价格可以说是相当不错了，但娄厂长了解到当时正有几家外商同时在青岛竞销自己的编织袋生产线，这个形势对自己太有利了，他觉得可以让对方的价格再降一降。

谈判桌上的形势呈白热化。娄维川等中方代表在日商住地谈了整整一上午，日方代表震怒了，说：“娄先生，我们几次请示厂家，四次降价。现在已经降到 120 万美元，比原价已降了一半，可以说做到了仁至义尽，而如今你们还不签字，实在太苛刻了！”他气呼呼地把提包甩在桌上。

娄维川站起来，义正词严地说：“先生，请记住，中国不再是几十年前任人摆布的中国了。你们的价格，还有先生的态度，我们都是不能接受的！”说完，娄维川假装气呼呼地把提包甩在桌上，使提包里面西方某厂的设备资料散落一地。日方代表见状大吃一惊，急忙搂住娄厂长，满脸赔笑道：“娄先生，别急嘛！请让我向厂方请示之后，再商量商量。”娄维川寸步不让，说道：“请转告贵厂长，这样的价格，我们不感兴趣。”说完，抽身便走。

次日，日方毫无动静。有人沉不住气，怕真谈崩了，落个竹篮打水一场空，而娄维川泰然自若地说：“沉住气，明天上午会有信来的。”

果然不出所料，次日一清早便传来日方消息，日方请中方暂不要和其他厂家谈判，日方正在商讨价格。下午，日方宴请中方并宣布了第五次压价。娄维川迅速反击，再降百分之五，即可成交。娄维川知道日方代表处在两头受挤的处境，便主动缓和气氛，说：“你们是客人，理应由我们来宴请，这次宴会费用，我们包了，价格问题请再和日方商量一下。”对于这次要求能否为对方所接受，谈判能否成功，娄维川心里也没底。

日方经过再次请示，宣布最后开价再让百分之三，为 110 万美元。距离娄维川的要求，还差 3 万多美元。娄维川看到这已经是最后价格，再降下去也不可能了，于是便与日方代表握手成交。

此次之所以谈判成功，完全取决于娄厂长在谈判时的计谋。巧妙地运用“声东击西”，这个计谋使日方慌乱，茫然不知所措，然后乘机还价，最终我国利用极低的价钱购买了该流水线。

四、机关单位的升职之路

人们常说："职场中没有绝对的朋友，一旦涉及利益问题，谁都有可能在背后捅你一刀。正所谓，'害人之心不可有，防人之心不可无'。"所以，身在职场，要学会保护自己，不要将心思全都明明白白地说出来，以防小人陷害你。

程晨就吃过这样的亏，那是他刚到机关工作的时候。程晨出身农村，父母是地地道道的农民，他靠自己的努力拼搏考上了名牌大学，然后通过了国家公务员考试，进机关做了一名基层工作人员。

程晨深知自己没有背景，没有后台，一切都要靠自己的努力才能闯出一片天，再加上父母和家人的殷切希望，盼望他能在机关谋个一官半职，光宗耀祖。所以程晨玩命地工作，事事都抢在前头，只希望能做出成绩，得到领导的赏识。这与机关内部很多人偷懒耍滑头，无所事事形成了鲜明的对比。于是有人便问程晨，为什么那么拼命？又不是私企，做好自己的本职工作就足够了。程晨当时还比较单纯，以为别人关心他而已，于是便老老实实地说出了自己的想法："我一没有靠山，二没有家世背景，唯一的希望便是，通过出色的工作获得领导的赏识，得到重用。"

说者无心，听者有意。程晨的这番话经过别有用心之人的添油加醋，很快在机关传开了，有人说程晨将工作作为往上爬的阶梯，为自己谋求官位和私利。一传十，十传百。人们看待程晨的眼光就变得异样了，好像他就是一个利欲熏心、沽名钓誉的小人。这则谣言不但使程晨辛苦工作的业绩全部被抹杀了，就连他本人的形象也受到了极大的影响。

这件事对程晨的打击非常大，有一段时间他的情绪低落到了极点。幸好一位平时很喜欢他踏实勤快的老同志及时为他指点了迷津。老同志说：“人们去买衣服，通常不会对自己所看中的衣服表现出极大的兴趣和满意，而是故意挑一些毛病和缺陷。当然，这件衣服并不一定真的不好，这些缺陷和毛病是否真的存在也不重要，重要的是让卖衣服的人觉得自己并不是十分想买这件衣服。这样一来，就掌握了讨价还价的主动权了。如果价格还谈不下来，你就可以做出转身离开的样子，这时，卖主往往会叫住你，生意便成交了。职场也是如此。虽然名和利都是人们心中想要的，但是聪明人绝不会将其挂在嘴边，而是标榜自己‘不图升官，不图发财’。这样，同样是卖力工作，却能赢得众人好评。其实，通过工作为自己谋取前程并不可耻，但若是将目标定位在‘为责任，为事业，为人民’，那么前程的谋取也会变得容易得多了。”

老同志的一番话令程晨茅塞顿开。此后，无论做什么工作，他都力求最好，并且不再说自己是为了升官，而是为了责任。果然，渐渐地，人们对他的印象改变了，连领导也对他刮目相看，重点培养。经过多年的努力之后，程晨终于实现了他的目标：成了一名机关干部。

第七计　无中生有

张　弛（合肥工业大学电子科学与应用物理学院）

诳也，非诳也，实其所诳也。少阴，太阴，太阳。

这是三十六计中“无中生有”的原文，大意是说：原指本来没有的东西却硬说存在，现在形容凭空捏造。

本计语出老子《道德经》第四十章：“天下万物生于有，有生于无。”“诳”，欺诈、诳骗。“实”，实在、真实。这句话的意思是：运用假象欺骗对方，但并非一假到底，而是让对方把受骗的假相当成真相。不过，用假象欺骗敌人，并不是完全弄虚作假，而是要巧妙地由假变真，由虚变实，以各种假象掩盖真相，造成敌人的错觉，从而达到出其不意，攻其不备的效果。

一、张仪智取楚王金

运用“无中生有”一计，程昱骗得谋士徐庶，而数百年之前的张仪，却用此计得到了梦寐以求的财富。

战国时的张仪，学了一套“纵横术”，便带着几个乡人跑到楚国去求富贵。但因找不到登龙途径，到了楚国后穷困潦倒，生活异常拮据。同行的人也呆不下去了，都报怨着要回家。

张仪说：“你们是不是因为穷了，享受不到什么就要回去呢？那根本不成问题。这样吧！再等几天，不是我夸口，只要能见到楚王，我保证让大家吃喝不尽。否则的话，你们可打掉我的门牙。”

而那时，楚王宠爱着两个美人。一个是南后，另一个则是郑袖。

一天，张仪磨破嘴皮，费尽功夫，终于见到了楚王，楚王自然十分不悦。张仪便说：“大王，臣到这里已有一段时间，倘若大王真心不想让臣在国内效力，可以将臣派往晋国，去为您做些事情。”

楚王正巴不得张仪速速离开，便一口答应。

“谢楚王！当然，不论在晋国是否成功，臣都要回来向您禀报。”张仪说，“那请问大王，您要臣从晋国带些什么回来呢？比如说那边的特产，您要是喜欢，臣好给您带一些回来。”

楚王冷哼一声，说：“金银珠宝，象牙犀角，本国堆积如山！晋国的东西，没什么稀罕的。”

“大王就不喜欢那边的美女吗？”这句话像电流一样，使得楚王肌肉立刻紧绷起来。他眼睛一亮，急忙问道：“爱卿可是在说……”

“臣说的正是晋国的美女。”张仪假装正经地说，还作起手势向楚王形容，“那真是美妙绝伦！宛若天仙！说话娇滴滴，声音简直比银铃还清脆。正所谓对花花枯萎，对月月无光，云鬓压衡岳，裙带系湘江……”

这一席话引得楚王的眼珠直跟着张仪的手势转，连嘴巴也合不拢了，连说：“对，对！本国是一个偏僻地区，寡人从未见过晋国那边的美女。你若不说，我倒忘了。那你就去给我办，多带些这样的名贵特产回来吧！”说着，便赏赐给张仪许多银子，命他速速去办。

另一边，张仪又故意把这消息传开，传到南后和郑袖的牙朵里。两人听后，万分恐慌，急忙派人去向张仪疏通，告诉他说：“我们听说先生奉楚王之命前往晋国去买特产，特地送上盘缠，给先生在路上花用!”由此，张仪又捞了一把。

在向楚王辞行的那天，张仪又装出依依不舍的样子，说：“臣此次到晋国去，路途遥远，不知哪一天才能回来。请大王赐我几杯酒，给我壮壮胆吧。”

楚王想到晋国的美女，便客气地叫人给张仪赐酒。

张仪饮了几杯，脸红起来，又装模作样地再拜楚王，说：“这里没有别人，敢请大王特别开恩，叫最信得过的人出来再赐我几杯酒，给我更大的鼓励和勇气。”

楚王虽有不愿，但是看在“特产”的分上，特别把最钟爱的南后和郑袖请了出来，命她们轮流给张仪敬酒。

张仪一见，“扑通”一声跪倒在楚王面前，说：“请大王杀了我吧，我欺骗了大王!”

“爱卿何出此言?”楚王见到张仪这番表现，惊讶不已。

张仪说：“臣之所以要为大王带特产回来，是因为臣认为晋国美人冠绝天下。但是今日见到两位贵妃，才知臣如井底之蛙，妄自夸大，欺骗了大王。臣罪该万死!”

楚王松了口气，对张仪说：“爱卿不必自责。也就是说，普天之下再无美人比得上寡人的这两位了?好!好!”说着，便向两位贵妃献上殷勤。

就这样，张仪使用“无中生有”之计，描述出一个闭月羞花的晋国美人的“虚像”，诱使楚王拨给自己盘缠。后又用南后、郑袖两位贵妃作为挡箭牌，以假当真，将南后、郑袖两位贵妃推为绝世美人，从而达到由虚变实的目的。在虚实变幻之间，达到了自己的目的。

二、鲁兹太太的无声关怀

故事发生在美国西部的一个小镇上。那天，狂风夹带着雪花，提前送来了寒冷的夜晚。鲁兹太太开始费力地关店门。

自从丈夫鲁兹走后，她独自经营着这个零售店已经十多年了。只要她想，她总能在这屋子里看到鲁兹熟悉的身影，仿佛他从没有离开过这里一样，她实在是舍不得把这个小店盘兑出去，尽管她已经是一个 70 岁的老人了。

这时，有个年轻人急促地闯进来，递上 50 美元，说要一份热狗和一杯牛奶。在接过那张钞票的一瞬间，凭经验鲁兹太太断定那是张假钞，在黑市用 5 美元就可以搞到。她瞟了年轻人一眼，他低垂着头，神情怠倦，衣着单薄，一副穷困潦倒的模样。应该是一个失业的流浪汉，鲁兹太太在心里暗自思忖着。“能换一张吗？或者给我零钱？”鲁兹太太不动声色地问道。年轻人开始紧张慌乱起来，脸上泛起了红晕，像个做错事的孩子，头垂得很低，窘迫、羞愧得不知所措。他犹豫了半天说：“没有，太太，我只有几美分，我……我很想要一份热狗，我一整天没有吃东西了。”这是一个还没有丧失羞耻感的孩子，鲁兹太太在心里这样评判着眼前的年轻人。能感到羞耻，说明他知荣明耻，才会内心不安，于心不忍。或许是饥饿让他暂时迷失了自己，她想，对这样的孩子也许一块面包远比一声怒喝更有效果。想到这儿，鲁兹太太不再迟疑，马上找零钱。

在年轻人转身离开的当口，鲁兹太太忽然大叫一声，手捂着胸口踉跄了几下。年轻人吓坏了，赶紧上前扶着老人。“快！”鲁兹太太把那

50 元的假钞塞到年轻人手里："到盛大诊所买药，就说鲁兹太太病了。"年轻人走后，鲁兹太太麻利地抓起电话，打到那个诊所。鲁兹太太在电话里说："如果有个年轻人来给我买药，给他几美分的药好了。另外，他手里有一张 50 美元的假钞。"如果他是个善良且富有爱心和责任感的孩子，他就一定能回来。鲁兹太太默默地祷告着，她真的不希望他"走"得太远。一会儿，诊所的电话打过来了，告诉鲁兹太太年轻人已经拿着药走了，没有用假钞。鲁兹太太长吁了一口气，庆幸自己没有看走眼，她禁不住喜形于色。那个夜晚，年轻人不离左右地陪伴着"病中"的鲁兹太太。天亮后，鲁兹太太感激年轻人"救"了自己，竭力挽留要离开的年轻人，恳求他帮她照看几天零售店。

几天过去了，几年也过去了，那个小零售店变成了小超市，小超市又有了子超市，而年轻人也一直陪伴着鲁兹太太走完了她生命的最后一程。随着小超市星罗棋布地展开，那个年轻人的名字也渐渐地被人所熟知，他就是在美国靠零售发家致富的怀特。

鲁兹太太临终时说："善良让我们彼此都找到了灵魂的归宿，互惠共生。"其实怀特知道，不仅是善良更是鲁兹太太富有智慧的爱，牵引了他的心，让他感恩至今。那个风雪之夜，鲁兹太太用心营造了一个美丽的契机，用善意的谎言让他体面而又不失自尊地接受了她的帮助，她用善良给予了他生活上的温暖，让他得到了新生。

三、张仪巧计诳楚王

战国时期，诸侯争霸。秦王想征伐齐国，又顾虑齐国与楚国有歃血之约，便派张仪前往楚国，意图破坏齐楚之间的关系。

拜见楚王后，张仪说："大王如果能听从我的建议，与齐国废除盟约，断绝邦交，我可以向楚国献上商於方圆的六百里的土地，让秦国的美女来做侍奉您的妾婢。秦、楚两国互通婚嫁，永远结为兄弟之邦。"楚王听了十分高兴，允诺了张仪的建议。

听闻此事后，群臣都前来祝贺，唯独陈轸表示哀痛。楚王恼怒地问："我一兵未发而得到六百里土地，有什么不好？"陈轸回答道："您的想法不对。依我之见，商於的土地不会到手，而我们和秦国也不会联姻。相反，齐、秦两国却会联合起来。一旦齐、秦一联合，楚国就将祸事临门了。"楚王问："你有什么解释呢？"陈轸回答："秦国之所以重视楚国，就是因为我们有齐国作盟友。现在我们如果与齐国毁约断交，楚国便处于孤立无援的境地之中，秦国又怎么会因为一个孤立的国家而白送商於六百里地呢！张仪回到秦国以后，一定会背弃对大王您的许诺。那时大王北与齐国断交，西与秦国生出怨仇，两国必定联合发兵夹攻。以臣愚见，不如我们暗中与齐国仍旧修好而只表面上绝交，再派人随张仪回去。如果秦国真的割让给我们土地，我们再与齐国绝交也不晚。"楚王斥责道："陈先生不必多言，如此杞人忧天，能成何事？先生等着看我去接受六百里土地吧！"于是把国相大印授给张仪，又重重赏赐他。随后下令与齐国毁约断交，派一名将军同张仪前往秦国。

张仪回到秦国后，假装从车上跌下，一连三个月不上朝。楚王听说后自语道："张仪是不是觉得我与齐国断交做得还不够？"便派勇士借了宋国的符节，北上到齐国去辱骂齐王。齐王大怒，立即降低身份去讨好秦国。于是齐、秦两国再度和好。

听闻此事后，张仪才"病愈"上朝。使者见到张仪，责问道："先生许诺的六百里土地呢？"张仪故作惊讶地答道："这个不用担心，区区六里土地，不劳秦王费心，从我的封地里取出六里即可。"使者怒道：

“先生何出此言？当初与楚王誓约，可是六百里！”张仪惊讶道：“什么六百里？我当初说的是六里！秦国的土地都是靠战争得来的，怎能轻易地让出？您一定是听错了。”

使者愤怒地回国报告楚王，楚王勃然大怒，准备以倾国之力攻打秦国。陈轸上言道：“大王，现在攻打秦国还不如趁机用一座大城的代价去收买它，与秦国合力攻齐国。这样我们从秦国失了地，还可以在齐国得到补偿。现在大王您已经与齐国断交，又去质问秦国，如此一来，我们便是腹背受敌啊！贸然出兵，必败啊！”楚王仍是不听他的劝告，派屈匄率军队征讨秦国，秦国也任命魏章为将军，起兵迎击。

后面的战果，自是不必多言。楚国接连战败，又被韩、赵两国突袭后方，真正的腹背受敌。最终，这场闹剧以楚国割让两座城池与秦国而告终。

在秦国孤立楚国，达到远交近攻的战略目标的过程中，张仪可谓居功甚伟。一计“无中生有”，利用楚怀王想不劳而获的心理，凭借三寸不烂之舌，硬是化虚为有，用根本就不存在的“六百里土地”诱使楚王上钩，而鱼一旦上钩后，轻则身受重创，重则面临灭顶之灾。

四、潇潇无中生有躲追求

潇潇是一个漂亮的女孩，从小到大都有无数的追求者，但是潇潇是一个要强的女孩，一心想要做一番大事业，不想做男人身上的寄生虫。所以，潇潇并没有理会身边的追求者，而是凭借自己的努力考取了名牌大学。

大学毕业后，潇潇进入一家世界 500 强企业工作。同样，潇潇的美貌也吸引了不少男同事的目光。但这次麻烦的是，其中最疯狂的追求者竟然是她的顶头上司——公司的副总张铭。

张铭是一名外籍华人，妻子和孩子都在国外，因此追求起潇潇来便没有那么多顾忌。鲜花、香水、珠宝等各种礼品轮番进攻，一心想让潇潇投入自己的怀抱。

这下潇潇感到非常为难，公司的待遇、福利令人羡慕，并且她也不想放弃这么好的工作。但是她也有自己做人的原则，这么多年等待真爱，她不想还没尝过恋爱的滋味就沦为被世人不齿的“小三”。然而，潇潇心中清楚，如果强硬地拒绝上司，不要说对自己的前途大有影响，就是想做好现在的工作也十分困难，那该怎么办呢？

潇潇无奈，只好向自己最好的朋友求救。朋友给潇潇出了一个主意：虚构一个男友，如果张铭知道潇潇已经名花有主，一定会知难而退。潇潇半信半疑地说：“这能行得通吗？”

“不试怎么知道行不行得通？”朋友调皮地说。

于是潇潇重新注册了一个邮箱，从网上下载情书，稍微改动一下便转发到自己的邮箱中，然后又装作不经意的样子让同事们看见。当同事问起她时，她装作不好意思地说，这是她大学时就已经相恋的男友，现在在国外读研究生，等他毕业回国后，两人就结婚了。为了让这个“男友”看起来更像真的，潇潇还经常在网上订购一些新颖而又别致的礼物送给自己，对别人说是远在海外的男友寄回来的，同事们都羡慕不已。

就这样，“潇潇有个海外留学的男友”的消息很快便在公司传开了。张铭毕竟是个有素质，有修养的人。在得知潇潇与男友海誓山盟之后，自然也就停止了攻势。在工作上也没有为难潇潇，因为这毕竟是他欣赏过、喜欢过的女孩。过了不久，潇潇真的找到了心仪的男友，张铭也因为工作关系调回了美国总部。临行前，他还衷心地祝他们幸福、美满。

潇潇“无中生有”地制造出一个男友，将自己从被动的局面中挽救出来，并以此为借口，巧妙地拒绝了上司的追求，实在是妙招。可见，当无法直面拒绝他人的请求时，可以试着为自己找一个借口。就算是无中生有也没关系，这样既可以给对方留有情面，也可以让自己不至于太过尴尬，以维持彼此之间的情分。

第八计 暗度陈仓

苑卓（合肥工业大学马克思主义学院）

示之以动，利其静而有主，“益动而巽”。

这是三十六计中“暗度陈仓”的原文，意思是说：表面上把自己的行动意图故意在敌人的正面暴露出来，当敌人屯结重兵进行固守时，积极向敌人侧后迂回，出其不意地进行突然袭击。

一、东方朔吓侏儒反被重用

汉代的东方朔就应用了“暗度陈仓”中的智慧，使自己得到汉武帝的重用。

东方朔，字曼倩，平原厌次（今山东省德州市陵城区）人。他本姓张，生父姓张，名夷，字平少，母亲田氏。他出生刚三天，母亲就去世了。由于他的父亲没法抚养他，只好把他扔出家门。当有人听到婴儿的啼哭声将他抱回来的时候，正值东方发白，于是便取姓“东方”，名“朔”。这是汉景帝中元三年的事。

汉武帝刘彻即位初年，征召天下贤良方士和有文学才能的人，各地士人、儒生纷纷上疏应聘。东方朔也给汉武帝上疏，上疏用了 3000 片竹简，两个人才扛得起来，汉武帝读了 2 个月才读完。

自我推荐书中，东方朔说：“我东方朔少年时就失去了父母，依靠兄嫂的抚养长大成人。我 13 岁才读书，勤学刻苦，3 个冬天读的文史书籍已够用了。15 岁学习击剑。16 岁学习《诗》《书》，读了 22 万字。19 岁学孙吴兵法和战阵的摆布，懂得各种兵器的用法，以及作战时士兵进退的钲鼓。这方面的书也读了 22 万字，总共 44 万字。我钦佩子路的豪言。如今我已 22 岁，身高九尺三寸。双目炯炯有神像明亮的珠子，牙齿洁白整齐得像编排的贝壳，勇敢像孟贲，敏捷像庆忌，廉俭像鲍叔，信义像尾声。我就是这样的人，够得上做天子的大臣吧！臣东方朔冒了死罪，再拜向上奏告。”他自荐具备各种才能和美德，请求录用。这种文辞不逊、高自称誉的做派在当时是需要极大的勇气的。

汉武帝性格豪迈，用人不拘一格，读了东方朔自诩自夸的推荐书后，不以为意，反倒十分赞赏他的气概，命令他待诏在公车署中。公车署中俸禄不多，东方朔也一直没有机会进见汉武帝。这个狡黠的年轻人便开始盘算。

过了一段日子，东方朔出游都中，见到一个侏儒，他恐吓他道：“你的死期要到了！”那侏儒听了十分疑惑，便问他为何。东方朔说：“像你这样矮小的人，活在世上无益，你力不能耕作，也不能做官治理百姓，更不要说拿兵器到前方去作战。像你这样的人，无益于国家，只是活在世上糟蹋粮食罢了，所以如今皇上要杀掉你们。”侏儒听后大惊失色，竟吓得啼哭起来。东方朔对他说：“你暂时不要哭。皇上就要来了，他来了你去叩头谢罪。”

不一会儿，汉武帝乘辇经过。侏儒奔了过来，跪伏在地，号哭不止，连连磕头，请求汉武帝饶他不死。汉武帝觉得奇怪，问是怎么回事。侏儒回答说："东方朔说皇上要把我们这些矮小的人都杀掉!"汉武帝听后立即找来东方朔，问他为什么要吓唬侏儒。

东方朔从容不迫，侃侃回答："侏儒身长不过 3 尺许，他们 1 月能得到 1 袋口粮，还有 240 钱俸金。他们吃饱了还有剩余。可是我身高九尺三寸，每月也是 1 袋口粮、240 钱俸金，食不饱肚，衣不蔽体，这实在是不公平。如果陛下认为我是一个可用的人才，就应该给予优厚的待遇才对；如果认为我是无用之辈，就应该早早遣散我回家。您怎么能忍心让我沦为长安城中的一名乞丐呢?"

汉武帝听了，哈哈大笑，不仅没有责备东方朔，反而下诏封他为"待诏金马门"。从此，东方朔的待遇得到了改善，更重要的是获得了接近皇上的机会。在滞留长安的这段日子里，东方朔凭着自己的智慧和力量，终于迈出了成功的第一步。

在这则故事中，东方朔便巧妙地运用了"暗度陈仓"这一计中的智慧为自己争取了接近皇上的机会。他心中虽然想得到更高的待遇并受到重用，但是又深知这种事情不好直接和汉武帝开口。所以，他寻找合适的机会，通过故意恐吓侏儒，让汉武帝主动询问他缘由，借此说出了自己的心声，达到了自己的目的。

二、孝文帝巧计迁都

东方朔作为臣子用"暗度陈仓"中的智慧成功接近了皇上，而历史上也有一位君主，利用这一计成功地应对了大臣们的反对意见，把都城迁移到洛阳，他就是北魏孝文帝。

北魏孝文帝拓跋宏因为嫌北平地区气候寒冷，六月份还是雨雪交加，风沙不断，准备将都城迁到洛阳。他的心里有这样的打算，但是又恐怕大臣们不听从，就假装和大臣们商议要大举攻齐，并命令太常卿王谌占卜是否吉利。占卜的结果是“革”象，魏主顺势说：“从前成汤和周武革命，顺应天命人心，这是大吉大利之象。”但这时候，任城王拓跋澄却站出来说道：“陛下累世发达，拥有中原之地，现在将要出师而卜得革命之象，不见得就是全吉呀!”魏主听了厉声斥道：“国家是我的国家，由我说的算。任城王难道想要阻挡众人心愿吗?”拓跋澄说：“国家虽然是陛下的，可我是国家的一个大臣，怎么能知道有危险而不说呢?”

魏主回到宫中很是矛盾，再三考虑之后，他决定将自己的真实想法告诉拓跋澄。于是，他派人将拓跋澄召见到宫中，拓跋澄到后，他又让左右的人员都退下了，对他说道：“平城是用武之地，难以长治久安，更难移风易俗。所以，我才想迁都到洛阳去，你认为怎么样?”拓跋澄回答道：“陛下想迁都中原为家，以便经营天下，周、汉两朝就是这样才昌盛起来的。”魏主又说道：“北方人的特性就是好留恋故土，因此，要迁出他们必定都不情愿，这怎么办?”听到魏主的这番话，拓跋澄终于明白了魏主的真实想法。其实他并不是真正地想南下伐齐，而是想将都城成功地迁到洛阳并且让臣民们更容易接受。于是，拓跋澄对魏主说：“迁都非同小可，不是平常人所能料到的，这是可以理解的。陛下圣明，应当早作决断，这样，别人也就无可奈何了。”魏主听后，明白了拓跋澄对其想法表示赞同，很是欣慰，于是感慨地说：“任城真是我的张良啊!”

魏主听从了拓跋澄的建议，早作决断。计划已定，就马上开始声言讨伐。九月份的时候到达了洛阳，正赶上洛阳久雨不停，但是魏主仍然下诏命令各路大军前行。魏主身着戎衣，手执马鞭，乘马而出。面对恶劣的天气，大臣们对南下伐齐的计划越来越感到不满，于是众大臣纷纷在马前叩头朝拜，说道："如今大举伐齐，天下百姓都不愿意，不知道陛下为什么要独断专行呢？我们情愿冒死相请，希望陛下三思，停止南下伐齐。"魏主晓谕群臣道："现在兴师动众，如果事情不能成功，用什么昭示后人呢？假如不向南讨伐齐国，就应当迁都到这里。"南安王拓跋桢说："成大业的人，不与众人谋划。现在陛下如果停止南伐，迁都洛阳，这正是我们的愿望、众百姓的幸福。"群臣皆欢呼万岁。虽然有些旧人仍不愿内迁，但又害怕南伐之苦，也就不敢再说什么了。就这样，孝文帝成功地将都城迁到了洛阳。

三、伽利略妙语劝父

伽利略青年时就立下雄心壮志，要在科学上有所成就，他希望得到父亲的支持和帮助。

一天，他对父亲说："听我说，父亲，我想问你一件事，是什么促成了你同母亲的婚事。"

"我看上她了。"父亲答道。

伽利略又问："那你有没有娶过别的女人？"

"没有的事，孩子，老天在上，家里的人要我娶一位富有的太太，可是我只对阿玛纳蒂姑娘钟情，我追求她就像一个梦游者，要知道你母亲从前是一位姿色动人的姑娘。"

伽利略说："这倒确实，现在也还看得出来。你不曾娶过别的女人，因为你热爱的是她。你知道，我现在也面临同样的处境。除了哲学以外，我不可能选择别的职业，因为我喜爱的正是哲学，别的对我毫无用途！难道我要去追求财富，追求荣誉？哲学是我唯一的需要，我对它的爱有如对一位美貌女子的倾慕。”

父亲听完说道：“像倾慕女子那样？怎么能这样说呢？”

伽利略回答说：“一点不错，亲爱的父亲，我已经 18 岁了。别的学生，哪怕是最穷的学生，都已经想到自己的婚事，我可是从来没有想到这上面去。我不曾与人相爱，我想今后我也不会。别的人都能寻求一位标致的毕安卡，或是一位俊俏的卢斯娅，而我只同科学为伴。当人们提及这方面的事情，我感到羞臊。”

父亲没有说话，仔细听着。

伽利略继续说：“我亲爱的父亲，你有才干，但是没有力量，而我却能兼而有之！为什么我不能设法达到自己的愿望呢？我会成为一个杰出的学者，获得教授身份。我能够以此为生，而且比别人生活得更好。”

父亲说：“可是我没有钱供你上学。”

“父亲，你听我说！很多穷学生都领取奖学金。这钱是公爵宫廷给的。我为什么不能去领一份奖学金？你在佛罗伦萨有那么多朋友，他们对你不错，会尽力帮助你。也许你能到宫廷去把事办妥。他们只需要去问一问公爵的老师奥斯蒂罗，他了解我，知道我的能力。”

终于，父亲被说动了：“嗯，你说得有理，是个好主意。”从此以后，伽利略安心学习，刻苦钻研，最终成了一位著名的科学家。

四、店员“暗度”巧胜职场竞聘

小玲和丽萍都是明康药店的资深店员。两位员工平日里在药店工作都很认真负责。小玲是专业科班出身，在药店主管岗位上工作多年，要能力有能力，要经验有经验，而丽萍则一直在一线岗位，对门店营销和顾客需求把握得非常到位，总能给领导很多营销方面的建议。更重要的是，丽萍为人谦虚、低调，做事谨慎、周全，人缘自然比自恃清高的小玲好得多。

前不久，药店店长岗位空缺，药店将要选出新的店长。两人得知此消息后，跃跃欲试，谁都不想错过这次晋升的机会。小玲觉得自己做主管多年，职位高过丽萍，不仅是科班出身而且更有领导能力，一定是店长的不二人选，对这次竞聘很有信心。而就在小玲大张旗鼓，表示对店长岗位志在必得的时候，丽萍却不动声色，每天按部就班工作，对“竞聘店长”的话题只字不提，也没表现出反常和激进。小玲见丽萍似乎对“竞聘”没有多大兴趣，也就放松了警惕，更加以为自己胜券在握。

一个月过去了，一天，总部送来了新店长任职书，结果却是丽萍当选。原来，对于这次竞聘，丽萍虽然表面上不动声色，实际上做了充分准备。她先通过私下沟通，取得了前任店长的推荐，同时向总部提交了一份完整的竞聘计划书和门店发展规划，并建议总部的人力资源总管到门店对自己进行 360 度考评。不仅如此，平日里人缘好的丽萍更是获得了大多店员的支持，最终轻松胜出。

在这个故事中，小玲和丽萍都有当店长的潜力和资格，而且由于小玲的科班学历和高管职位的经验使她在一定程度上处在优势地位。那么丽萍若想取胜，如果“当面鼓对面锣”“硬碰硬”去和小玲比，难免会有些吃亏。于是丽萍表面上“不动声色”，故意对店长岗位表现出“不热衷”的态度，迷惑了小玲，这可以看作是在“明修栈道”。接下来，丽萍通过私下“争取前任店长支持”“向总部提交竞聘计划书和门店发展规划”等“暗度陈仓”的方式，一举拿下店长岗位，使竞争对手小玲“防不胜防”。

在职场中，每个员工都可能会面临各种机遇和挑战。当机遇来临的时候，员工如何才能将其牢牢抓住，使之成为自己职业发展的助推剂，尤为关键。在现代职场中，虽然我们并不主张员工去“暗箭伤人”，光明正大地参与“职场竞争”应当成为职员进行岗位博弈的主流。在博弈的过程中，充分认识自己的优势和劣势，学会运用一些计谋中的智慧，扬长避短，曲径通幽，也是一种职场艺术。

第九计 隔岸观火

张博洋（合肥工业大学建筑与艺术学院）

阳乖序乱，阴以待逆，暴戾恣睢，其势自毙。顺以动豫，豫顺以动。

这是三十六计中“隔岸观火”的原文，意思是说：在敌方内部分裂秩序混乱时，我方应静观其变，敌人横暴凶残相互仇杀，势必自取灭亡。敌势进一步恶化，我方顺势出击，取得胜利，这是事先就预测到的结果。

一、曾国藩北援

“隔岸观火”一计表明，观察局势极其重要。如果不观察局势，贸然出击，必有隐患。

1862 年，咸丰帝在逃往热河途中，命令曾国藩速派湘军大将鲍超带兵北援。曾国藩一时举棋不定，几天都“通夕不能成寐”，因为北援事关“勤王”，无可推诿，但又想留下鲍超所部对抗太平军。于是他召集文武参佐讨论对策，要求每人提出一种方案，结果多数人主张派兵入卫。只有李鸿章力排众议，认为“夷氛已迫，入卫实属空言，三国连衡，不过金帛议和，断无他变”，而“楚军关天下安危，举措得失，切宜慎重”，主张“按兵请旨，且无稍动”。李鸿章认为英法联军已逼近北京，“入卫实属空言”，英法联军之役必将以“金帛议和”而告终。事实上，危及大清社稷安危的不是英法联军，而是造反的太平军。湘军“关天下安危”，应把刀锋对准太平军。至于北援，应“按兵请旨”，静待时局之变。曾国藩深受启发，一面上书冠冕堂皇地表示“鲍超人地生疏，断不能至，请于胡（林翼）、曾（国藩）二人酌派一人进京护卫根本”，一面在实际行动上采取拖延观变战术。

结果不出所料，10 月便接到“‘和议’已成，毋庸北援”的廷寄的消息，而同时接到“率勇北上”谕旨的河南、陕西等省巡抚闻命即行，结果却空跑一趟，劳民伤财。相比之下，更加显出曾、胡二人的精明。而他们二人之所以高明，是由于接受了当时正在曾国藩营中充任幕僚的李鸿章的意见。事后，胡林翼选择李鸿章等人的献议附于曾、胡二人的书面意见之后，编为《北援集议》一书，刊行于世。大概由于内部议论过于直露，不宜公开发表，在刊刻时删去一些内容，故李鸿章的条陈中已不见“按兵请旨”的字句。

曾国藩、胡林翼不愿派鲍超入援，还有另一层考虑，即鲍超是一员勇将，朝廷现令鲍超归胜保带领。然而这胜保并非常人，胜保极端仇视湘军，他若以“勤王”之名，将鲍超收为麾下，那时北援的湘军就会拱手送人，这对全局又是大有影响的事。

但鲍超不明就里，认为自己失去了一次立功社稷的大好机会，故露出不满之意。胡林翼善做思想工作，写信劝诫说：

“涤帅与我都深知胜保为人，猜忌贪诈，专意折磨好人，收拾良将。弟若北提，无论南北风气异宜，长途饷项军火，无人主持，且必为磨死，而又不能得功得名。惟北援是君父之急难，不敢不遵，万不可以他词推诿，其时涤帅筹思无策，只得应允，自行北援，或兄北拨，以兄与涤帅若能北行，则所带将士，或不致十分饥困，亦不致受人磨折。弟若知涤帅此次之思，弟且感激流涕之不暇。涤帅待弟之恩，是天地父母之恩，……弟于世事太愚，当一心敬事涤帅，毋得稍有怠玩，自来义士忠臣，于曾经受恩之人，必终身奉事惟谨。”

经过胡林翼的一番开导，鲍超才明白了曾国藩的良苦用心。如果说在“勤王”问题上，曾国藩采纳李鸿章意见“按兵”抗上是一种“刚”，而曾国藩对待鲍超的这番良苦用心可谓是另一种的“柔”。更主要的是曾国藩“隔岸观火”，采取拖延观战术，在各路大军纷纷进京入卫的时候选择了按兵不动，等待局势的变化。他深知北上的危害，也知道抗旨的后果，于是假借大将鲍超对北方不熟悉这一冠冕堂皇的理由，结果不出所料。同时面对麾下鲍超的不满，胡林翼又修书开导劝解，使得湘军内部更加团结，也为日后歼灭太平天国打下了基础。

二、芊芊巧调婆媳关系

俗话说“清官难断家务事”，尤其是在一个小家庭当中，婆媳关系经常搞得剑拔弩张。在我们身边也常常会遇到这种亲密的人发生矛盾的情况，那么我们该如何正确处理这类事情呢？

故事发生在芊芊的身边，芊芊的哥哥是普通的工薪阶层，一个月工资只有几千元，家里并不富裕，更别提买房买车了。芊芊的哥哥娶了妻子之后，自然就住在芊芊母亲的房子里。一开始芊芊的父母并不同意这段婚姻，但由于芊芊哥哥的坚持，做父母的也不好横加干涉，也就默默应允了。

婚是结了，但老两口心里面总是觉得不自在，所以动不动就找碴儿和嫂嫂吵架。碍于长辈的面子，嫂嫂不好说什么其他的，可是她心里也不痛快，于是又常和哥哥吵架。有时还会说一些过激的话，什么哥哥没本事，不能挣钱买房子搬出去另立门户，其实嫂嫂也不过是为了出一时之气，顺口说说。

做母亲的，总是希望儿子过得好。这些话有时让母亲听到了，就更觉得儿子受儿媳的气，这怎么能忍？婆婆认为自己再不出面干涉的话，他们小两口指不定要出什么大乱子呢！所以每次哥嫂为了一点小事拌嘴，母亲总要出面“调解”，不想这不调解还好，一调解反倒大发了，非得闹到一场家庭战争爆发才善罢甘休。母亲还时不时打电话把芊芊叫来充当见证人。一头儿是母亲．一头儿是哥嫂，弄得芊芊两头为难。

用什么方法既能使矛盾的双方不反目成仇而又不至于自己牵扯进去呢？经过反复思考，芊芊决定使用“隔岸观火”之计。而这首要的任务便是使母亲离这“火”远一些，还要劝说母亲也加入自己的行列，一起实施此计。

首先，芊芊每隔几天便抽空回家来给母亲做思想工作，劝母亲说：“作为老年人，应当以心平气和、颐养天年为重，对于晚辈的事，就睁一只眼，闭一只眼，难得糊涂嘛！再者，既然哥哥嫂嫂已经结婚，就说明他们彼此是爱着对方的，您就不必过问他们之间感情的事，一切顺其自然吧。”其次，每当哥嫂发生矛盾时，只要芊芊听到信儿，都立刻赶来将母亲拉走，避免母亲一时冲动，忍不住去“劝架”。这样一来，没有了“外人”在场，哥嫂两人不必再顾及什么面子问题，其实本来都不是什么大不了的事，双方都让一步也就过去了。一段时间下来，嫂嫂看到婆婆对自己的态度有所转变，也就放下了戒心。家里的气氛也缓和了许多。这样一桩难事就轻轻松松被芊芊解决了，可真是奇妙啊！

其实，这件事能够顺利解决首先得益于媳妇没有和婆婆吵架，若是吵起来事情就远没这么简单了。其次，作为一个婆婆，芊芊妈妈并没有与儿子儿媳进行有效的沟通，也没有站在儿媳的立场上看问题。媳妇上敬公婆，中敬丈夫，下抚子女，自然十分辛苦，有些小脾气也说得过去。再者，丈夫工作平庸，但作为一家之主，理应担负起保持家庭和睦的责任。芊芊的哥哥虽然哑巴吃黄连——有苦说不出，但也没有做到最好。

俗话说，小两口打架不记仇，两个人生活在一起，难免会有些磕磕碰碰的地方，两个人只要把问题说明挑清，没有什么是过不去的。如果这时加上外人在场，两个人很可能因为面子的问题而互不相让。若是矛盾双方都认为这个外人一碗水端平还好，如果这个外人说话办事稍有不慎，不但不能使矛盾得到解决，还会使矛盾升级。而且，加入事件的人越多，矛盾就会搞得越大，最后闹得大家都不好收拾。在这个故事中，芊芊就懂得这个道理，为了避免事件扩大化把自己也牵扯进来，芊芊就采用了“隔岸观火”，让母亲远离“火”，静静地等“火”灭。这样一来，让哥嫂自行解决问题，不但自己保持中立，还避免了矛盾的扩大化，不仅夫妻之间的矛盾这样，在身边亲密的人发生矛盾时，外人最好采取“隔岸观火”的态度，不要贸然插进去，以避免矛头指向自己，又让矛盾升级。

三、沉默是金

谈判是营销工作中最重要的一个环节，营销的成败也在于谈判这个环节。谈判，每个人都有自己的风格、方式和方法，招数各异，但最终目的是一样，就是要达成交易。提到谈判，很多人都会联想到的是口才，而大多数人对口才有误解，认为好口才就是多说话。有些甚至更绝，让客户根本没机会插话。有些人总是在套话，套一些与业务本身无关的话题，使得客户烦倦和恶心，最后吃了闭门羹。

有时候沉默也是一种谈判的绝招，让对方词穷后，再出击。这就是谈判中的“隔岸观火”，不急于采取攻逼手段，顺其变，等到时机一到我方即可坐收其利，一举成功。

张清到一家电子科技公司推销产品，他拿着样品和资料到客户那里。寒暄几句后，他简单地做产品介绍和演示，便保持沉默。客户也试用过产品，感觉蛮好，产品的性能、质量都没问题，万事俱备，只差价格这一关。

张清有意少说多听，让客户自觉地说出异议和顾虑，他先给客户一个价格，让客户去考虑分析。客户说：“现在也有好几家公司跟我谈着这个产品项目，他们的质量也是很不错的。”张清看到客户没有说价格比自己的有优势，就更加保持沉默。等到客户说出自己能接受的价格底线，又同时提出很多的异议，需要什么样的质量保证、保修、售后等等的时候，张清只说了一句话：“这些我们都没有问题，合同条款上都有说明。”随后客户终于提及价格环节：“你们优惠一点吧，况且我们起量很高，需要300个以上，你的产品都不知道销路怎样。”张清说：“如果要是担心产品卖不出去的话，您可以先拿几个试试，但价格是按三级批发价给你，您是否愿意?”客户想想，这不划算，就摇了摇头。

客户不断地在把产品翻来翻去，似在用心找出产品的漏点和不足，迫使张清降低价格。张清对自己的产品心中有数，在同行里相比，他们公司的产品的任何一个功能都有绝对优势，所以张清对自己的产品那是百分百有信心。谈了大概半小时，张清只说了四句话，其余都是在摇头或认可客户的观点。最后客户出了价格，张清心里兴奋不已，完全可以接受。这时张清继续保持正常状态，假装委屈的样子，并且说要回去跟老总商量一下才行，会尽量帮客户争取更优惠的价格，回头再联系。

张清回到公司里，没过多长时间，客户来电话了："就给我 300 个吧，传真合同单来签约，早点发货吧。"

张清没说几句话就把订单拿到手，他的方法是少说多听，认真记下客户提出的异议和顾虑，让客户感觉到你很重视此次的谈判工作。让客户词穷，后再出击。这就利用客户在不知道我方"底细"的情况下为了达成交易而提高出价这一心理。在我方看来就是静静等待，时机到了再出招。这就是谈判中"隔岸观火"一计的运用。

四、猫和老鼠的智慧

大家一定都看过《猫和老鼠》，里面的主人公汤姆和杰瑞是一对老冤家。杰瑞总是搞怪捣乱，汤姆总是被捉弄，最后往往是汤姆的主人不管三七二十一教训汤姆一顿，杰瑞在一旁坐山观虎斗，嘴里往往还吃着汤姆的奶酪。这样的智慧在职场当中可真是不少见。现实中，职场竞争的激烈想必身在职场的人深有体会。有些人钩心斗角、尔虞我诈，为了一己私利有时甚至大打出手、反目成仇。然而，一些像杰瑞这样的聪明人却会从另外两方的争斗中获得利益，这便是"隔岸观火"，捡现成的便宜。

小李在这家公司两年没加工资了。如今又到年底了，这是每年唯一的加薪时机，错过今年底，涨薪就要再等一年。所以，小李决定，想尽一切办法，今年一定要让领导给自己加薪。

说起来，小李的工资在公司里也算“合理”，已经是他这个级别所能拿到的最高工资了。要想加薪，最直接的途径就是升职。他已经在主管的位子上做了三年，论资历，升经理也勉强够资格。

要想升职，部门领导的提名很关键。小李与部门经理的关系不错，私下也不时一起聚会，还算坦诚相待。小李决定去跟经理谈谈，争取升职的机会。

周末晚上，他约经理一起吃饭。其间，小李有意无意地提起，现在物价飞涨，工资却不见涨，有些捉襟见肘。以前为避嫌，两人私下很少提及工资、升职等工作上的事，即便小李提起，经理也会四两拨千斤，寥寥几句就岔开话题。没想到的是，这一次，经理却打开了话匣子，似乎对工资的问题，他比小李还更有话讲。

借着酒劲，经理大倒苦水：在公司待了近十年，同年进公司的同事早已升到更高岗位，而自己几年来都在经理的位置上没动过窝，工资也比其他人少了一大截。也许是心中已有去意，经理已经褪掉“职业化”的外衣，抱怨公司的种种不是，跟之前处处维护公司形象的那个人判若两人。

经理隐约的去意，让小李激动不已。因为若经理辞职，部门里其他同事没有人能与自己的资历和能力相匹敌。在这种情况下，公司势必会为他升职，让他主持部门的工作。

从此以后，小李便经常约经理把酒“谈心”。对经理所受的不公平待遇，小李表现出感同身受的愤怒。经理如同遇到知音，向小李透露自己的计划：找公司高层谈判，即便不升职也要涨薪，若谈不成，就要辞职，而小李也趁机向经理透露一些知名公司跟经理同样岗位的薪酬待遇，这些待遇当然会远远高出他们所在的公司所能提供的。他也会添油加醋讲些“励志故事”，如某主管辞职创业如何成功等等，以此在经理悸动的心上再加一把火。

没过几天，小李见到经理从领导办公室回来，脸色不甚好看。下班，小李约了经理喝酒，一打听消息，果然经理的要求被公司大打折扣，经理大失所望，已递交辞职信。

现在，经理正向小李交接工作，小李明白，明年的升职加薪已是囊中之物。

领导往往手握下属的升迁加薪大权，但有时也是下属升迁的障碍，自然也影响涨薪。有时候不得不把领导当对手，这时候利用领导与公司的矛盾，逼其离位，或许可为自己打开上升通道。案例中小李正是充当了“杰瑞”，发现了经理“汤姆”和公司“主人”之间的矛盾，就见缝插针趁机作乱，最终使“汤姆”和“主人”之间的矛盾爆发，自己在一旁静静地啃奶酪。

第十计 笑里藏刀

杜栋凯（合肥工业大学仪器科学与光电工程学院）

信而安之，阴以图之，备而后动，勿使有变。刚中柔外也。

这是三十六计中“笑里藏刀”的原文，意思是说：表面上要做得使敌人深信不疑，从而使其安下心来，丧失警惕；暗地里我方却另有图谋，作好充分准备，然后再采取行动，不要引起敌方发生意外的变故。这就是外表上柔和，骨子里却刚强的谋略，也就是《易·兑》中讲的“刚中柔外”的道理。

一、巧送帽，官员交好运

常言道：话有三说，巧说为妙。人际交往中优雅又不失巧妙的语言最让人受用，也就是说夸赞人要夸得有水平。在处理人际关系时为了得到对方的好感，为了达到自己的目的，必要的糖衣炮弹要温柔地送进对方怀里。这不，有一位官员就很会说话。

说是古代有一位官员被调入京城任职，他深知京城局势复杂，既能让自己平步青云也可让自己万劫不复，一个不小心就会招惹麻烦，但他这个人很有心计，进京前便做足了功课。任职不久后，他便前去拜访一位名声和权力俱佳的高官。

他登上府邸台阶叩响朱门，门吱呀一声打开，里面闪出一位仆人。“请问先生有何贵干？”“在下原柳州太守，前日刚被调进京城做官。昔日柳州发大水时幸得阁下大人重视，劳心劳力，方救柳州百姓于水火之中。在下和柳州百姓对大人的恩情永世难忘，特此前来拜望大人。还请阁下通报一声。”他双手作揖谦逊地说道。“好的，请大人在此稍候片刻，我这就去通报。”仆人说罢回了礼便走入庭院。约莫半炷香工夫仆人出来了，作揖之后说道：“大人，我们老爷有请。”那人微微弯身算作回礼，跟着仆人缓步进入。

进入客厅香茗已备好，仆人转身对他说：“大人在此稍坐一会儿，我们老爷这就过来。”那人笑着回道：“麻烦小哥了。”坐下不久，就见一位须发花白、精神矍铄的老人走进来。这位官员赶忙起身作揖，“晚辈见过大人。”“坐吧坐吧。”那大官一挥衣袖说道。“晚辈昔日蒙大人柳州赈灾一事的恩情，今日又幸得朝廷垂怜入京做官，故携柳州百姓的嘱托前来拜望大人。”说罢深深作了一个揖。

“百姓还记得老夫，这是老夫的福气啊。”“晚辈素闻大人爱民如子，今日一见确实令晚辈自愧不如。”“你我都是百姓心中的父母官，理应上报国家，下安黎民。为君王分忧，为百姓造福。”“大人说的是。”“柳州百姓近年来生活如何？”“承蒙大人惦念，自从上次大人加固河堤之后再无洪水泛滥。近年来风调雨顺，百姓安居乐业。”“那就好，也不枉老夫一番费心。”大官捋捋胡须。“让大人牵挂了，大人的恩情晚辈和柳州百姓没齿难忘。”“只要百姓能够平安喜乐，老夫这垂老之躯也就心安了。”“大人可得注意身体啊！大人是国家的希望，百姓的支柱，可不能将自个的身子累坏了。”那人忧虑地看着大官。“老夫自会注意的，咳咳，不过更应该注意的是你啊。在京城做官可不像在地方上，处处都要留心。”“多谢大人提醒，晚辈这次是有备而来。”那人对大官笑笑。“哦？你此次前来带了些什么东西。老夫倒有兴趣听你说说。”大官放下茶杯，好奇地看着来人。那人颔首说道：“我准备了一百顶高帽子。”

大官听后脸色一变：“你这个人啊！怎么能这样？为官者讲求清正廉洁，正大光明。你怎么可以这样虚假谄媚！你这样如何能为国家尽力，为百姓尽力？”那人见此忙从椅子上滚下，伏在地上道：“晚辈知错了。晚辈只知这朝堂之上人人都爱听好话，人人都爱被夸赞，难免有点跟风浮躁，却不知大人竟这般刚正不阿，为官正直。今日之话晚辈已然铭刻于心，日后，必会像大人般为官为人。”大官听罢他伏在地上的一番说辞便也释怀了，走上前去扶起他。“年轻人嘛，又初来乍到难免被坏风气影响。谁还能不犯错，知错能改就好。”“晚辈谨记大人教诲，日后定以大人为楷模，做一位好官。”看着来人真挚的眼神，大官颔首笑笑，一副很满意的神情。

二人你一言我一语地谈天说地，聊得甚是投缘。见天色已晚，大官才意犹未尽地将其送走。那人也是面带微笑，直到走出府邸后才长出一口气：“第一顶帽子成功送出。”

这个案例中主人公可是将“笑里藏刀”这一计用得出神入化，开始在仆人面前好言相道，请求给他见面的机会；后来又对大官拐着弯地说好话，颂功德。更妙的是他不动声色地让大官在无形中中计，他的“笑”，他的手段，真是让人拍手叫绝。想必这位“巧人”以后在朝堂之上也会倚得一棵大树，凭借着如此高超的计谋日后也会前途无量。

而我们从这件事中也可以悟出一点东西：人生本来就是一出舞台剧，我们身在其中扮演着下属、老板、学生等等角色。有时我们不得不施展自己高超的演技，才能在这纷繁复杂的社会中生存。“笑里藏刀”提醒我们，当你的能力无法撑起自己的雄心，不妨收敛锋芒，将你置人死地的“刀锋”内含于与人为善的“笑容”下。一边用“笑”广交良缘，一边打磨自己心中的“刀”。

二、巧灌酒，的哥解困局

小杜是一位的哥，人长得瘦瘦小小但却十分机灵。这天送一位客人去邻市，两座城市相隔一座大山，客人付的价格倒也合理，做了这一单生意今天的收益也就有保证了，小杜便爽快地接下来。将客人送到后，他便启程回家。一路上风光旖旎，小杜心情不错，时不时跟着广播的小曲儿哼两句。一侧倚着险峻的青山，一侧是深沟急湍，绿色的车影在盘山路上匀速前行。突然车一阵剧烈晃动，惊得小杜一身冷汗，他忙猛打方向稳住即将失控的车身，随即踩下刹车。原来是后面的车和他追尾了。

小杜握着方向盘轻喘，通过倒车镜他看见对方车内走出一人查看情况。可那人越看越眼熟、越看越让他生气，这不上次坑他那车主吗？提起那件事小杜气就不打一处来，那次也是这样一个情况，周围没有目击者也没有监控探头，自己是正常行驶可突然从旁边蹿出一辆路虎，刹车不及两车来了个亲密接吻。他找对方理论，可那人却倒打一耙，说他如何如何。由于没有证据证明是谁的过失，事情也就不了了之，但修车的费用让小杜白跑了一天的车。

“不是冤家不聚头，这回可得让你吃点苦了。”小杜暗想，他先走下车查看受损程度。看到自己的车屁股被撞得凹了一个大坑，他心疼地吸了口冷气，然后淡定地走向对方，装作很吃惊的样子："哎哟，大哥，怎么是你啊？你看巧不巧!"那人也是一惊。"你看，你看，都是缘分啊！咱们居然在这鸟不拉屎的地方以这种形式又见面了。"小杜一副豪爽的样子，丝毫看不出刚刚经历过一场车祸。那人尴尬地看着小杜不知该说什么好。"大哥，咱们这是不'撞'不相识啊，啊哈哈哈……"小杜拍拍对方的肩膀，那人愣愣神也不好意思地笑笑。"大哥这是去哪儿玩了?""邻城谈生意回来。""哎哟，大老板啊!"小杜忙伸出大拇指，"厉害，看大哥的座驾就知道您是干大事的人。"对方也是笑着摆摆手说道："小本生意，小本生意。"可面容里难掩自豪之情。"哎哟，大哥可别说笑了，您这路虎连方向盘，座椅都是真皮的。少多也得 100 多万吧!"那人看着小杜艳羡的眼神不由得飘飘然起来。"大哥，你说你咋干这么大的事呀？兄弟我现在还苦苦挣扎在贫困线上。"小杜哭丧着脸，音调也略微沙哑。那人爽快地说："兄弟，听哥给你说。哥哥我在外打拼这么多年，靠的就是脑子。出门在外什么都可以不带，就心眼得多带几个……"那人说到热烈处都忘乎所以了。

就这样二人一来二去渐渐忘记了刚才的不快，"大哥，正所谓在家靠父母，出门靠朋友。萍水相逢就是缘，你先等会……"说罢转身从自己车厢拿出两瓶二锅头，递给对方一瓶，"想必大哥经常参加饭局，这点酒量还是有的。来，干了!"那人被小杜说得一时有点自我膨胀，加之也是好酒量，便咕嘟咕嘟连喝了几口。可这时小杜却脸色一变，默默地收起了自己的酒瓶。"你怎么不喝呀?"那人红着脸问道。"接下来咱们就该等警察来了。"小杜冷冷地说道，留下对方在风中凌乱。

不得不说案例中小杜的计谋令人叫绝，先用自己的豪爽和对方拉近关系，让对方放松警惕，然后一堆堆糖衣炮弹狂轰滥炸得让自诩心眼多的路虎车主无力招架。最后出其不意给对方灌酒，达到自己的真实目的。诸位请设想一下，当警察来了后事情会怎样发展？那时见到一口酒气的路虎车主，事故责任也就不判自明了。这一招“笑里藏刀”不但让小杜捍卫了自己的正当权益，而且教训了路虎车主一顿。不得不说小杜“笑”的温和完美掩盖了自己“刀”的锋芒，当时机成熟，一举出击拿下对方。

三、拉家常巧获谈判信息

俗话说：“商场如战场”，战场上优秀的将帅讲究的是“运筹于帷幄之中，决胜于千里之外”，优秀的商人、外交官亦应如此。“决胜”并非易事，它需要高深的谋略知识作保障。

作为解决不同国家和地区政府及商业机构间经济利益冲突的必要手段，商务谈判的成功可以带来较高的经济利益，所以其锱铢必较的程度也尤其严重。事实上，谈判桌上的硝烟味丝毫不弱于战场。双方为了一项条款往往争得面红耳赤，颇有你死我活的架势，要不是碍于彼此都有求于对方，相信谈判者争到激烈处也会撸起袖子打一架。但为了各自利益，双方不得不心平气和地坐在一张桌子上。

而商务谈判成功的关键在于策略的制定，好的策略就像一把削铁如泥的宝剑，能在万军中取上将首级，助你一举拿下对手。如果能提前掌握对方的谈判信息，再针对他们的弱点制定相应的策略，那谈判的主动权就被你牢牢握在手中。你只有掌握了更多对方的信息，你的谈判筹码才越多，你的底气才更足，你也才能够保持更好的状态，胜利的天平自然更倾向你。

我们的故事就发生在一次中日公司谈判会上。在谈判开始后，双方人员彼此做了介绍，并马上投入了技术性的谈判。中方商务人员利用谈判休息时间，对日方技术人员表示赞赏：“精通技术，表述清楚，水平不一般，我们就欢迎这样的谈判专家。”该技术人员很高兴，表示他在公司的地位重要，知道的事也多，中方商务人员顺势问道：“贵方主谈人是你的朋友吗?”“那还用问，我们常在一起喝酒，这次与他一起来中国，就是为了帮助他。”他回答得很干脆，中方又挑逗了一句：“为什么非要你来帮助他，没有你就不行吗?”日方技术人员迟疑一下：“那倒也不是，但这次他希望成功，这样他回去就可升为本部部长了。”中方随口跟上：“这么讲，那我也得帮助他了。否则，我就不够朋友了。”

在此番谈话中，中方认为对方主谈为了晋升，一定会全力以赴要求谈判结果——合同。于是，在谈判中巧妙地施加压力，谨慎地向前推进，最终成功地实现了目标，也让对方得到合同和升官的条件。

正所谓：知己知彼，百战不殆。中方谈判人员在谈判间隙巧妙地套取日方技术人员的话，用笑脸和赞美之词迷惑对方，将自己的真实意图隐而不露。在一句句的语言诱导，一次次的夸奖称赞下日方技术人员放松了自己的戒心，透露了自己的谈判信息，而这关键的信息帮助中方达到了自己理想的目的。做生意讲究的是和气生财，这谈判全程也都是在一片微笑中度过，只不过微笑背后的刀子看起来是中方的更锋利也隐藏的更好。

四、李林甫的小心思

生意场上身经百战的商人将“笑里藏刀”运用的出神入化，而精明的职场人也丝毫不弱于商人。职场那些事儿听起来更像是一场宫廷戏，台面上相互谦让，礼善有加。可转过身来小算盘打得飞快，暗中互掐，一个给一个穿小鞋，真是“口里喊哥哥，手上摸家伙”。

那些职场上的“笑里藏刀”手段可谓是层出不穷，他们平时会没来由地拉拢你，对你（特别是新人）表现出异常的热情，会夸奖你工作能力强、效率高，但真遇见棘手的事情时却往往缄默不语，出了问题也会一股脑择清自己。他们表面上看起来古道热肠，喜欢说：“咱们一起……”但实际上，自己往往不会傻乎乎去干，他们只是想把你推到一个你下不来台的地方，然后自己从中获利。一句话：晋升之路就是识人之路。

古代“笑里藏刀”最典型的职场代表就是唐玄宗时期的宰相李林甫，有一个成语就是由他而来的，叫“口蜜腹剑”。李林甫生性阴柔，精于权谋，与宫中宦官、妃嫔交情深厚，对玄宗的举动了如指掌，每逢奏对都能符合玄宗的意旨，深得玄宗的宠信，一直在朝中做了十九年的官。李林甫和一般人接触，也总是在外表上表现出和人很友好，非常合作，嘴里说尽所有可以说的好听的、善意的话。可是实际上，他的性情和他的表面态度完全相反，内心里他是一个非常狡诈阴险，常常使坏主意害人的人。但是，坏人虽然有时可以达到害人的目的，逞奸谋于一时，日子久了，人家就发现了他的这种伪善，于是大家便在背地里说他“口有蜜、腹有剑”。即是口上甜蜜放花，心中利剑害人。

历史上就记载过一件有关李林甫职场“笑里藏刀”的故事。当时唐朝有两位宰相共同主持朝局，除了他之外另一位叫李适之。他时常与李林甫争权，但因性情粗疏，常中李林甫的圈套。这天李林甫私下对李适之说：“恐怕李大人还不知道吧，华山发现了金矿，如果可以开采将会大大的充实国库，但陛下现在还不知道这个消息。大人可将这个喜讯早早报告陛下，想来陛下会十分高兴的。”李适之想想觉得也合理，开采金矿本就是就利国利民之事，如果这件事由自己禀告给皇上，并请求开采，自己自然会名利双收。便在一日上朝时，将华山金矿奏知唐玄宗，唐玄宗觉得事情可行，便询问李林甫："华山金矿的事情你听说过没有?"李林甫道："臣早就知道。""那你为何迟迟不报?""陛下息怒，臣虽知开采金矿利国利民，但是臣派人前去勘探过地形。华山是陛下本命山，乃王气所在，而这金矿又恰巧处于龙脉之上，为了陛下的身体着想，实在不宜开凿，臣便没有提及。"唐玄宗看着匍匐在地上的李林甫，心中一阵感慨："还是你考虑周全。"便认为李适之虑事不周，对他道："你以后奏事时，要先与李林甫商议，再来报我。"从此之后，李适之逐渐被疏远。

李林甫这一出"笑里藏刀"不仅让竞争对手李适之失去了上司唐玄宗的信任，还让自己赢得了上司的好感。难怪他身在相位长达十九年。

有人说：职场如战场，就算不如战场至少也是个角斗场，一些人注定会踩在另一些人的肩膀晋升。的确，像李林甫这样的"职场达人"不知现在社会有多少个，也不知会有多少垫脚石，过河梯被人利用之后无情抛弃，更不知职场中表面上的微笑背后隐藏了多少残忍的匕首，但这种看法却未免过于消极，过于看偏社会，不过掌握一些计谋，避免自己受到伤害，实现自己的人生目标，还是很有必要的。

第十一计 李代桃僵

侯佳静（合肥工业大学马克思主义专业）

势必有损，损阴则益阳。

这是三十六计中“李代桃僵”的原文，意思是说：在敌我双方势均力敌，或者敌优我劣的情况下，用小的代价，换取大的胜利，像象棋中的“舍车保帅”战术，李树代替桃树而死。原比喻兄弟互相爱护互相帮助，后比喻互相顶替或代人受过。

一、李牧神计抗匈奴

战国后期，越国北部经常受到匈奴蟾褴国及东胡、林胡等部骚扰，边境不宁。

李牧是赵国镇守北部边境的优秀将领，更是战国末年东方六国中唯一能与秦军抗衡的最杰出将领，深得士兵和人民的爱戴，有着崇高的威望。李牧上任后，日日杀牛宰羊，犒赏将士，只许坚壁自守，不许与敌交锋。匈奴摸不清底细，也不敢贸然进犯。

李牧有权根据实际需要任命官吏，城市的税收都送进将军幕府中，作为士兵的费用。他下令每天杀几头牛犒劳士兵，操练射箭、骑马，谨慎地把守烽火台，多派侦察人员，优待战士。他制定规章说："匈奴如果侵入边境来抢掠，应立即进入营垒坚守，有胆敢擅自捕捉俘虏的处斩刑。"匈奴每次入侵，烽火台就严谨地举烽火报警，战士们随即进入营垒防守，不敢应战。这样过了好几年，也没有什么伤亡和损失。

可是匈奴却认为李牧是胆小怕事，就连赵国的边防兵也认为"我们将军胆小怕事"。赵王责备李牧，李牧仍像以前一样。赵王发怒，调他回到京城，派别人替代了他边将的职务。

这样过了一年多，匈奴每次来侵犯，新将领都出战，导致多次失利，伤亡损失很多，边境上军队百姓不能耕种、放牧。无奈之下，赵王又请李牧出山。但李牧闭门不出，坚持说自己有病，赵王就又强迫起用他去统率军队。李牧说："大王一定要任用我，要让我像以前那样做，我才敢接受命令。"

赵王答应了他。李牧到任，按照原来的规章办事。

这样坚持了数年，军队无任何伤亡损失。随着时间的流逝，李牧的军士逐渐形成了一支装备精良而素质极高的边防军。

匈奴虽然好几年一无所得，但始终认为李牧胆怯。守边将士每日得到奖赏却不被任用，都希望与匈奴一战。

这时李牧就准备了经过挑选的兵车一千三百辆，精选的战马一万三千匹，曾经获得百金奖赏的勇士五万人，弓弩手十万人，全部组织起来进行军事演习。大张旗鼓地允许放牧，让人民布满山野。匈奴小股兵力入侵，李牧假装败逃，把几千人丢给匈奴。匈奴人占得便宜，得胜而归。匈奴单于心想，李牧从来不敢出城征战，果然是一个不堪一击的胆小之徒。匈奴单于听到这个消息，于是亲率大军直逼雁门。李牧已料到骄兵之计已经奏效，于是大量布下奇特的战阵，拉开左右战线包抄反击匈奴，严阵以待，兵分三路，给匈奴单于准备了一个大口袋。匈奴军轻敌冒进，被李牧分割几处，逐个围歼，大败匈奴十几万人马。

农耕民族在与游牧民族的争斗中，过去由于机动力劣势，一直处于被动地位。李牧指挥的此次会战使机动性较差的赵军在围歼战中得以发挥自身车战、步战的优势，是先秦战争史中以步兵为主的联合大兵团全歼骑兵大兵团的典型战例，对后世以步制骑的战术有着启发作用。

李牧大败匈奴之后，又趁胜利之势收拾了在赵北部的匈奴属国，接连又灭掉襜，打败东胡，迫使林胡投降，逼得单于向遥远的北方逃去，完全清除了北方的忧患。在这次取得辉煌胜利的战役以后，慑于赵军之威，过了十几年，匈奴兵还不敢来入侵赵的边境，也因为李牧的存在，匈奴人只能在邯郸城外望城兴叹，一筹莫展。

这以后十几年，匈奴不敢接近赵国边境城邑，只能带着亲信远遁西北。李牧也因此成为继廉颇、赵奢之后赵国的最重要的将领。

由于李牧确保了赵国边境的安全，使赵国君臣能无后顾之忧地对付强秦的兼并战争。在当时纷乱的战国时代，李牧为国家的稳定，百姓的安居乐业做出了不小的贡献，使其成为一代名将，得以万古流芳。

李牧用小小的损失，换得了全局的胜利，应用“李代桃僵”的计谋，以小部分兵力作为诱饵，诱敌上钩，给匈奴大军以致命一击。这一计真是精妙绝伦，应用得恰到好处，完全体现了这一计的精髓。

二、赵氏之仇终得报

晋襄公临终前，将晋灵公托付给当时的相国赵盾，把年幼的夷皋也就是晋灵公立为太子。晋灵公继位以后，一开始由于年幼还听赵盾的话，因为赵盾是有名的忠臣，晋襄公也很信任他，才托付他扶持晋灵公，为此赵盾也煞费苦心。

但是年长后的晋灵公，贪图享乐亲近小人，赵盾多次劝阻，他反而对赵盾产生厌烦，这其中有屠岸贾的怂恿和教唆。屠岸贾为了迎合晋灵公，为晋灵公专门建造豪华庄园供其享乐，晋灵公经常与宫女姬妾在这里淫乐，而且屠岸贾还到各地选择良家美女强行招入庄园。这个庄园装修特别的豪华，屠岸贾负责建造，搜刮民财大兴土木，庄园不但有各种花鸟鱼虫，其规模布局装饰等豪华程度，在当时都是独一无二的。

屠岸贾的用心得到了回报，也助长了晋灵公的残暴。晋灵公完全将国家大事忘到脑后，相国赵盾和许多大臣都很担忧，大臣们都推举元老赵盾出面劝说晋灵公以国家大业为重，晋灵公对这些善意的忠劝，不但不听，产生怨恨不说，还开始和赵盾产生矛盾，这时屠岸贾也趁机煽风点火挑拨离间，更加激化了晋灵公与赵盾之间的矛盾。

晋灵公心里产生了除掉赵盾的想法。屠岸贾这次积极献计献策，决定利用晋灵公与赵盾的矛盾，扫除自己的政敌。屠岸贾多次挑拨，并且采用诬陷栽赃等手段，在晋灵公面前怂恿，晋灵公便与屠岸贾密谋派刺客刺杀赵盾。赵盾的忠贞感动了刺客，刺客知道自己被奸臣和昏君所蒙骗，不想违背君命也不忍心杀害忠臣，告诉赵盾小心提防小人奸臣陷害后，刺客头撞大树自杀。但是由于刺杀没有成功，他们又诬陷赵盾有不轨行为，想借机杀害。

由于赵盾的侍卫识破，极力保护赵盾，屠岸贾等人就露出了阴险的嘴脸，命人追杀赵盾。侍卫拼命保护，赵盾才脱离危险，但是侍卫被他们杀害。虽然这次他们想除掉赵盾也没有成功，但是赵盾再也不能阻碍他们享乐了。赵盾父子逃离后在路上遇到了侄子赵穿，赵穿知道原委后很是气愤，安顿好赵盾父子后，回到京城准备除掉晋灵公。他假装向晋灵公请罪，说赵盾怎么的不对，而且还连累自己，请求晋灵公免去自己的官职，晋灵公觉得他很真诚，劝赵穿安心供职。赵穿假意迎合晋灵公，并建议在各处寻找美女，这样令晋灵公很高兴，采纳了赵穿的建议，命屠岸贾到晋国各地寻找美女。

屠岸贾被支走后，赵穿带人攻入宫中将晋灵公杀死。由于晋灵公荒淫无道，根本没有人为他拼命，他死后晋国百姓拍手称快。赵盾被赵穿迎回和众大臣商议，最后众大臣把晋文公的儿子扶上了皇位。晋成公继位后，由赵盾帮助主持朝政，并且以女嫁给赵盾的儿子赵朔为妻称庄姬。

屠岸贾知道晋灵公已死，也知道是赵穿干的，但是不敢声张，偷偷地回来不敢出门。赵穿决定除掉屠岸贾，但是赵盾极力阻拦，结果留下了祸患。晋成公继位后，赵盾的忠贞功劳得到了肯定，赵盾一家名誉得到了恢复而且家族也得到了荣耀，与同朝官员和睦相处，一心辅佐晋成公重新恢复霸业，也不想造成过多的杀劫。因此屠岸贾得以幸免，以此给他改过自新的机会。

但是屠岸贾的秉性就是不端，虽然表面上都过得去，但是心里依然想寻找机会恢复受宠的地位，实现呼风唤雨的野心。不久赵盾病逝，晋成公也在征讨陈国的途中病逝，晋景公继位。由于晋景公和晋灵公一样的昏庸荒淫无度，屠岸贾又被启用。因为屠岸贾在迎合晋景公荒淫淫乐这方面很会使用手段，这样屠岸贾抓住机会对赵盾的后人加以迫害。虽然赵盾已经死了，但是这奸诈小人罗列了一系列罪状加以诬陷，昏庸的晋景公就相信了屠岸贾的谎言，并且命他处理赵盾之罪，于是他将赵盾的儿子赵朔以及赵氏一家老小全部杀害。

最后清点人数时发现赵朔的夫人庄妃不见了，庄妃是晋成公的女儿，屠岸贾又挑拨晋景公，说庄妃已经有身孕了，如果不除掉留下赵氏骨肉，将来会成为祸患。屠岸贾杀害赵氏一家，连一个还没有出生的婴儿他也不放过，就是想斩草除根。《赵氏孤儿》的悲惨故事也就因此上演了，因此也制造了历史上的一宗大惨案。

赵家忠实门客公孙杵臼与程婴商量救孤之计，公孙杵臼说："如能将一婴儿与赵氏孤儿对换，我带这一婴儿逃到首阳山，你便去告密，让屠贼搜到那个假赵氏遗孤，方才会停止搜捕，赵氏嫡脉才能保全。"程婴的妻子此时正生一男婴，他决定用亲子替代赵氏孤儿。他以大义说服妻子忍着悲痛把儿子让公孙杵臼带走。程婴依计，向屠岸贾告密。屠岸贾迅速带兵追到首阳山，在公孙杵臼居住的茅屋，搜出一个用锦被包裹的男婴。于是屠贼摔死了婴儿。他认为已经斩草除根，放松了警戒。程婴已经听说自己的儿子被屠贼摔死，强忍悲痛，带着孤儿逃往外地。过了十五年后，孤儿长大成人，知道自己的身世后，在韩厥的帮助下，兵戈讨贼，杀了奸臣屠岸贾，报了大仇。

程婴见赵氏大仇已报，陈冤已雪，可是他不肯独享富贵，拔剑自刎，死后与公孙杵臼合葬一墓，后人称"二义冢"。他们的美名千古流传。

三、正话反说

从 1991 年 1 月 1 日起，苏联的报刊都大幅度提价，报刊面临失去大批读者的现实问题，但《消息报》1991 年的征订启事却别出心裁，读之令人叫绝。在这则启事中，编辑巧妙地利用"正话反说"，本是要让读者订阅《消息报》，却说"涨价""有权拒绝订阅"等反话，并列举了大量"或者"似乎是在诚恳地告诉读者不要订阅，但读者看了启事后，却激起了订阅的欲望。

“李代桃僵”这种正话反说不仅仅是在近现代，即便在古代也早就有这种做法。

齐国有一个人得罪了齐景公，齐景公大怒，命人将这个胆大包天的人绑在了殿下，要召集左右武士来肢解这个人。为了防止别人干预他这次的杀人举动，他甚至下令：“有敢于劝谏者，也定斩不误。”

文武百官见国君发了这么大的火，谁还敢上前自讨杀头之冤。晏子见武士们要对那人杀头肢解，急忙上前说：“让我先试第一刀。”众人都觉得十分奇怪：晏相国平时是从不亲手杀人的，今天怎么啦？只见晏子左手抓着那个人的头，右手磨着刀，突然仰面向坐在一旁的齐景公问道：“古代贤明的君主要肢解人，你知道是从哪里开始下刀吗？”齐景公赶忙离开座席，一边摇手一边说：“别动手，别动手，把这人放了吧，过错在寡人。”

那个人早已吓得半死，等他从惊悸中恢复过来，真不敢相信头还在自己脖子上，连忙向晏子磕了三个大响头，死里逃生般地走了。

晏子在齐景公身边，经常通过这种正话反说的方法，迫使齐景公改变一些荒谬的决定。

比如，有一次一个马夫杀掉了齐景公曾经骑过的老马，原来是那匹马生了病，久治不愈，马夫害怕它把疾病传染给马群，就把这匹马给宰杀了。齐景公知道后，心疼死了，就斥责那个马夫，一气之下竟亲自操戈要杀死这个马夫。马夫没想到国君为了一匹老病马竟会杀了自己，早已吓得面如土色。晏子在一旁看见了，就急忙抓住齐景公手中的戈，对景公说：“你这样急着杀死他，使他连自己的罪过都不知道就死了。我请求你历数他的罪过，然后再杀也不迟。”齐景公说：“好吧，我就让你处置这个混蛋。”晏子举着戈走近马夫，对他说：“你为我们的国君养马，却把马给杀掉了，此罪当死。你是我们的国君因为马被杀而不得不杀掉养马的人，此罪又当死。你是我们的国君因为马被杀而杀掉了养马人的事，传遍四邻诸侯，使得人人皆知我们的国君爱马不爱人，得一不仁不义之名，此罪又当死。鉴于此，非杀了你不可。”

晏子还要再说什么，齐景公连忙说：“夫子放了他吧，免得让我落个不仁的恶名，让天下人笑话。”就这样，那个马夫也被晏子巧妙地救了下来。我们发现：正话反说可以放大荒谬，让人更为明白地见到了荒谬的真面目，从而达到了更好的劝谏效果。

四、巴菲特投资

巴菲特选人，要求的是德才兼备，而且他把德放在才之上：“在又犯了其他错误之后，我最终学会了只与我喜欢、信任而且敬佩的人合作。正像我以前说过的那样，这个原则本身并不能确保成功。二流的纺织厂或百货店并不会仅仅因为它的经理优秀就一定会生意兴隆。但是，一位企业所有者或投资者，如果尽量将自己与那些经济特征优良的企业经理人合作，肯定能成就伟业。相反的，我们绝不希望与那些根本不值得我们敬佩的经理为伍，无论他们的企业发展前景多么具有吸引力。与一个品质恶劣的家伙为伍，我们从来只能是竹篮打水一场空。”

在对经理人的品德进行考察时，巴菲特最看重的一个标准是：愿不愿意在势必有损时，损己以利人，损己以利公司，损己以利股东。

我们经常说，做人要做老实人。老实人的最大特点是什么？老实人容易吃亏。当一个上市公司的管理人自己的个人利益与公司的集体利益发生冲突的时候，宁愿自己吃亏也不让公司吃亏，也不让股东吃亏，这样的人才是巴菲特要寻找的老实人。

在 1999 年巴菲特讲述了一个下属子公司经理人愿意“李代桃僵”的故事：

威利家具公司，是美国犹他州家具行业的霸主，伯克希尔在 1995 年从比尔和他的家族手里买下这家公司的股权。由于比尔跟大部分经理人都是摩门教徒，因此他们的店星期天从来不营业，这样做生意简直太困难了，因为大部分的顾客最喜欢星期天去购物，但是比尔还是坚持星期天不营业。尽管如此，威利家具公司的销售收入却持续增长，从 1954 年他接手时的 25 万美元，增长到 1999 年的 3.42 亿美元。

比尔认为威利家具肯定能够在犹他州以外的地区同样取得成功，因此他在 1997 年向我提出建议，到博西（Boise）开设一家新店。我却认为，比尔这种星期天不营业的做法进入一个全新的市场，肯定会遭到当地已经根深蒂固而且每周七天营业的对手激烈的对抗竞争，能否取胜，我充满疑虑。当然，是比尔全权负责威利家具，最终由他说了算。因此，尽管我持保留意见，我告诉他可以根据自己的商业判断和宗教信仰做出决定。

比尔于是提出来一个非同寻常的建议：他愿意个人出资，后来累计支出 900 万美元，购买土地建造新店，如果开业之后经营良好，就按照成本价卖回给母公司；如果开业后经营不成功，销售收入低于他的预期，那么公司可以退出新店经营，不用支付他个人一分钱。这种情况下，结果就是他个人巨额投资却只得到一幢空空的房子。我告诉他，我很感谢他这样无私的做法，但是我认为，既然伯克希尔公司在新店成功的时候分享利润，那么在新店失败的时候也应该分担风险。比尔却回答说坚决不行：如果因为他个人的宗教信仰而导致新店失败，他应该个人承担失败的打击。

这家新店后来于 1999 年 8 月开幕，很快取得巨大的成功。因此比尔就将新让的资产转让给伯克希尔公司，其中包括因为地价已经大幅上涨的土地产权，只是收下我们按照他的投资成本价开出的支票。还有一点必须特别说明：对于已经占用两年的 900 万美元资金，比尔拒绝收取一分钱的利息。

从来就没有任何一家上市公司的经理人会这样做，至少我个人从来没有听说过类似的事。各位应该明白，有机会能够与这样的经理人搭档合作，正是让我每天早上跳着舞步去上班的原因。”

巴菲特想选的经理人，都是老实人，忘记了自己的利益，达到了忘我甚至无我的境界，像我们毛主席所说的全心全意为人民服务那样，全心全意为股东服务，股东利益至上，股东利益高于一切，是一个有着非常高尚品德的人，是一个脱离了低级趣味的人。怪不得 1986 年巴菲特在致股东的信中说：“他们永远像所有者那样思考，这是我们能够给予一位经理的最高评价。”

巴菲特的公司管理层做到为了公司和股东的利益牺牲个人利益，“李代桃僵”，用自身的利益换取了整个公司巨大的商业收益，这种精神也正是在商业活动中所需要的。任何巨大收益的背后都是巨大的风险在支撑，所以，也正是该管理人员的敢于冒险，才能收获如此巨大的成功。

三十六计通篇以智慧为本质特征，每一句话都是智的凝聚、谋的浓缩。人们可以从三十六计的深邃哲理和智谋中，领略观察事物的辩证思维原理，树立战胜对手的竞争意识，学到处理人事百端的策略手段，掌握摆脱困境的方法。在对积极人生的探索中，人们能从三十六计中得到激励和获得奋发向上的力量。“物竞天择，适者生存”，是不可抗拒的自然法则，是事物发展的规律。人生如同战场，要生存，就要不停地战斗，不仅要同社会环境作战，同困难和挫折作战，同尚未认识的事物作战，同自己的思想观念作战，还要同命运作战。在这些战斗中，移植和借鉴三十六计的原理，对于我们把握人生的主动权，在“死生之地，存亡之道”（《计篇》）的人生之路上立于不败之地，争取美好的人生，将不无裨益。

第十二计　顺手牵羊

孟　岱（合肥工业大学宣城校区化工与食品加工系）

撤陈在所必乘；微利在历必得。少阴，少阳。

这是三十六计中“顺手牵羊”的原文。其来源自《草庐经略·游兵》中的“伺敌之隙，乘间取利”。这句话的意思是说哪怕是敌人小的疏忽，我方必须乘机利用；哪怕是微小的胜利，也要力争拿到手。变敌方的小疏忽，为我方的小胜利。其中，“少阴”是指敌方的小疏忽；“少阳”则是指我方的小胜利。

一、罗斯福因巧克力破奇案

美国连任四届的总统罗斯福在做私人侦探期间，发现了对方的破绽，由此顺手牵羊破了案件，抓住了凶手。

在一个寒冷的冬天夜晚，时任私家侦探的罗斯福在家里接到一位博士的电话。这位博士很是焦急，他研究的古代玛雅文明的黄金假面被盗了，并告知罗斯福先生已经派了秘书来接他去研究所。

两个小时后，罗斯福坐上了秘书的车。这位秘书边开车边向罗斯福解释黄金假面的来处：原来，这是卡因博士为了研究古代玛雅文明而向一位亿万富豪借来的，所以丢了黄金假面可是一件大事。在路上花费了一个半小时才到达卡因博士的研究所。因卡因博士在二楼的研究室，所以秘书就让罗斯福先生稍事休息，自己上楼去叫卡因博士。

罗斯福先生刚要坐下，就听见楼上的秘书的尖叫声："哎呀！不得了了，博士自杀了！"罗斯福很是吃惊，急忙奔上二楼。他看到了博士的死状：只见天花板下的铁管上拴着一根绳子，卡因博士的头颈套在里面，用脚做踏板的椅子被摔倒在脚下。博士秘书的脸色很是苍白，他认为博士是因为黄金假面被盗，自己难辞其咎，所以才自杀的。

可这时罗斯福却有了一个意外的发现：他摸了死者的脸颊和手，发现死者的体温几乎和生前体温一致，而这个房间内的温度却相当低。秘书说，可能是博士是在他们回来之前才自杀的。既然自杀时间不会过长，罗斯福想要看看博士有没有留下遗书。接着罗斯福就去检查博士身穿的白色工作服外套口袋，却又意外地发现半块锡箔纸包着的已经融化了的巧克力。

罗斯福手里拿着这块融化的巧克力，仔细沉思了片刻，恍然大悟，他知道了凶手和盗窃犯是谁。他指着秘书说："哼，杀人犯原来就是你！你在开车来接我之前，就已经将博士杀死，然后将他假扮成上吊自杀的模样。由此看来，盗窃黄金假面的也是你。"

秘书不得不为自己辩解道："这根本不可能。我开车去接你时，来回需要三个小时。如果是我杀死博士的话，那尸体早就凉了。这里没有暖气，为什么尸体还是热的呢？"

罗斯福指了指墙上的插头，原来秘书为了制造自己不在场的证据，玩弄了一个很高明的手法：年轻的秘书先将卡因博士杀死，并制造了博士上吊自杀的假象，在用电热毯把博士的尸体包住，然后才去罗斯福的住处去接了他。三个小时过后，罗斯福跟秘书来到博士的研究所。罗斯福先在会客室里休息，秘书自己先行上了二楼，取下了尸体上的电热毯，所以尸体过了三个小时还没有变凉。可是，百密一疏，秘书没有注意到博士口袋里的巧克力。融化的巧克力说明尸体是被热的东西包着的，同时死者房内又有电热毯。所以，罗斯福先生利用秘书小小的纰漏，得知了事件的真相，抓获了真凶。

卡因博士的秘书本以为自己的作案手法天衣无缝，却不想百密而一疏，被一块小小的巧克力坏了大事，而罗斯福发现了这块巧克力，也就发现了秘书的漏隙，利用秘书这个小小的疏忽，破获了案件。

在我们生命的发展过程中，我们要善于发现别人的疏忽，并能好好地利用，“顺手牵羊”，以此来实现我们的目标。可能我们成为不了像罗斯福总统那样伟大的人，不过我们也可以利用小事，积少成多，从而更好地实现自己的人生价值。

二、萧伯纳妙语连珠解窘境

著名剧作家、诺贝尔文学奖获得者萧伯纳在一个剧本的首次公演后，就遇到过这种尴尬情况。萧伯纳是一个修养极高的人，让我们看看他是如何化解窘境的。

《武器与人》是萧伯纳的一部著名剧作，反对他的人就出现在这部剧作首次公演之后。萧伯纳完成这个剧本之后，便将它拿到一家剧院进行首次公演，结果大获成功。观众响起雷鸣般的掌声，久久不绝，热情的观众又纷纷要求萧伯纳到台前来接受群众的祝贺。

但是，当萧伯纳刚走上舞台，准备向观众致谢时，突然有一个人跳起来向他大声喊道："萧伯纳，你的剧作糟透了，谁要看，收回去，停演吧!"

令观众意想不到的是，他们都以为萧伯纳肯定会气得发抖，并且会说一些冷语来反驳他。可是萧伯纳不仅没有怒气冲冲，而且也没有冷言相对。恰恰相反，他笑容可掬地对那个人鞠了个躬，彬彬有礼地说道："我的朋友，你说得非常好，我个人完全同意你的意见。"

不过，萧伯纳接着耸了耸肩，又指着满场热情洋溢的观众说道："但是，我们俩反对那么多的观众又有什么用呢?"说完这句话，反对他的人灰溜溜地逃走了。此时此刻，观众席中又爆发出更为热烈的掌声，人们不仅为萧伯纳那高超的文学修养鼓掌，更为他那极高的个人修养而鼓掌。

丢了面子之后，能不能树立高姿态坦然面对，往往可以体现出一个人的修养水平。

萧伯纳丢面子时树立的高姿态，让我们又想到了英国前首相威尔逊，他"顺手牵羊"解危机的方法和萧伯纳有异曲同工之妙。

威尔逊在进行竞选时，在他演讲到一半的时候，台下同样有一个无礼的群众高声打断他说道："狗屎！垃圾!"这个人的意思是让他"少说空话"或不要"胡说八道"。一般人遇到这种情况，真是尴尬极了。可是威尔逊并不打算理会他的意思，反而莞尔一笑，并且"顺手牵羊"，幽默地说："这位先生，我马上就要谈到您提出的脏乱问题了。"威尔逊的回答，使那位无礼的群众顿时语塞。

可以说，萧伯纳和威尔逊遇到的尴尬情形极其相似，无礼的群众用低俗的言语攻击他们，他们却对群众的话加以利用，用巧妙的语言化解了危机，不仅让挑事者无言以对，更让场下的群众为他们的修养而折服。这正是他们的为人处世之道，也是值得我们去思考、去学习的榜样。

三、特朗普谈判桌上展风采

萧伯纳和威尔逊用他们精妙的语言“顺手牵羊”的化解了窘境，还让挑事者灰溜溜地逃走，更是向观众展示了自己高超的处世之道和极高的个人修养。美国一位大学生用其高超的口才与政府官员进行谈判，“顺手牵羊”获利颇丰。

特朗普 18 岁那年，为了做好不动产生意，进入了霍顿金融学院。其他大部分学生的课余时间用来关注报纸的画页或者体育新闻，而他则关注于联邦住房管理局公布的“丧权抵押品赎取权名单”，因为他认为其间必定蕴藏着极大的商机。一天，他终于发现了俄亥俄州辛辛那提的斯威夫顿公寓开发区，于是说服父亲合伙做这一笔也是他平生的第一笔大生意。

斯威夫顿共有 1200 个公寓单元，可是其中却有 800 个空房公寓。将其抵押的开发商们见资金收回无望便逃之夭夭，联邦政府不得不宣布它丧失赎取权。特朗普觉得这是一个可乘之隙，他发现了商机，几次去向联邦政府官员交涉，可住房管理局的人员并不相信会有人要花钱买下它。经过他的再三表示自己想要买下它的意愿，最终，官员们同意在一个月后进行价格谈判。特朗普利用这 30 天的准备期，充分去了解市场详情，决定对联邦官员不留情面，狠狠地杀价。

谈判开始时，住房管理局的人心里只有一个大概的参照价码，根本没有确定的售金，只是敷衍塞责地让特普朗开价。特普朗首先是强调了开发公寓区的一堆难处，以及将为此耗去的巨额资金，然后勉强报了售价 500 万美元。

住房管理局的官员惊叫道："两年前它就值 1200 万！""是的，可是两年内没有一个投标者。"特朗普冷冷地回敬道。住房管理局的成员的口气渐渐的软了下来："即使这样，也不能过于贱卖。""价钱无所谓贵贱。在生意场上，只有把东西卖出去的价钱才是好价钱。"特朗普不甘示弱地顶上一句。"对于价钱的好坏，人们各有各的看法，我不认为 500 万美元就是好价钱。"住房管理局的官员反驳道。

接着，特朗普决定以退为进，说他可以以 550 万美元的价钱成交，然而住房管理局的人还是认为价钱太低。"你们可以把斯威夫顿放在一边，暂时不理它，但总不至于长期不过问他吧？对像我这样的真正的买主，你们该考虑一个双方都能接受的价钱。"特朗普软中有硬地递过话去。住房管理局官员决定为 600 万美元的卖价。特朗普还是要杀价，他说："我出 580 万美元。不过，我的付款方式干脆利落，现金结算，一次付清。"他用现金交割的甜头诱逼对方下定决心快刀斩乱麻。"可以。"住房管理局官员接受了特朗普的最终报价。

特朗普买下斯威夫顿公寓区后，首先以 610 万美元的价格向银行抵押贷款，转眼间获利 30 万美元，并利用抵押来的贷款获得一项收益颇丰的新工程的承建，又对公寓进行整改出租，获利颇丰。

大学生特朗普利用课余时间寻找商机，这是他"顺手牵羊"的第一步。住房管理局的官员不事先调查好房屋的价格，进行不知底细的商务谈判。特朗普又"顺手牵羊"，用自己高超的口才技术以极低的价格成交。我们是不是也可以学习特朗普的高超的谈判技巧呢？巧用间隙，顺水推舟，顺其自然。

四、职场老手老杜送小货得巨额订单

老杜本是一个系统集成公司的销售人员，在业界里摸爬滚打了好几年，虽然没有飞黄腾达，却也是IT界的“老油条”了。

一天，老杜吃完早餐正在优哉悠哉喝着茶，同事小于的话引起了他的注意。小于是一个新来的销售人员，正在和一个同事抱怨：“这个单子做不了，金额又小，又赚不到钱，还要送货上门。你知道他们的工厂在哪吗？东莞啊！我怎么送啊。公司又没有车。我还是打电话告诉客户，让他们找别人吧。”小于抱怨着，可是“老油条”老杜却把他的话听在了耳朵里。

老杜连忙把小于拉住，问了一下关于这个客户的情况。原来这个客户是自己打电话过来，说要买一台打印机和一个机柜，可是他又把价钱压得很低，两台机器加起来只有100元可赚。并且，客户还要求送货上门，地点是东莞的一个偏僻的工业区。“你看看，这来回费用就要几百元，还要搭上一天的时间，实在是不划算，我还是让他找别人吧。”接着小于就要打电话。老杜急忙制止了小于，并向小于要了这个客户的联系方式，说这个客户他来处理。

老杜拿到这个联系方式后，决定先了解一下这个公司。他首先打电话给这个公司的总机，问清了这个公司的名字。接着，他又上网对这个公司进行了查询，发现这是一个世界500强在华设立的工厂，不过目前工厂规模不大，似乎没有什么油水可捞。老杜仔细想了一下，决定自己明天还是去工厂“实地考察”一番。第二天早上，老杜自己雇了一辆车，装上货物后直奔东莞。

到了客户那里，交付完货物之后，老杜又主动要求帮忙安装机器，机器安装好后老杜已经和对方的信息部的孙经理称兄道弟了。时近中午时，孙经理请老杜在食堂吃工作餐。饭桌上，孙经理问老杜最近 IT 界有什么新技术，老杜想到了他们破旧的机房，心中一动，向孙经理提出了智能化整体机房的概念，结果孙经理对此十分感兴趣。其实孙经理这几天一直在为机房的问题发愁，因为他们工厂所在的地势较低，又很空旷，最近又是雷雨季节。前几天一场大雷雨过后，工厂的机房设备损失惨重，工厂因此停工两天，孙经理也为此挨了骂。公司上层让他马上想办法解决这个问题，并且以后再不能出现类似的情况。所以，他先买了一台机柜救急，以后再想办法。

老杜听后大喜，认为这是一个好机会。他马上把智能化整体机房的优点好处向孙经理介绍了一番：不仅能防雷防电，还能节省空间，自动监测温度、湿度，并根据设置自动调节，无人监控等等。老杜讲得唾沫横飞，眉飞色舞；孙经理听得也是喜上眉梢。老杜说完后，孙经理让他吃完饭马上回去发一份详细的资料和报价过来。

两周之后，老杜和孙经理签订了一份价值不菲的合同。这时，老杜的邻座小于正在捶胸顿足，肠子都快悔青了："这个单子本来是我的，可是现在却连毛都没一根，悔不当初啊……"

金钱豹以巧制胜，"顺手牵羊"使庞大的野猪成了自己的食物；诸葛亮在吴国和魏国斗得不可开交的时候，"顺手牵羊"坐收渔翁之利，使蜀国不费吹灰之力，得到了三座城池；罗斯福总统利用一块小小的巧克力成功找到了秘书的纰漏，成功破获了案件，找到了凶手；萧伯纳和威尔逊在面对反对者时，反将他们一军，向世人展示了他们极高的个人修养；特朗普利用住房管理局官员的漏洞，获利千万，展示了其高超的口才；老杜将小于不想要的单子接过来，小利变大利，得到了巨额订单。

每一个人的人生际遇各不相同，有的人一生碌碌无为，有的人一生光彩夺目，但是我们却可以从不同人的人生际遇中，学到他们所运用的人生智慧。他们都善于抓住别人的漏洞，有着敏锐的洞察力，利用可乘之隙，“顺手牵羊”都实现了自己想要的东西，成了人生赢家。如果我们好好利用“顺手牵羊”这个计谋，一点点积累，一定能实现质的飞跃，同样成为人生的赢家。

第十三计 打草惊蛇

胡瑞（合肥工业大学宣城校区机械工程系）

疑以叩实，察而后动；复者，阴之媒也。

这是三十六计中“打草惊蛇”的原文，意思是说：有怀疑就应弄清实情，等情况侦察清楚以后再行动；反复侦察，是了解敌情，发现暗藏敌人的手段。

一、李世民用计巧查案

唐太宗李世民不仅广纳贤才，虚心纳谏将国家治理得井井有条，而且还善于用计巧断悬案。

当时湖南衡阳的一家板桥客栈发生了一起谋杀案，在店主张迪妻子回娘家的那天晚上，张迪在睡梦中惨遭杀害。店里的伙计很快便发现了老板身亡，他们聚在一起分析着店主的死因。经过一番讨论后，他们一致认为是当晚住店的三个客官将老板杀害的，因为这三个人在张迪被杀后不久便匆匆从客栈离去。店里的伙计们立刻沿着那三个客官离去的方向追赶，待一行人追上那三个客官，便立即上前搜查。结果发现这三个人身上都带着刀，可唯独一个名叫卫三的刀子上还残存有斑驳的血迹。伙计们二话不说便将他们五花大绑押送到官府去。这三个人刚开始死活不承认自己杀了人，他们认为自己清白而要官府大人一定明察秋毫还他们一个公道。官府大人怎会平白相信他们的话，一阵严刑拷打后，那三个人终究招架不住便供认他们是凶手。官府大人便让他们在证词上画押，传令下去："将人押入大牢，等候处斩！"

唐太宗李世民听说了这个案子后，总觉得有些蹊跷，那三个客官与店主并不曾谋面，彼此之间也并没有什么深仇大恨，又为什么行凶杀人将张迪置于死地呢？李世民觉得此案疑点重重，势必要查明真相将幕后凶手绳之以法给蒙冤之人一个交代。他便叫来御史蒋恒，命令他去复查此案，一定要查个水落石出！

蒋恒快马加鞭来到衡阳，他先令当地官府先不要处决那三个客官，然后他要对这三个客官亲自提审。提审时，他问道："那天晚上你们为什么要在半夜离开客栈？"卫三答："回大人的话，我们三人并不是本地人，这次出来是为了做买卖。因为第二天要到六十里外的地方去看货，所以才在半夜动身出发。当时店里的人都还在睡觉，故而不辞而别。"蒋恒又问："卫三，你刀上的血从何而来？你要如实交代！"卫三说："小人着实不知刀子上的血从何而来，我已在睡觉前洗刷过自己的刀，可不知为何第二天这刀上竟有血迹！小人的话句句当真，如有半句假话情愿受死！"一番询问后，蒋恒初步断定这三人并非凶手，他在给李世民的信中汇报了案件的进展并谈了自己的看法。李世民回信道："爱卿复查此案细而有加，令我十分高兴。依我看，要想揪出幕后黑手，爱卿不妨采用'打草惊蛇'之计。"唐太宗李世民在信中提醒蒋恒用"打草惊蛇"之计来破案，但并未告诉他到底该如何用"打草惊蛇"之计来破此悬案。蒋恒心里明白这是唐太宗有意考验他，他接到信后苦思冥想了一个晚上，终于他有了主意，一场“打草惊蛇”的好戏马上就要上演了。

第二天，蒋恒召集了板桥店所有的人员到官府，等店里所有人都齐后，蒋恒故意说来的人不够，次日再来。他让所有人都回去，却又留下一个 80 岁的老婆婆，很晚才将她放回去，就只说一些和本案无关的话。老婆婆刚被放出去，蒋恒就吩咐身旁的一个狱卒道：“你暗中跟踪老婆婆，观察到底谁主动跟她说话。”狱卒领命后便在暗中紧紧地盯着老婆婆，功夫不负有心人，狱卒很快发现有一个男子主动问老婆婆道：“官府都问了你什么？”忠实的老婆婆便以实言相告。后来蒋恒又将店里的人叫到官府集合两次，每次都将老婆婆留下，盘问一番才将其放回，狱卒跟踪发现之前的那个男人总是向老婆婆打听消息。蒋恒知道后立即派人去调查那个男人与店主之间的关系，不久便得知那人与店主的妻子有暧昧关系，店主张迪为此还与他闹过纠纷，他们之间有不共戴天之仇啊！蒋恒下令即刻将那个男人逮捕，经审问得知果然是他杀害张迪的。原来，这个凶手与张迪的妻子长期通奸，为了能够与她永远姘居并霸占店产，他一直在策划如何将张迪杀害。恰巧那天晚上客栈来了三个带刀的客官，他便想出了“借刀杀人”这一计。他先让张迪的妻子回娘家，自己则半夜潜入客房再用卫三的刀将张迪残忍杀害，事成之后又神不知鬼不觉地将带血的刀装回刀鞘。狡猾的凶手原本以为自己做得天衣无缝，可他终不知法网恢恢，疏而不漏。此案虽然难以找到突破口，但最终还是难不倒雄才大略的李世民。

蒋恒依照唐太宗的指示巧妙地运用了“打草惊蛇”将凶手逼现出原形，他利用凶手做贼心虚的心理，故意留下一个与本案根本无关的老婆婆，与其谈论一些无关此案的话，看似对于破案并无用处，其实这是“打草”，通过老婆婆来惊动凶手，不出唐太宗所料，很快便将凶手缉拿归案，还无辜的人一个清白。此案虽是蒋恒破案，但唐太宗李世民在此案的侦破中起到了决定性的作用。唐太宗无疑是一个有智慧的人，他知道幕后凶手把自己隐藏的很深，要想将凶手绳之以法就必须要将他引出来，打草惊蛇无疑是最佳选择。当我们要找出隐藏在幕后的人，可以利用敌人的弱点，去揭开敌人外在的伪装让其暴露在外，这样要想制服敌人就轻松多了。

二、郑堂烧画

我们生活在这个日新月异的社会上，人心难测。虽然大多数人受到儒家和佛家思想的熏陶，都有一颗真诚的心，但社会上难免会有一些心怀鬼胎的小人，我们稍不注意就可能掉进了卑鄙小人设下的圈套。如何对付那些诡计多端为自己下套的小人，是许多人要考虑的现实问题。有时能够不失时宜地使用“打草惊蛇”之计，无疑会达到事半功倍的效果。

郑堂，福州民间故事中的传奇人物，类似于新疆一带传说中的“阿凡提”，是智慧与正义的化身。他才智过人，对贪官污吏、为富不仁者及悍妇、地痞等疾恶如仇，但他们却无可奈何！传说，郑堂曾办有一家书画当铺。有一天，一个自称是陈松的人，来到当铺说要典当一幅画。待郑堂打开那画作一看，认出这竟是五代名画家顾闳中的佳作《韩熙载夜宴图》。这幅画可是传世之作，能得到此画那可真是三生有幸，郑堂的喜悦之情溢于言表。他问道：“这位贵客，贵画打算现卖还是寄售呢?”陈松答道：“此画乃我家祖遗，在下不敢当败家子，本没打算出卖。只是家中突变，为解燃眉之急，这才将此画押当贵店，因知郑先生识货，渴求高价。”郑堂听后爽快地答应了，当即就以八千两的银子高价当入。

日子一天天地过去了，很快就过了当期，可是迟迟不见陈松来取画。郑堂不由得紧张起来，他细细想来，觉得这其中定有蹊跷。于是，他拿着那幅当来的“名作”用放大镜仔细地观察着，这一看可着实把他给吓了一身冷汗，平日里被当作宝贝供着的“传世名作”竟是一副赝品！郑堂想着自己被骗取的那八千两，气就不打一处来！要知道八千两可不是一个小数目，这钱一亏出去，整个当铺随时都会倒闭啊！屋漏偏逢连夜雨，郑堂被骗八千两的消息不胫而走，整个城的人对此都议论纷纷，当铺岌岌可危！

郑堂虽心急如焚，可在别人面前却是一副镇定自若的样子。当然，足智多谋的郑堂是不会被这一诡计所难倒的，他很快便想出了对策。几天后，他破费请来全城的社会名流和字画行家，在城中最大的酒家一聚春园设下宴席，盛情款待大家。酒会正酣时，郑堂方才取出那幅画，将其悬挂在厅堂的正中，众人见之都议论纷纷。只见郑堂对大家抱拳作揖，义愤填膺地说道：“今天前来赴宴的亲友及同行，郑某由于才疏学浅，一下子被人骗取八千两白银！多年心血，均付诸东流！然郑某立志于字画行业，终身之志绝不会因此而终止，即使我倾家荡产也要将当铺开下去！今天之所以宴请诸位，就是想借此机会告诉大家，当铺是不会倒闭的！同时也是想让大家见见这骗子的仿画手段。”郑堂说完，便邀请大家来观看假画。

待宾客们都看过后，郑堂便取下假画，一把将其投入火炉。顷刻间，八千两当来的画化为灰烬。在场的宾客无不面面相觑，纷纷称赞郑堂的为人。一夜之间，郑堂火烧假画的消息轰动全城。翌日，陈松来到当铺，见到郑堂又是鞠躬又是作揖，假惺惺地说道：“郑先生，真是对不住您，在下前几天在乡下应酬，误了贵银归期！”郑堂说：“无妨，只误三天，加三天利息便是。”“好说，在下违约利息肯定要加，银子都已经为郑先生备好了，只要画完好无损即可！”“保管好您的画是我们的职责，还望您宽心！”郑堂面露难色地答道。“那就请郑先生将画取出可否？”陈松一脸得意地问道。“不急，先将钱交了再给画作。”郑堂道。陈松早已按捺不住，他将早已备好的银两交给郑堂，便催促他交画。郑堂收了银两后，不紧不慢地将画交给陈松。陈松接过画后，仔细一看，顿时面如土色，这竟是自己典当的那幅假画！东西无误，陈松只好自认倒霉，拿着假画跌跌撞撞地走出了当铺。

郑堂不仅足智多谋而且深谙人情世故。他先请人按照当来的那幅假画仿制了一幅，然后又宴请当地的社会名流和同行，当着他们的面演了一出怒烧假画的好戏。他之所以这样做，是因为按照当时的典当规定，当铺丢失典当物品是要赔双倍价钱。郑堂正好抓住了陈松想趁机再捞一笔的心理，所以设此一计。他这样做就是要惊动陈松将其给引出来，同时又为自己营造一个有利于自己的舆论氛围。结果陈松“偷鸡不成蚀把米”，反被将了一军。身在明处的郑堂为了能将暗处的陈松给引出来，巧用“打草惊蛇”之计，利用社会舆论使其现身，郑堂将此计运用之灵活让后人惊叹！

三、史蒂夫抬高价出售饭店

生活中可能很少会使用到各种计谋，但在谈判桌上情况就大不相同了。经济高度发达的今天，不论在何处都少不了商业合作，往往彼此为了能将自身的利益最大化，要进行多轮的谈判协商才能达成最终协议。如何在真假难辨、纷繁复杂的谈判中去伪存真保护自身利益，着实令人头疼。然而“打草惊蛇”中疑以叩实，察而后动的指导思想带给我太多的启发。

位于波士顿郊外的爱姆垂饭店，因为身处环境嘈杂的偏僻地段，生意一直不景气。董事会一直想将其迁往他处，迫于困窘的经济状况，只好无限期地往下搁置。突然有一天，威尔逊建筑开发公司的经理登门拜访，在了解完饭店的基本情况后，强调希望能以“合理”的价格买下饭店。爱姆垂欣喜若狂，随即委派多年从事饭店内部管理的董事史蒂夫全权负责谈判事宜。

史蒂夫为此次的正式谈判做足了准备。他首先了解到这家公司的背景良好，而且老板热衷于公益事业，然后又通过市场调查了解到本公司在市场上的价值大概在 11 万到 14.5 万美元之间。史蒂夫得到如此的市场调查报告，心不由得凉了一截，因为之前他了解到适合饭店搬迁的地方，一处需搬迁费 22 万美元，另一处则高达 27.5 万美元！史蒂夫结合多方收集到的信息，最终决定将要价最低价定在了 22 万美元。

很快到了谈判的那天，首轮谈判在爱姆垂饭店里进行。谈判开始时由威尔逊首先发问：“请您告诉我，你们能够接受的最低条件是什么？我们要好好考虑能否接受。”纵横商海多年的史蒂夫，敏锐地从这句话中体会出了对方急于成交的迫切心情，机智的史蒂夫赶紧回避道：“您先谈谈能出多少吧！”威尔逊也并非庸才，此时他已意识到自己太操之过急，让对手占了上风。他冷静下来，将计就计毫不客气地抛出了一个最低价：“史蒂夫先生，12.5 万美元是我们能够接受的价格，据我们所知，爱姆垂现在大致值这些。”史蒂夫的心不由凉了一大截，他立刻摆出一副不屑冷漠的神态说：“威尔逊先生，我们并不打算把爱姆垂按照当前的市场低价抛售。您知道，房地产有其特有的本源价值、延伸价值和无形的心理价值，这些都是我们在出售时考虑到的重要因素。最为关键的是，我们必须要能够解决搬迁的麻烦，因此，爱姆垂的售价绝不能低于 60 万美元!”“60 万？你是在开玩笑吗！绝不可能!”威尔逊立刻回绝，谈判顿时陷入了僵局。“我可以建议董事会去寻找一个便宜的搬迁地，以使我们能有一个完美的交易。”史蒂夫为打破僵局故意留了一个台阶。威尔逊觉得对方首先妥协，态度随即缓和了下来，表示“可以考虑适当做出让步”。就这样双方结束了第一轮谈判，并约好了下一轮谈判的时间。

不久，第二轮谈判在爱姆垂饭店进行。这一次，史蒂夫先介绍了当地青年受不良居住环境而影响的现状，然后说：“我们考虑到目前青少年的情况，为了避免一些青少年的堕落，我们已经在努力减少搬迁费用，所以我们决定将售价降为 50 万美元。”史蒂夫深知威尔逊热心于社会公益事业，他这样主动出击不仅能拉近双方的关系，还能使谈判避免陷入僵局，让谈判朝着有利于自己的方向发展。果不其然，威尔逊立即作出了积极回应：“为了社会福利，我愿意做出让步来促成这件有利于社会的好事，就让我们以 25 万美元成交吧!”史蒂夫听后欣喜若狂，马上就得意忘形了，随口说道：“这个价格比较接近了!”此话顿时让威尔逊意识到自己抬价过猛，他冷静下来放慢自己的节奏，结果双方仍未就价格达成一致，谈判再次陷入僵局，不得不结束。

两天后，第三次谈判如期举行，史蒂夫吸取前几次失败的教训，小幅度地将售价往下降，以此来告诉对方我们虽有妥协的诚意但是我们绝不会轻易让步，放弃自己的底线！威尔逊及时调整了谈判的策略，一直都非常小心谨慎，故意用谨慎沉稳的妥协来逼迫史蒂夫不断做出让步。双方经过长时间的拉锯战，史蒂夫把价格降至 35 万美元后一直不松口，而威尔逊将价钱升到 30 万美元后分文不加，非常坚定明确地表示这是“最后底线”！谈判再次陷入僵局，此轮谈判无果而终，双方同意三天后进行最后一次谈判。

史蒂夫此刻虽然心急如焚，但还是耐下性子梳理一下最后一轮谈判的思路。它很快便有了思路，谈判成功指日可待！最后一轮谈判开始时，史蒂夫巧妙地避开威尔逊的追问，以退为进，诚恳地对威尔逊说："威尔逊先生，您为促成社会公益的好事，愿意以高于市场价收购我们，真的是慷慨大方富有社会同情心。对此，董事会向您表示感谢，我本人也想将此事落到实处为社会做好事，但是现在我们遇到了最后一个瓶颈。"说罢便将早已准备好的装修预算单递给威尔逊。威尔逊仔细看过后便明白了史蒂夫已做好了充分准备，他很后悔自己在前期谈判中轻易让步。但现在木已成舟，不如将计就计，他马上表示："我们无法在饭店购价上作出让步，但我们可以考虑以社会赞助的名义再捐赠一些。"几经磋商，双方最终以 32.5 万美元成交。

这场谈判着实经典，双方最终实现了双赢。爱姆垂实现了搬迁新地的夙愿，为以后的发展打下了基础；而威尔逊的建筑开发商虽然最终的出价比市场价高出数倍，但为公司赢得了富有社会同情心、热心公益事业的好名声。仔细研究这场经典的商务谈判，我们会发现谈判双方都使用了"打草惊蛇"之计。谈判时双方彼此都在"察而后动"，不论在谈判前的准备阶段还是谈判的关键时刻都有调查核实的"打草"，也有反复查证、找出疑点漏洞的"惊蛇"。虽然商务谈判离大多数人来说很遥远，但是这场谈判双方所用到的核心计谋——"打草惊蛇"值得我们去学习。

四、领导巧辨人心

谈判桌上可以将"打草惊蛇"运用得淋漓尽致，职场上更不用说了。职场是个角逐名利的地方，不论我们多么的淡泊名利，对功利不屑一顾，放弃自己的一些名利去追求那些所谓的“高尚”生活，我们都无法做到真正地置身事外。现实是残酷的，我们在职场上显现价值的目的就是为了更好的生活。所以职场上彼此之间的利益关系纷繁复杂，同事之间的关系并不如朋友和同学那般单纯。身处职场很多人会为了自身利益而不择手段，很多人都会隐藏自己的真实想法，职场中也会为了共同的利益而组成小团体。可能当我们还是小员工的时候会觉得这些做法很正常，是对自身利益的正当保护，而当我们在职场上爬到领导的位子时，就会发现想要识破人心绝非易事！作为领导，我们所接触的同事和下属几乎都是面带微笑的，然而我们却很难分辨孰真孰假。

职场上职位的升迁变动乃家常便饭，可能今天你因为业绩突出被提拔上任，明天也许就会因为一个失误而被贬职。当我们身居高位时，不可避免的有许多人围在我们的身边吹捧自己，很容易让我们笼罩在耀眼的光环之下而被蒙蔽了双眼。而当我们失去了地位时，我们身边那些别有用心的人就会逃之夭夭，陪在自己身边的只有那些靠得住的真心朋友，这时我们只好感叹世态炎凉却无可奈何。与其在自己失势时后悔万分，不如在身居高位时认清别人的真面目，至少不会投入太多的感情和精力，也不会使自己在无法挽回时为人事关系感到悲哀。其实要想准确地辨识人心并没有那么的难，“打草惊蛇”就是一条妙计。

章明原本只是公司里的部门主管，后来在公司处于危难之中挺身而出，用自己的智慧将公司从破产的边缘给拉了回来，使公司顺利地渡过难关。公司老总考虑到章明平日在工作上尽心尽力，对公司的发展有着不可磨灭的贡献，破格将他提拔到副总这样一个高位，希望公司能在他的带领下走上发展的快车道。就这样，章明几乎是在一夜之间从部门主管直接跳过经理、总监，一跃成为公司的二把手。章明自从当了副总后，工作和生活发生了很大的变化，以前同事之间见了面只是微微一笑，而现在同事们对他都非常的热情和客气，家里也总是人来人往，自己的社交圈也多了许多原本并不了解的人。看着同事突然都变了样，章明感到很不自在。他心里非常清楚，这些人大多都是溜须拍马的，只有极少数是可以交心的真朋友。他很困惑如何才能准确地辨识人心，找出自己的真心朋友使自己避免受到伤害呢？为此他陷入了深思。

不久，老总可能会重新考虑副总的人选，把章明调回继续做原来部门主管的小道消息在公司里疯传，许多人都在背后议论章明，说他根本就没有当副总的能力，只不过是机缘巧合才被老总提拔，老总这样做也是权宜之计，待公司走上正轨，章明就会失宠的。渐渐地章明身边变得冷清，很多人对他都少了几分之前待他的热情和客气。这时章明发现只有几个同事一如既往地待他，甚至为了安慰此时在公司并不受待见的章明，他们还特地请章明吃饭，让他宽心。酒桌上的章明感慨万千，他对着这些真心朋友激动地说道："患难朋友才是真的朋友，谢谢大家一路陪我走过风风雨雨，大家放心，不论我今后是失魂落魄还是春风得意，我都不会忘记大家的一路陪伴，我们永远是朋友！"

后来过了很长时间章明还是稳稳地坐在副总的位子上，这时大家才明白这原来是章明的计谋，可已为时过晚。章明现在已经明白了哪些人是可以依靠的真心朋友，哪些人只是荣华富贵时的狐朋狗友。

身处职场高位的章明，深知人心叵测，为了及早地辨识人心来更好地处理人际关系避免受到伤害，他非常高明地使用了"打草惊蛇"之计。他使用的是打草惊蛇中的"打草"来引出"蛇"——叵测的人心。他先在暗中故意制造一些对自己不利的负面消息，然后再让公司里大多数人相信，这就是"打草"。接着他又仔细地观察身边的人，果不其然，他身边的那些只是荣华富贵时的狐朋狗友为了自己的"前途"渐渐地都与他疏远了距离，此乃"惊蛇"。章明对此计的运用很值得我们去学习和借鉴。

知识爆炸的今天，我们不难找到关于“打草惊蛇”各种各样的经典案例，当我们对它了解的越深时，我们就会发现它在生活中和社会上的广泛运用。

现实社会是非常残酷的，我们可能会遇到许多棘手的问题，打草惊蛇这一计虽然不是万能的，但是确实是使用频率和成功率很高的妙计，也许能够派上用场。当然我们要深刻领悟此计的精髓，灵活地运用此计的三个要点，根据实际情况把握好时机，此计一定会助我们一臂之力！

第十四计　借尸还魂

李天鹏（合肥工业大学化学与食品加工系）

有用者，不可借；不能用者，求借。借不能用者而用之，匪我求童蒙，童蒙求我。

这是三十六计中“借尸还魂”的原文，意思是说：“凡是自身能有所作为的人，往往难以驾驭和控制，因而不能为我所用；凡是自身不能有所作为的人，往往需要依赖别人求得生存和发展，因而就有可能为我所用。将自身不能有作为的人加以控制和利用，这其中的道理，正如幼稚蒙昧之人需要求助于足智多谋的人，而不像足智多谋的人需要求助于幼稚蒙昧的人一样。

一、曹操挟天子而令诸侯

刘协从登基即位的那一天起，就是有皇帝之名而无皇帝之实。正所谓：名不正则言不顺，言不顺则事不成。虽然他无皇帝之实，但他毕竟是国家最高权力的象征，谁控制了他，谁就能以皇帝的名义向其他地方割据政权发号施令。这个道理虽然简单，真正明白的人却不多，像袁绍就不懂。

建安元年（196），袁绍谋臣沮授曾劝说他，如果能“西迎大驾，挟天子而令诸侯”，就会收到没有谁“能御之”的功效。但袁绍自作聪明，一意孤行，认为献帝是个废物，空有一身皮囊，毫无用处。由此可见，袁绍只不过依仗祖辈的名誉而获得如此成就，实际上他与那些纨绔子弟别无二致。最后失败当然也不足为奇。

机会往往给那些具有长远眼光的人，袁绍无此命，但曹操却发现这一政治机会。初平二年（191），曹操任东郡太守不久，皇室刘邈在献帝面前称赞曹操忠诚，曹操为此十分感激。初平三年（192），治中从事毛玠向他建议“奉天子以令不臣”，他觉得是说到了点子上。

献帝东迁后，曹操觉得机会来了，经过多年的挥霍，此时的汉朝王宫再也不比往昔的辉煌。当时宫里缺乏食物和器皿，曹操便经常向献帝进献食品和器物。献帝返回洛阳时，曹操就曾向他进献过篷帐 2 顶，丝线 10 斤，山阳郡所产的甜梨 2 箱，稗枣 2 箱。之后，曹操更是忙得不亦乐乎，不仅把桓帝在位时赐给他祖父曹腾的家藏器物献给了皇帝，还把属下陆续搜寻到的一些宫中流失的器物，一并交上。

迎接汉献帝来许昌，是曹操的另一个杰作。他最初提起此议时，只有荀彧赞同，并极力说明迎献帝的迫切性和对今后斗争的有利性，说这是一件“大顺”“大略”“大德”的事，但最初的迎接由于董承等人的阻拦并未如愿。后来董承为抵抗韩暹的势力，暗召曹操到洛阳。部下董昭提醒他只有把献帝迎到他的地盘许昌，方可成就大业，万事无虞。这样，曹操借口京都无粮，要送献帝到鲁阳就食，把献帝安全转抵许昌。建安元年，汉献帝迁都于许昌。

有时一分耕耘不一定有一分收获，但十分耕耘必有一分收获。曹操对献帝的物质保障和适度尊重，果然得到了他所期待的回报。献帝授给曹操节钺，录尚书事，任司隶校尉，迁都许昌后，又任命他为大将军，实际获得了高出于所有文臣武将的地位。

汉献帝刘协在许昌虽然衣食无忧，却也无所事事。自己贵为天子，曹操还算尊重自己，但对于公卿大臣，曹操只有一个原则：排除异己。这样对于他就形成一种无形的压力，这种压力来自曹操不断地诛除忠良的公卿大臣，不断地集军政大权于一身。建安元年八月，曹操进驻洛阳，立刻趁张阳、杨奉兵众在外，赶跑了韩暹，接着做了三件事：杀侍中台崇、尚书冯硕等，谓“讨有罪”；封董承、伏完等，谓“赏有功”；追赐射声校尉沮俊，谓“矜死节”。此后，他还加紧步伐排除异己，提高自己的权势。他首先向最有影响力的三公发难，罢免太尉杨彪、司空张喜；其次诛杀议郎赵彦；再次发兵征讨杨奉，解除近兵之忧；最后是一方面以天子名义谴责袁绍，打击其气焰，另一方面将大将军之位让予袁绍，稳定大敌。就这样，曹操一步步取得中原霸主的地位。

奉迎天子，号令诸侯，曹操这步棋不可不说高明。曹操掌握有名无实、软弱无能的汉献帝，借他这具“尸”，将其化成手中的利剑，用它对付敌强，名正言顺地号令天下诸侯。这不仅保卫了自己的领土，还为日后进一步的发展奠定坚实的基础。

每个人都希望自己成为一位彪炳史册的人，但我们并不是一生下来就是这样的人。我们需要通过自己的努力来建筑属于我们的城堡。在这个过程，我们一定学会利用某些事或借用某些人，但这前提是要我们会借会用，假如你借一把斧头去砸一个鸡蛋，这样不就显得你是一个榆木脑袋？因此我们一定要借得恰到好处，用得准确无误。

二、勇敢的福勒

福勒是美国一个黑人佃农的儿子，从小他就从事繁重的体力劳动，生活异常清苦。福勒的母亲是一位不寻常的女性，在六个孩子当中，当她发现福勒有很好的资质时，就经常把他叫到自己身边，有意识地向他反复讲述一个道理，那就是：命运无轨道。一个人也许不可以改变自己的出生，但却可以改变自己的命运，关键就是你一定要有改变自己命运的想法与行动，并且一定要持之以恒。这虽然只是一种非常简单的教育，但却在小福勒的心中深深地扎下了根。小福勒的生命激情被点燃了，改变自己命运的信念一直激励着他发奋图强。

长大后，他选择经营肥皂来改变自己的生活。为了获得更多的经验和人脉，他选择挨家挨户地出售肥皂，这样一直持续了 12 年。后来他获悉供应给他肥皂的工厂即将被拍卖，售价是 15 万美元。福勒此时心动了，他觉得是时候干一番大事业，但他辛苦奔波这些年，只有 2.5 万美元的积蓄。他并没有放弃，经过他的游说，最终双方达成协议：他先交 2.5 万美元的保证金，然后在 10 天的期限内补齐剩下 12.5 万美元。如果在约定的期限内没能补齐剩余的金额，那他就丧失已交付的保证金。

福勒在他当肥皂商的 12 年中，获得许多商人赞赏和尊敬，所以当他找他们帮忙时，他们大多都愿意伸出援助之手。他也从私人的朋友那里借了些款，也从信贷公司和一些大集团获得帮助。这也正应了中国的一句古语：得道者多助。

福勒回忆说："当时我已经用尽我知道的一切贷款来源。那时已是深夜，我在幽暗的房间里自言自语：我要驱车走遍第 61 号大街。"夜里 11 点钟，福勒不惧环境的恶劣，驱车向芝加哥 61 号大街驶去。一开始，在茫茫大街上他没有看到一丝光点，但驶过几个街区后，他看见一所承包事务所还亮着灯，他带着理想走了进去。屋子里面，在一张写字台旁倚靠着因深夜劳累而疲惫不堪的人。看到这幕，福勒觉得他愿意帮助自己，因为他和自己一样都是为理想而奋斗不知疲倦的人，所以他能懂自己。于是他毫不犹豫地走了上去。

“你想赚 1000 美元吗?”福勒直截了当地问道。

或许因为事发突然还是其他原因，这句话把那位承包商吓得向后仰去。“是呀，当然!”他答道。“如果这样，我希望你能给我开一张 1 万美元的支票，当我奉还这笔借款时，你就可以得到 1000 美元的利息。”福勒对他说。同时他把借钱给他的人的名单给这位承包商看，并且详细地向他解释这次创业的风险。最终那位承包商被福勒的真诚和勇气打动，愿意借给他这笔钱，他相信他一定会为自己带来更多的财富。

那天夜里当福勒离开事务所时，他的口袋已装了一张 1 万美元的支票，再加上之前所得到的资助，现在他已经有足够的钱来支付余款。掌握那家公司后，他励精图治，丝毫不敢懈怠。很快在其他七个公司——四个化妆品公司、一个贸易公司、一个标签公司和一个报馆，都获得了控制权。

命运真的没有轨道。有些事情我们之所以不去做，并不是我们没有力量，而是缺少成功的信念与勇气。我们害怕失败，害怕失去现在的安逸。但是你不去拼，不去争取，怎么知道不会成功？你没有改变自己命运的想法与行动，你的命运又怎么会改变？与其整天怨天尤人，不如抓紧当下。要知道世界上从来就没有唾手可得的机遇，只有那些不断进取、永不言败的人，才会与机遇正面相遇。

福勒在困难时刻懂得运用“借尸还魂”之计，借用周围一切有用、可用的条件，帮助自己渡过难关也帮自己抓住了一个实现理想的机会。如果他不懂此计要领，或许他只能与良机擦肩而过，但这一切都以福勒的勇敢为前提，如果他只敢想不敢做，每天只是幻想，而不是细心对待身边的人或事，那他只能与成功失之交臂。

三、展喜借古救今

福勒运用“借尸还魂”之计开辟了属于自己的商业道路，但俗话说：“打江山容易，守江山难。”面对强大的齐国示威，弱小的鲁国该怎样做才能化解灭国危机？

鲁僖公二十年春，齐孝公以视察鲁国情况为借口，带领 5 万大兵来到鲁国，企图不轨。由于齐国是个大国，而鲁国只是一个小国，因此相比较起来，齐国的实力非常强大，鲁国的力量则相对弱小得多，所以形势对鲁国非常不利。鲁国顿时处于生死存亡的危难关头。这个时候，鲁僖公只能与齐孝公进行谈判，以避免自己国家遭到灭亡的命运。鲁僖公选派自己最得意的谋士展喜作为谈判代表，前去求见齐孝公，希望同齐国进行谈判。在谈判中，展喜声称自己是鲁僖公派来犒劳齐国将帅的，表现得非常友善，看不出丝毫的害怕与忧虑。齐孝公看到展喜态度非常好，心里自然感到非常满足，得意洋洋地对展喜说：“鲁国人害怕了吧？我看齐国大军，随便就能够将你们鲁国吞并，而且不用费太多的力气。”展喜回答说：“大王错了，君子是不会害怕任何事情的。我们鲁国也从来都不怕任何国家，只希望与邻国相互尊重，和平友好地生存下去。”齐孝公见展喜如此回答，心中顿时有些不快，他反问展喜：“你们这里都是空荡荡的，没有什么兵力和财力与我们齐国对抗，凭什么不害怕呢？”展喜这时理直气壮地说：“回禀大王，我们凭的是先王的命令。”

接着展喜就利用了历史回顾的策略，向齐国发起了进攻。他对齐孝公说：“大王应该比我清楚，齐国和鲁国的先君以前都是辅助周朝成王的得力大臣。成王赐给他们各自一片土地，并且赐给他们一个盟约，那就是希望齐国和鲁国世世代代的子孙都不要相互伤害！贵国桓公在位的时候，恪守盟约，并且在鲁国处于危机的时候，桓公还特意派出兵力帮助鲁国解决危机，送给鲁国许多的粮食用以救济百姓。我们鲁国上下无一不感激桓公的好处与仁慈啊！现在大王您继位了，我们也想着您是继承先王的遗命，继承先王的功业的。而且我们相信，在保护和帮助鲁国方面，您能够比先王做得更好更出色，我们鲁国君臣百姓都对您抱有极大的希望与感激。所以这次，您带领这么多兵将来到鲁国，我们的国君并没有任何的害怕，也不聚众防守，反而派遣我来犒劳大王啊。”听了展喜的一番话，齐孝公顿时自惭形秽，感觉非常理亏，被迫答应同鲁国商定了互不侵犯的协定，带着他的众多兵将撤回到自己的国家。鲁国的一场危机就这样得到了化解。

鲁僖公在面对齐国强兵压境时，并没有自乱阵脚，而是挑选出展喜来迎接这场危机。展喜不负众望，在谈判过程中巧妙地借先王遗训，说服齐孝公不要伤害鲁国的利益，并且指明这样做是违反先王遗愿的，这就是展喜巧使的“借尸还魂”计。齐孝公面对这样理论，便只能悻悻地带兵回国了。

四、“聪明”的小吴

展喜在面对霸道的帝王时，并没有表现出一丝软弱无能，而是不卑不亢。通过回顾历史这一策略，巧借先王的约定，从容化解了一场灭国危机。在国家存亡之际，用此计显得睿智无比，那么在职场中用此计又会得到怎样的效果呢？

在这次公司机构改革中，本来很有希望竞争技术中心主任助理的小吴，不但没能高升一步，反而被调到下面制造厂当了驻厂工程师。虽然岗位无尊卑，但明眼人一看，小吴肯定是因为犯了什么错，才会被贬。

事后，哥几个请小吴喝茶，问他到底是怎么回事？小吴一脸迷茫，说："我自己也不知道到底哪儿做错了。我和主任关系挺好的，他也很赏识我。我们俩除了工作关系，在生活中也有交往。我实在想不通，这次他为什么会这样对我？"

大刘不相信，说："肯定不是这么回事。这段时间，你和主任没闹过什么矛盾？"

"这怎么可能，我们虽不是生死之交，但平时也算是和睦相处。"小吴坚决地说。

"那发生过什么不寻常的事吗？有些时候，你根本不知道在哪个地方冒犯了他？"坐在小吴身边的冯工问。

"不寻常的事？"小吴低头想了想，说："机构改革期间，我和我们中心的另一人闹了点矛盾，但这事后来不了了之了，好像没什么不寻常。"

小吴说完，见大家不语，又补充了一句："我曾想依靠主任打压对方一下，但后来也没实现。"

敏锐的大刘似乎发现了什么，直了直腰道："详细说说。"

"是这样的。"小吴回忆起前不久发生过的一件事。

小吴是技术中心的骨干，被主任称为台柱子。和他同年进公司的，还有一位贺姓的工程师，和小吴能力差不许多，但和主任的关系远不如小吴近。最近，可能是都想竞争主任助理，两人关系逐渐紧张起来。有一天，为了一件小事，两人互不相让，吵了起来。事后，小吴把这事告诉了主任。不过，在告诉主任的时候，他既添了油，也加了醋，想引起主任的重视，利用主任的力量给贺工一点颜色看看。当时，主任开导了小吴，劝他一定要搞好团结，但在说话中，也随口说了对贺工的一些不满。

小吴利用主任的话，在同事中大造舆论，一来显示自己和主任的关系是如何亲密，二来借主任的话败坏贺工。没想到，过了几天，主任找到他，让他不要在外面说小贺的事。小吴没有承认，说自己并未在外面说过什么。这事，也就不了了之了。

“这好像也没什么吧？当时，我们主任并没有说我什么。”小吴解释道。

“问题可能就出在这里，你犯了好几个愚蠢的错误。”大刘正色道。

听到大刘说自己愚蠢，小吴不服气地回了一句：“你才愚蠢！”

“你别着急，听我慢慢跟你说。”大刘慢条斯理地说道。

第 1 条：如果你认为自己是领导的人，但千万不要误认为领导也是你的人。只有你会被领导利用，领导怎么会被你利用呢？你的智商很高，领导的智商也不低。

第 2 条：你和领导是朋友，但你的敌人却并不是领导的敌人。你在领导眼里是枚棋子，你的对手在领导眼里也同样是一枚棋子，你们俩在领导眼里没有好坏之分，都只是为他做事的人。

第 3 条：领导会听你的话，同样也会听别人的话。小吴会对主任打小报告，其他人同样会对主任打小报告。小吴的一举一动，岂能瞒过到处有眼线的主任？

因为自己的阴谋被识破，加之还撒谎不认错，主任才会对小吴失去信任和好感，所以失去高升的机会也就不足为奇！

小吴感觉主任对自己不错，工作上很信任，私交也不错，就想借主任的力量打压自己的对手，生活是一场没有硝烟的战争，它虽看似平静，却处处隐含各种弹药，比如人际关系的处理、繁杂事情的处理等。这些稍有不慎便会给个人带来巨大的危害，甚至给国家带来灾难。正如孙子说的：“兵者，国之大事，死生之地，存亡之道，不可不察也。”因此，只有了解计谋的运用，才能笑谈人间百味，才能领悟人生大智。

第十五计　调虎离山

杨　凯（安徽中医药大学中西医临床学院）

待天以困之，用人以诱之，往蹇来连。

这是三十六计中“调虎离山”的原文，意思是说：等待自然条件对敌人不利时再去围困敌人，用人为的假象去诱惑敌人。向前进攻有危险，那就想办法让敌人反过来攻我。

一、有情人避嫌隙，终成眷属

于继海马上就要和丹丹结婚了。

然而，正当大家兴高采烈地准备结婚的诸多事宜时，他们却突然宣布分手。朋友们都想不明白，他们的感情一直很好，于继海对丹丹百般呵护，照顾有加。丹丹平时对于继海平时也是温柔体贴，善解人意。为什么相处如此和睦的恋人都已经谈婚论嫁了，却猝不及防地提出分手呢？

经过再三询问，哭泣的丹丹终于对大家说出了原因。原来，丹丹的父母要求于继海家给出十万元彩礼，并且说这笔钱他们也不会要，而是存起来留着给丹丹不时之需。听说对方提出了这样的条件，于继海家人在为难之余不免有些生气，一则他们是工薪阶层，每个月的工资刚好也就够全家人衣食住行，能存下来的钱不多，根本无力承担这个昂贵的彩礼；二则在婚前突然同婆婆家要这么多彩礼存起来，说是以备丹丹不时之需，但是，明白人都能看出来，这是明显地不信任婆家人嘛！

虽然丹丹本人并不建议父母要这笔彩礼，但是她做女儿的无法忤逆父母的意思，父母从她呱呱坠地的那一刻起含辛茹苦地把她养这么大，只有她这么一个女儿，舍不得她受一丁点儿苦，含在嘴里怕化了，捧在手里怕摔了，护在怀里怕碎了。眼看着她就要嫁人父母亲舍不得，担心女儿去了婆婆家，婆婆家里人待她不好，刁难她，让她受委屈。她心里明白，父母亲要这十万块钱的彩礼钱，并非是父母贪财，也不是刻意为难她未来的婆家，而是为了她好，希望她以后日子过得舒服些，将来要是想买套新房子，买辆新车子也不至于四处求人借钱。父母待她这般体贴呵护，处处为她着想，她做女儿的，怎么能去指责父母呢？

然而，丹丹的态度引起了于继海的愤怒，他觉得丹丹是个爱慕虚荣的女人，她以前对他的温柔体贴全都是假的，她骗了自己，他甚至指责丹丹是为了要钱才和他结婚的。对此，丹丹心里有苦说不出，她和于继海是真心相爱的，她对于继海的感情没有一丝假意，现在被于继海指责是为了钱才会跟他结婚，丹丹委屈又伤心。眼看着好好的一件喜事就要变成伤心事了，丹丹认真考虑了一下，无论继海对她有多大的误会，既然相爱一场，她得找于继海谈一谈。

丹丹几次想约于继海一家人见个面，都遭到了于继海一家人的极力反对，于继海一家人都觉得丹丹是个爱慕虚荣的女人，他们是断然不会见她的，更不会听她假惺惺的解释。丹丹一看，见屡次邀请于继海一家人都被惨遭拒绝。冥思苦想了几日，丹丹终于想出了个法子。既然邀请于继海一家人的心愿无法实现，为何不单独邀请于继海出来跟他把话说明白。只要把于继海这只“虎”调离他的家，跟他把事情原委讲明白，让他去做他家人的工作，那么一切问题不就迎刃而解了吗？在丹丹的屡次诚恳相邀下，于继海终于答应跟她见个面。

看着气哼哼的于继海，丹丹拿出了真诚地解决问题的态度。一方面，她把自己无法忤逆父母的意思和于继海说了；另一方面，她说不想让于继海和家人这么为难。为了能更好地解决问题，丹丹决定把自己工作以来攒的 4 万元私房钱全部拿出来给于继海，并且告诉于继海，把这 4 万元也算作是于继海家给的，剩下的，让于继海想想办法。

于继海本来是非常气愤的，但看到丹丹这么诚恳的态度，听到她耐心的解释，于继海知道丹丹是真诚地想要解决问题，满腔怒火顿时化成了对女友的愧疚。如果丹丹没有主动跟他沟通，他可能还觉得丹丹跟她家人一样故意刁难他，跟他在一起就是为了钱，殊不知丹丹也很积极地想去解决这个问题。一番推心置腹的交谈之后，于继海不再误解丹丹了，也不再坚决要求分手。最终他从朋友那里又借了 4 万元钱，再加上父母给的 2 万元，最终满足了丹丹父母提出的要求，两人成功步入婚姻的殿堂，开始了幸福美满的新生活。

丹丹很聪明，面对着自己倾心相待的爱人，假如她因为钱的事情和于继海分手了，那她一定会后悔，毕竟两个人那么多年的感情是无法用金钱来衡量的。她主动拿出自己积攒的 4 万元钱，在做退步的同时也避开了主要矛盾。由此一来，于继海当然也不会生气了，而是像丹丹一样积极地解决问题。既满足了父母的心愿，也保全了于继海的面子问题，如愿以偿地和于继海结了婚。

在社会交往中，有谁愿意在争执中处于下风呢？即使原本是愿意的，但是在对方咄咄逼人的情势下，想必也不愿意了。如果任由其发展下去，那么事情只会越来越糟糕，变得一发而不可收拾。相反地，如果事情换一个角度来看，不紧逼对方，而是主动和对方说明原委，积极地同对方一起去解决问题，从而让对方心甘情愿地让步，那么是不是结果就会不一样呢？

二、司马懿装病夺权

“调虎离山”一计意思是说，利用于自己的天时地利去打击对手，制造人为的谋略引诱对手就范。正面交锋有危险，就设法把敌人引出，这叫迷惑战术。关键就在于迷惑对手，真真假假，对方无法判断，自然少了些优势，把心思深深地藏在心底，让人不能觉察。好多人因此而成大业，古往今来，这种事例不胜枚举。

司马懿装病夺权就是一则有名的故事，目的是在于迷惑对方，使其放松戒备，然后暗中图事，待机会成熟，便原形毕露，这一招很灵。

公元 239 年，魏明帝曹睿刚死，魏国朝廷两派之争便拉开了帷幕。

当时，太子曹芳年纪尚小，由大将军曹爽（曹芳乃曹爽的侄子）和太尉司马懿共同辅佐。二人各领兵三千，轮流驻守皇宫。曹爽在能力和资历上，远不能和司马懿相提并论。起初，他还尊重司马懿，事事听取司马懿的意见，但时间一长，他便觉得司马懿是眼中钉，想方设法挤兑司马懿。

没多久，曹爽便用魏少帝的名义提升司马懿为太傅。接着，他又把心腹兄弟都安排在重要的职位上。这样，表面上提高了司马懿的地位，实际上却削弱了他的兵权。司马懿无比聪明，他将一切看在眼里，却装聋作哑。有一日，他传话自己年老多病，就暂时不上朝了。

听说司马懿卧病在床，曹爽派亲信李胜去司马懿家打探虚实。当时李胜刚好被派为荆州刺史，去向司马懿告别也是顺理成章之事。

司马懿明晰实情，就摘掉帽子，散开头发，拥被坐在床上，假装重病，然后请李胜入见。

李胜拜见过后，说："一向不见太傅，谁想病到这般。现在小子调做青州刺史，特来向太傅辞行。"

司马懿佯答："并州靠近北方，务必要小心啊！"

李胜说："我是往青州，不是并州！"

司马懿笑着说："你从并州来的？"李胜心想：这么厉害？都聋了。

"拿笔来！"李胜吩咐，并写了字给他看。

司马懿看了方明白，笑着说："不想耳都病聋了！"手指指口，侍女立即给他喝汤，他用口去饮，弄得满床都是，噎一番，方说："我老了，病得又如此严重，怕活不了几天了。我的两个孩子又不成才，望先生训导他们，如果见了曹大将军，千万请他照顾！"说完又躺在床上，喘息起来。

李胜拜辞回去，将情况报告给曹爽，曹爽大喜，说："此老若死，我就可以放心了。"从此对司马懿不加防范。

司马懿见李胜走了，就起身告诉两个儿子说："从此曹爽对我真的放心了，只等他出城打猎的时候，再给点厉害让他尝尝。"

不久，曹爽护驾，陪同明帝拜谒祖先。司马懿立即召集昔日部下，率领家将，占领了武器库，威胁太后，削除曹爽羽翼，然后又骗曹爽，说只要交出兵权，就不加害他。等局势稳定了，又把曹爽及其党羽统统处斩，掌握了魏朝军政大权。

由此司马懿伪装得惟妙惟肖，让曹爽没有丝毫的觉察，这正是司马氏夺权成功的原因。

司马懿所调之虎，其一为曹爽的注意力。两方相争，曹爽占据着太子舅舅的有利地位，明升暗降地打击了司马懿，若司马懿奋力与其相争，本身就在不利地位的他怕是会受到曹爽的全力打击，稍有不慎则万劫不复。于是司马懿“抱病”不出，以自己“将死之人”的身份令曹爽不再对他大加防范。没人关注，自然就能行一些隐蔽之事。

其二便是曹爽本人，这次的“调”严格说来并不是司马懿主动为之，而是等待而来的机会。当然，这也是他调走曹爽关注的成果之一——若曹爽还在防范司马懿，应是不会留下空虚的大本营给司马懿。

三、诱人计妙购大理石

司马懿装病骗过了曹爽的防范，其实是应用了“调虎离山”中乱之以虚的做法，扰乱敌人的视线，躲过了敌人的针对。而王经理则巧用诱人之计低价购进大理石。

王经理经营的“珠光商场”“珠光商店”系列号称“珠光城”。珠光城在省城是“城”上之明珠，商场、酒店、宾馆三位一体，经营有方，获利可观。王经理也是省城的知名人士。最近，王经理争得一地，准备再建一个“珠光夜总会”，并且打算从本市的大发大理石加工厂购进一批大理石。

珠光城的王经理跟大发大理石厂韩经理商定，3 天后进行谈判。

韩经理知道，珠光城的王经理之所以选择他们的大发大理石，是因为附近只有他们厂生产的大理石质量最好，足以和进口大理石媲美，并且价格要比进口大理石便宜得多。韩经理是一个很有野心的人，他想在谈判时提出一些要求作为销售大理石的交换条件，但他不是想抬高价格，而是想入股“珠光城”。

第四天，谈判开始了，寒暄之后王经理转入正题，提出大量购进一批大理石的想法。韩经理当即同意，并且提出自己想要入股珠光城的想法，否则就不把大理石卖给王经理。王经理没有同意，谈判不欢而散。

王经理回去后正为大理石一事发愁，一个刚成立的大理石厂经理找上门来，要以较低的价格卖给珠光城大理石。王经理知道，这个刚成立的大理石厂的产品质量肯定不如大发大理石厂，但他还是约了这个人明日见面。

韩经理知道这件事后，立即慌了，他没料到珠光城还会和别的厂家交易，只好立即答应一切条件，并且不再提入股珠光城一事。

在谈判中，大理石厂的韩经理深知己方的优势——自家的大理石物美价廉，是王经理的最佳选择，并利用这一点拿捏王经理，提出不合理的要求。而王经理则利用“另一个主动上门的大理石厂家”告诉韩经理：我并不是没有别的选择，轻而易举地击溃了韩经理的优势，将“虎”调离了“山林”，拿到了谈判的主动权，为己方谋得利益。

“调虎离山”经常应用于商业谈判。一般来说，人们都争取能在己方的场地与对手谈判，谁能够将对手调离其熟悉的环境，谁就会争取得到起码的主动权。人们常说“天时、地利、人和”，是一切社会活动得以成功的客观必备条件。

所以，聪明的企业家或谈判人员，采取种种办法将对手调“虎”出“山”，一般也就会得到“人和”。这犹如体育比赛的主客场制，在主场比赛，取胜的把握就较大，有时甚至弱队战胜强队。在己方的场地谈判，不必分心于熟悉环境或适应环境，可使自己专注于谈判，思路自然敏捷清晰。在乙方的场地谈判，谈判者直接背靠大本营，有了情况可以及时汇报。而对方既离“山”，身处客地，就不能不讲求礼仪，也不好过分侵犯主人，因而乙方在心理上、气势上就占了上风。

“调虎离山”是一种弱者战胜强者的谋略。之所以要“调虎离山”，是因为“山”是猛虎据以兴风作浪的地盘，在平原，老虎是无法施展其雄风的，只能是连狗也敢欺的“纸老虎”。俗语“虎落平原被犬欺”，说的正是这种情况，而这正是猛虎的弱点。

从这点出发，“调虎离山”应用在商战上，成为一种“避实击虚，避强击弱”的策略。

在市场争夺战中，弱者攻强者，决不能面对面地争，而要在强者不屑一顾或尚顾不及或力量薄弱的时候去占据地盘。

任何强者都必有其弱点，就像雄风凛凛的猛虎也怕落到平原一样。弱者要咬住强者的弱点与之相争，只有用这种“避实击虚”之法，弱者才能不断扩大自己的力量，不断削弱强者，最后不战而胜之。

四、巧妙转移老板注意力

张廖是一家台企销售部的大将，最近有些郁闷，因为他所在的销售部门换了老大。新来的部门经理叫李勇，是个中国台湾人，工作作风确实非常勇猛。一般新官上任三把火，李勇到任后几乎天天在放火，天天在开会。李勇的血液里流淌着台企文化的精髓：控制、控制、再控制。

中国台企文化和欧美企业文化最大的区别，就在于：一个是过程控制；一个是结果导向。过程控制就是过程要严格监督（流行摄像头），确保不走样，员工越像机器，越是上品。这种文化特强调执行力，精确执行，而欧美企业文化正好相反，目标讲清楚，过程随便你，需要充分发挥你的聪明才智，只要能完成就行了。如果完不成，那对不起，请你自动走人，这种文化特强调对结果负责。

从上面不难看出，中国台企文化的头，绝对不能犯糊涂，指错了方向，执行力越强，死得越快。欧美企业文化的头，必须得识人，当放手掌柜，干活的必须找对人，否则最后不能同生，但得同死。

李勇秉承了中国台企文化执行力特别强的特点，因而智商及创造力平时确实磨炼得少了些。

而且，李勇又很不幸，有点先天不足，东方统治文化在其头脑中不是痕迹，而是烙印。李勇据此认为：在部门里，他的官最大，所以本人最强，最智慧，也最正确。

李勇又是一个很负责的人。为了尽量减少下属的错误，他上任伊始，在大会小会上，源源不断地传输自己的宝贵经验，力图迅速提高手下的能力素质。李勇的口头禅就是：你照这样做，如果能达到我预期的一半效果，我就很满意了。为了检验效果，李勇还经常“加餐”，增加一些临时会议，监督过程的实施。

现在，每天会议不断，甚至连原来半小时的晨会，几乎都要开到中午。这么密集的会议，张廖及同事们非但没有受惠多少，反而是祸及更多。

常见的经典镜头：晨会后，张廖筋疲力尽地回到座位上，刚翻开客户通讯录，还没拿起电话，李勇下午的会议通知电话就又跟过来了：技能补缺会、市场分析会、竞争对手研究会……

张廖原指望下午应该有些时间和客户联络沟通，实际情况是往往变成奢望。

张廖的销售业绩原来在部门一向不错，平时有很多老客户要维护。当然，也有更多新客户要开发。李勇这个新政一搞就是一个多月，张廖在业务上就有些力不从心了。开会固然很重要，从中也能学到一些东西，但物极必反，过度了就不是好事情。在这些会上，李勇只是在翻来覆去地重复唠叨些陈芝麻烂谷子的事，听得大家耳朵都生出茧子了。

现在，张廖和同事们除了开会，其他什么都干不了，再这样下去，估计季度和年度的考核目标完成都够呛，必须要有所应对了。

通过这些天的观察，张廖也深切了解到东方统治文化在李勇头脑里的强大。具备这种观念的领导，直接向他指出错误，希望他有所改进，无异于与虎谋皮，李勇是根本听不进去的。不过如果再放任这只老虎在前引路，一条路走到底，大家马上就会跟着一起掉下悬崖。

必须要有所改变了！

张廖经过一夜苦思，终于想出一个妙法：可以采用“调虎离山”之计解决目前的现状。

张廖认为：既然李勇是个傲慢自负、喜欢冲在前、事必躬亲的头，那就引导他去冲锋陷阵，进攻最难最有价值的山头，能马上拿下来自然最好。如果拿不下来，李勇也不会轻易放弃，为了证明自己，维护自己的权威，他必然会旷日持久地陷在项目中，争取再次搞定。如此，李勇就没有时间精力再折腾大家了。

接下来几天，张廖为此开始做起充分准备。

本地区最大的潜在客户，以前一直是竞争对手的地盘。不过，这家客户每年都要进行例行招标，虽然每年张廖公司中标的概率几乎为零，但因为招标太诱人了，还是每年必去凑凑热闹。正好，今年的例行招标又要开始了。张廖深知，这个项目非常费时间，一旦陷进去，足够李勇折腾了。

一切准备好后，张廖就在第二天晨会上，主动向李勇求助：“这个地区最大的一个潜在客户，马上要进行一个非常大的供货招标，我前期已经联系好了经办人，允许我们投标。如果中标，至少可以完成我们销售部今年一半的业绩。不过这个标书的准备很困难，非常复杂，我以前做的标书从来没有中过标，听说您以前做过类似的标书，这件事，最好由您亲自参与负责，这样才有可能中标。”

李勇听后，果然非常感兴趣，暗自思忖：“虽然前期的这些密集会议策略，让自己很有成就感，管理层也对自己的流程控制很满意，但业绩非但没有起色，反而直线下降了。当然，如果最后完不成目标，这也不会因此抹杀了自己个人的功劳，只能说明手下太弱智了，执行不到位。自己可以向管理层解释清楚，获得理解支持，最后大不了辞退几个废柴而已。但如果有办法，可以直接解决业绩下滑问题，这当然对自己更有利。

李勇马上就一口答应了。

接下来的日子，果然如张廖如愿，李勇一头扎进了这个招标项目里。这个招标项目确实够复杂，占去了李勇大量的时间。张廖还唯恐李勇占用的不够多，除了针对这个项目不断提供新的情况、新的建议外，日常工作中，也不断地给李勇制造发挥其智慧的机会……

随着项目的深入进展，李勇越来越感到无法合理分配他的时间了！既然鱼和熊掌不可兼得，权衡一下，李勇被迫砍掉了很多会议，晨会时间也逐渐恢复了正常了。

在会上，李勇痛苦地对张廖他们说：“我现在是没时间管你们了，你们先暂时自由发挥吧！能捞到多少是多少，就当锦上添花吧！”

时间一天天地过去，李勇这个项目一直没有拿下来，他陷入了苦战，但乐在其中，而张廖等同仁们的“锦上添花”，却硕果累累，不到一个月就恢复了原先正常的业绩，大伙儿都松了一口气。

人生在世，有无数纷争。虎，是竞争者、强势对手、情敌、政敌；

山，是地盘、本行、专业、气势。当你受到猛虎的挑战、威胁时，下策是硬碰硬，拼个你死我活；上策是四两拨千金，把虎调离它有利的位置，避免直捣其锋芒。

调虎容易打虎难。调虎，比打虎容易多了。打虎是与强敌正面针锋相对，没有必胜的把握，但调虎就相对安全一些，既不损失自己的力量，又让对手失去利刃。调虎的策略有多种：

大致来说，“调”有以下方式：

其一，乱之以虚。用虚虚实实的手法迷惑敌人，造成敌人在判断上的失误，使其如无头苍蝇一样四处乱撞，伺机把敌人引诱到对其不利的地形上。

其二，激之以智。用智谋来激怒敌人，使其丧失理智，轻举妄动。这就是兵法所说的“怒而扰之”。

其三，诱之以利。以小恩小惠或巨额利益诱骗敌人离开其赖以生存之地。

其四，驱之以害。避害同趋利一样，是人的本性。如果在敌人的内部或外部制造祸害，敌人为自保就会逃离。

其五，晓之以理。如敌人较为机智，就要晓之以利害，使其自动退让。不动干戈之法是上上策。

将“调虎离山”熟练应用在生活中并不容易，所用之法不应拘泥于这几点，因人而异，但若能将此法熟练应用，便可受益无穷。

第十六计　欲擒故纵

李　想（合肥工业大学建筑工程系）

逼则反兵；走则减势，紧追勿迫。累其气力，消其斗志，散而后擒，兵不血刃。需，有孚，光。

这是三十六计中“欲擒故纵”的原文，意思是说：逼得敌人无路可走，就可能会遭到敌人猛烈的反扑；故意放他一条生路，反而会削弱敌人的气势。追击时，紧紧地跟踪敌人而不出击，以消耗其体力，瓦解其斗志，等他兵力分散、士气低落、军心涣散时再加以捕获。如此用兵，就可以避免不必要的流血牺牲。总之，不进逼敌人，并让其相信这一点，就能赢得光明的战争结局。

一、凯尔用计歼德谍

著名的英国军事情报第五处的领导人是弗农·凯尔，1873 年 11 月 21 日他出生于官宦家庭，他的父亲是市长。凯尔年轻时就读于英国陆军官校，毕业后参军。虽是一介武夫，凯尔却熟谙德语、意大利语、法语、波兰语，被军队重用为翻译，后来又学了俄罗斯语和中文，并加入八国联军来到中国。战争结束后，他留在天津担任搜集情报的工作，这是凯尔的特工生涯的开端，他也由此成了一名中国通。回到英国后，凯尔继续从事情报工作，并被提拔到上校官衔。他领导的这个情报机构，曾多次破获各种间谍案件，在英国享有盛誉。

一次，凯尔的手下报告，发现一家理发店是德国间谍的联络站，经常和德国间谍机构保持着密切的联系。凯尔通过秘密调查，在截取和检查了该理发店发往外国的信件后不禁大吃一惊！原来，德国间谍已经遍及整个英国。这一发现，着实让凯尔慌了一阵子手脚。怎么办？不少人主张，立即将已知的间谍全部捕获，先把德国的间谍网破坏再说。

凯尔不愧是久经谍海风云的老手，他不主张马上抓人，他对手下说："现在我们只是掌握了一部分间谍名单，而且不少人仅仅是联络人，如果我们现在就急于抓人，势必打草惊蛇，那些没有暴露的间谍一定会闻风而逃，或到外国藏匿，或者转入地下，那样，我们岂不因小失大？现在的办法应该是放长线、钓大鱼，继续让这个间谍联络站保持'正常运转'，待其彻底暴露之后再行收网，这就是中国人常说的'将欲取之，必固与之'的道理。"

接着，凯尔又对手下人做了认真仔细的分工安排。他指示手下，检查该理发店所有发往国外的信件和从国外发来的信件，然后利用这些信件大做手脚。他们把每封信拆开，看完内容后，再根据需要编造一些假情报，然后恢复原状，照发收信人，这样既不会使对方的情报起到作用，又不露声色地监视着整个间谍网，同时，还可伺机利用假情报给对方造成破坏。由于他们做得干净利索，从来不给对方间谍人员留下破绽，所以，许多德国间谍一直都在为英国情报机关担任义务假情报输送员，而自己还蒙在鼓里，以为他们的情报联络站平安无事，他们的同伙也没有一个暴露的。因此，各种情报仍然源源不断地通过间谍在往返传送着。

凯尔截获了一个名叫卡尔·米勒的德国间谍发出的信件，信是用隐形墨水写的，凯尔看完信后，照样原状封好寄出，同时，将卡尔·米勒秘密逮捕。在这以后的很长时间内，德国人仍然不断收到“卡尔·米勒”寄去的“情报”，丝毫没有觉察其中有诈。

就这样，凯尔采取撒大网、钓大鱼的计谋使德国在英国的间谍活动网，始终处于自己领导的英国情报五处的监视掌握之下，直到英国对德宣战的那一天，凯尔才下令收网，一举捕获了包括理发店师傅在内的全部德国间谍。

这一行动，使德国在英国的情报工作几乎全军覆没。在将近开战一年多的时间里，德国人未能在英国开展任何的情报工作，以后又花了差不多同样长的时间，才建立了新的谍报网。为了一网打尽德国间谍，凯尔不动声色，给理发店里的德国间谍营造一种假象，成功地麻痹了他们，并将计就计，利用他们给德国传递假情报。所以说“纵”，不是放虎归山，而是有目的地放松一步，以防对手狗急跳墙，进行拼死反扑。可见，凯尔深谙欲擒故纵之道。凯尔的“欲擒故纵”之计，无疑运用得十分成功。

在人生路上，我们也要有像凯尔一样的长远眼光。善于放长线、钓大鱼的人，看到大鱼上钩之后，并不着急收线扬竿，而是不慌不忙地收几下线，慢慢地把鱼拉近岸边，最终稳稳地擒获大鱼。在人生中的很多时候，我们越是心急，越是难以达到自己预想中的目的。这些时候，我们可以换个思路，合理运用欲擒故纵这个计谋，从而曲线达到目的。

二、父亲智劝子戒烟

战争时期计谋的使用得当利于取得胜利，在生活中欲擒故纵的身影也随处可见。贝利无疑是世界足球史上最伟大的球星。他是一位足球运动员的儿子，在16岁时即身披国家队战袍。贝利参加1958年世界杯时只有17岁，在半决赛中，他攻入法国队3球，在决赛中又两破瑞典队大门。虽然身高只有5.8英尺，但贝利的头球功力却是惊世骇俗的。1970年墨西哥世界杯决赛中，他以一记令人永久回味的头球将“胜利女神”金杯永久留在巴西。

不错，这就是我们眼中的贝利，可是有谁了解他小时候的事情呢？

小的时候，有次贝利踢过一场激烈的球赛后，累得够呛，就跟同伴要了一支烟抽，解解疲乏，没想到这事被父亲知道了。

晚上，父亲把贝利叫过来，问：“你抽烟了？”“抽了。”贝利自知不妙，也不禁红了脸。

父亲没有训斥他，只是从椅子上站起来，无声地在屋子里踱着步。他脚步的每一次挪动，都牵动着贝利的神经。

等了好半天，父亲终于发话了：“孩子，你踢球有几分天资，将来也许会有出息。可惜的是，你现在要抽烟了。抽烟会损害人的身体，而运动员的身体是不容一丝一毫的伤害的。所以我劝诫你不要做那些不好的事情，可是这得由你自己来掌握。现在我问你，你是愿意抽烟呢？还是愿意做个出色的运动员？你懂事了，还是你自己决定吧！”然后他伸手从口袋中取出了钱夹子。这夹子又旧，又薄得可怜。他打开夹子，贝利看到里面只有几张皱皱巴巴的票子。他接着说下去：“但是，如果你还想抽烟，最好还是抽你自己的烟。老是讨人家的烟抽很丢人。你自己买烟需要多少钱?”

这让贝利羞得简直无地自容。他抽的烟不是自己买来的，这还无关紧要，这使他倒联想起许多事情——他似乎见到父亲每星期一拐一拐地走上足球场，膝盖肿得像西瓜那么大；他似乎看见了父亲为了养活一家，在毫无怨言地清理便盆、打扫地板。贝利两眼盯着地板，真希望地上突然开个洞把他吞下去，埋葬他，埋葬他的羞惭。

说着，父亲从口袋里掏出几张钞票，递到贝利手里，说：“如果你不愿意做个出色的运动员，执意要抽烟，那么这就是你抽烟的费用。”

贝利望着父亲远去的背影，仔细咀嚼着父亲诚恳的话语，不由地一阵伤心。他捏着手里的钞票，想了一阵，终于鼓起勇气推开了父亲的屋门。他对父亲说：“爸爸，我再也不抽烟了。”

贝利的父亲为了说服贝利不要抽烟，先是说明了抽烟的危害，然后“欲擒故纵”，掏送钞票给贝利，作为他抽烟的费用，终于使贝利受父亲诚恳的话所感动，从而接受了父亲的劝导。

“欲擒故纵”之计在日常生活中的运用范围十分广泛。例如，我们在批评或告诫某人不要犯这样或那样错误的时候，就不能急于当众把别人说得一无是处，指责别人无知、无能、无理，这样逼人太甚，容易伤害别人的自尊心，而招致别人的抵抗和反感。可用体谅的口吻，疑问的语气来促使别人思考犯错误的原因和教训，也可以回顾自己犯错误后改过的经历，用现身说法，使对方认同的方式，启发对方下决心改正错误。还可以用微笑代替责备，用沉默代替当众惩罚等办法，这些都常会使对方醒悟悔过。

又如，在谈话或谈判时，沉默往往是欲擒故纵的先导，巧妙地运用沉默，作用匪浅。促使对方说话，而且非说不可，因为人们总是出于本能，往往会自动地填补谈话中出现的空隙，你便可以从中了解谈话人的意向和弱点；沉默有助于自己集中精力思考应变办法。由于思维的速度是说话速度的四至五倍，因此，你沉默不语而让对方说话，就会赢得数倍于对方的思考空间。高明的谈判者，往往是后发制人的一方；沉默有助于超脱变通地应酬各种局面，当情况尚未明了的时候，最好的反应就是不作反应，以不变应万变。这样可以不说不需要说或者不能说的话，以防陷入不必要或者不能陷入的困境。沉默的过程实际上是故意“放纵”对方的过程，一旦结束沉默，便是“擒拿”谈判对手的时候了。由此可见，循循善诱，动之以情，晓之以理，欲擒故纵，这往往是说服他人的重要手段。

三、谈判家杰德勒巧讨补偿金

贝利父亲欲擒故纵使贝利远离香烟，《谈判的艺术》一书作者杰德勒通过计谋使委托人获得更高的补偿金。

有一回，杰德勒接受 H 镇某大楼房客凯西小姐的委托，与新的房主布朗交涉搬迁补偿问题。凯西小姐的套件原属一幢四层楼房，布朗买下之后要把它夷为平地，新盖摩天大楼。其他房客得到补偿后相继搬走，唯有凯西小姐的租期还有两年。

布朗认为，在木已成舟的重压之下，花点钱就能拔掉这个“钉子户”，便摆出一副财大气粗的威势，对凯西的代理人杰德勒说：“其他的房客都搬走了，凯西小姐想要多少钱才能搬家呢?”

“很抱歉。”杰德勒答道：“凯西小姐目前不想出让为期两年的租赁权，所以你不必花钱买。”干脆利落的回拒意在一箭双雕：首先挑明了双方谈判的不同境遇，一方不想搬，可以从容不迫地谈下去；一方亟待动工，不愿在谈判桌上拖延时日。其次，把求得圆满结局的责任推给了对方。脑满肠肥的布朗先生没有仔细品味杰德勒的话，不去辨别那句“目前不想……”的言外之意是“以后可以考虑”，就以为是吃了闭门羹，满心不悦地离去。

那天碰了一鼻子灰之后，布朗就忙别的去了。过了一阵子，他又想立即解决凯西的搬迁问题，约定重开谈判。再次洽谈，他很大度地表示愿意支付凯西小姐的搬迁费和租房差价。“除了支付现款，我方拒绝接受其他任何条件。”杰德勒不容置疑地界定了谈判范围。双方经过一番“私下磋商”，布朗同意现金支付。杰德勒便单刀直入地问：“你愿支付多少钱?”“2.5 万美元。”布朗回复答道。杰德勒嫌少，当即拂袖而去。

布朗见对方不考虑自己的报价，又想起了“拖延时间”的一招棋，岂料正中凯西小姐下怀。在逝去的时间里，杰德勒与凯西小姐就布朗会因为不搬迁造成多少损失进行了计算，认为总计金额约为 25 万美元，但杰德勒一再告诫凯西小姐：不能想在榨出最后一个铜板时才罢手，这场谈判要使双方都感到有所得，因而对 25 万美元的估算要打个对折，即在可获得现金 12.5 万美元的条件下，立即与对方拍案成交。

布朗见拖得一招不灵，便请来律师代理帮自己谈判。经过不断的谈判，凯西小姐拿到了 12.5 万美元的赔偿金。

杰德勒的谈判政策与欲擒故纵之计的中国古兵法题注暗合。其谓：“逼则兵反，走则减势。”布朗一开始迫不及待地亲自出马就是一种失策，此类谈判应该懂得：在谈判之前该用乖巧隐蔽的方法明察暗访探究虚实；在谈判之初要佯装唐突直率以廓清迷雾，挑明事理；在谈判的关键时刻应气豪胆壮地阐扬是非，晓以利害；在谈判接近临界点时当断则断，适可而止。如此，布朗也不会给杰德勒行施欲擒故纵的可乘之机了。

四、向上建议要欲扬先抑

不仅是在谈判中，在职场中，我们也要学会说服别人，尤其是我们的上司、领导。

领导们都是喜欢那些能够听从自己命令的下属，这首先是一种上下级权利分工的需要，上级应该对下级有权进行指挥、命令、监督和管理，只有这样才能保证上令下行，上行下效，下属服从领导是他们各自的职责要求。

其次，领导喜欢下属服从自己还缘于一种感情上的需要。因为支配和控制一个人的行为是能够给自己带来快感和成就感，也是自己有面子的一种外在表现。下属服从领导，是对领导地位和权威的认可，是给领导面子。下属如果不服从领导，甚至当面顶撞领导，这就会使领导在面子上感到难堪，下属和领导的关系就会岌岌可危。

但是，有的时候领导也会错怪下属，使下属受到委屈。这时应该怎样做呢？

发生这种情况时，下属应该注意两点：第一，下属应该保持克制冷静的态度，自己心里明白是领导错怪了自己，但也要暂时忍让，不要当面冲撞领导，以免损害领导的面子，因为一旦损害了领导的面子，领导就有可能将错就错，不会再改正他的错误。第二，受了委屈之后，也不能总保持沉默，在必要时要向领导倾诉自己的委屈，但要注意方式方法，不要在领导的头上冲撞领导，把关系搞僵。下属要学会选择时机，同时也要学会用适当的方法说明领导委屈了自己，证明自己的正确。

在给领导提意见时，要注意方法，给老板提建议不是意见。大多数人在与领导沟通时，如果能够改变自己的语言方式，效果或许更好。在“进谏”时，你不仅要站在自认为对集体有利的角度，还要“换位思考”，站在老板的角度考虑问题。由于信息的不对称，往往你认为正确的意见，老板可能认为目前时机尚不成熟，所以“不便采纳”。此外，在陈述时多用中性词语及祈使句，而不要让领导感觉你是在将自己的想法强加给他，换句话说是给老板提“建议”而不是“意见”。通过适当的方式把自己的建议传递给老板，如果这个建议对公司发展非常有益，相信老板不会不采纳的。因此，你需要平时多与老板沟通。老板也是人，同样需要与人交流。

经验证明，欲抑先扬是一种很好的提建议的方法，这种方法的要旨就在于当你想给领导提建议时，你不直接指明领导的错误，避免损伤领导的面子。而是先肯定领导的做法，并按照领导的逻辑进行推理，直到推理出非常明显的错误，让领导自己发现这种错误并主动改正过来。

对待领导的意图不能强硬抵抗，也不能不讲情面大批一通，提出一大堆的意见，如果你想让你的领导能够接受你的意见，你必须要照顾到领导的面子，以适当的方式将意见表达出来，这样才会增大领导对你的意见接受的可能性。

由此引申，在现实生活中，很多人利用“欲擒故纵”之计，也就是说这些人对本来想得到的东西在表面上不闻不问，表现得无所谓，任其自然，但暗中却在思谋策划，紧紧跟踪。一旦捕住有利时机，就进行激烈竞争，以达到自己欲擒先纵、欲揭故掩的目的，这正是“欲擒故纵”之计的应用。

第十七计 抛砖引玉

张文华（合肥工业大学马克思主义学院）

类以诱之，击蒙也。

这是三十六计中“抛砖引玉”的原文，意思是说：用一种同类的东西去引诱敌人，使他蒙（懵）懂上当。

此计语出宋代释道原《景德传灯录·卷十》：“比来抛砖引玉，却引得个墼子。”又据说，唐代诗人常建久慕赵嘏的诗名，为请他作诗，先在苏州灵岩寺的墙上写了两句诗。赵嘏看到后，立刻提笔续了两句，所续的比前两句还好，人们把常建的这种做法叫作“抛砖引玉”。后来就用来比喻自己先发表粗浅意见或文章，以便引出别人的高见或者佳作。

一、中美“乒乓”外交震世界

抛砖引玉这一计应用广泛，不但在《三国演义》等小说中经常出现，在现实事件中也是屡见不鲜。在中美关系僵硬时，周恩来独具慧眼，推动“乒乓”外交，以小引大，以“小球”转动了“大球”，开始了中美关系的新篇章。

朝鲜战争中，美苏两国为了争霸，拼命进行军备竞赛。美国看到中国是一个发展中的大国，不能忽视其在世界上的影响力，于是放出了和解信号。尼克松首先从华盛顿发出含蓄的信号，一改过去“共产党中国”“赤色中国”等称呼，再三表示准备同中华人民共和国恢复某种联系。这样的信号自然引起独具慧眼的中国外交家周恩来的注意。精明、干练的周恩来在等待着时机给予回应。

1971 年春，第 31 届世界乒乓球锦标赛在日本名古屋举行。中美两国的乒乓球代表队都参加了比赛，这次比赛为两国传送和解信息提供了机会。

有一天，美国队员格伦·科恩正在路边等车接他去体育馆参加比赛，中国队员乘坐的大轿车经过时，停了下来，请他上车一块走。格伦·科恩在车上和中国一名队员交谈起来，两人相谈甚欢，下车前还交换了礼物。这件偶然发生的事情，使中国队领导十分不安，因为多年来，中美两国互相敌视，如果这种情况继续下去，闹出一个不幸的政治事件，谁也担待不起。他认为还是谨慎为好，于是就向国内请示如何处理。周恩来接到报告，不仅没有批评，反而指示中国乒乓球队的领导邀请美国乒乓球队访问中国。

美国乒乓球队接到邀请后，既高兴又纳闷，美国队领队表示了谢意，但没有立即接受。他似乎意识到中国人的主动接近具有不同寻常的政治意义，于是立即向美国驻日本大使馆征求意见，大使也拿不准，接着请示美国国务卿。国务卿罗杰斯请示尼克松后，同意接受邀请，通知美乒乓球队务必要去北京。

得到中国邀请美乒乓球队访问这个消息后，尼克松总统立即召开国家安全委员会会议，讨论全面对华政策。他们认为这是中国对美国两年来耐心建议的一个微妙而无误的回答。

事实正是如此，周恩来正是利用“乒乓事件”，在向美国输送着一个重大的外交信号。当尼克松告诉他的安全委员会，命令快速前进，不浪费一点时间时，中国总理周恩来也在抓紧时间布置着一切。中国不仅把签证发给了所有的球队人员及其夫人，而且也发给了三名号称“中国通”的美国新闻记者。为了使这一举动看起来不偏不倚，中国同时向在名古屋参加比赛的另外四个国家的球队发出了邀请，这几个队是加拿大队、尼日利亚队、英国队和哥伦比亚队。自然，在北京受到中国和世界最大关注的就是这批美国人了。至此，周恩来的“乒乓外交”开始崭露头角。

周恩来决心把这次访问变成一个重大的政治事件。美国乒乓球队一到北京，就享受了红地毯的待遇。在两国球队首场精彩的表演赛后，周恩来邀请美国客人参加了人民大会堂的招待会。这种待遇通常是不给外国运动员的，这个举动使这次访问达到了高潮。周恩来发表了具有历史意义的讲话：“你们这次应邀来访，打开了两国人民友好交往的大门。我们相信，中美两国人民的友好往来，将会得到两国大多数人民的赞成和支持。”美国队领队作了同样的表示，同时邀请中国乒乓球队访问美国，周恩来表示接受邀请。

这次招待会后，美国的三位记者立即把周恩来的讲话传到了美国。尼克松、基辛格、罗杰斯仔细研究了周恩来的讲话原文，很快决定：立即宣布关于放松同中国接触的新措施声明。当天中午，白宫以尼克松总统的名义发表声明：准予给中国来访者签发美国签证，解除广泛的经济限制。

周恩来用一只小小的银球，打破了中美关系僵持了 20 年的局面，开始了中美关系的新篇章，进而改变了世界政治格局。“小球”转动了“大球”，周恩来运用自己的人生智慧，抛砖引玉。在他手中，这一策略起到了双赢的效果，既推动了新中国的发展，也促进了世界的和平与发展。

在漫漫人生路上，我们需要解决各种各样的问题。在解决问题的过程中，我们有时需要运用一些计谋来帮助我们，“抛砖引玉”这一计在不同情况下会有不同的用途，是我们解决问题的好帮手。其实，我们人生的发展过程就是人生智慧丰富与升华的过程，而计谋的使用就是这一过程的催化剂。

二、曾国藩抛砖引玉引良计

曾国藩运用“抛砖引玉”之计，可以讲是他对《三十六计》最精深的理解。在为人处世方面，他常与弟弟互往信件，谈自己对人生、对权位的理解，抛砖引玉，启发心智。

曾国藩于同治初年写给他弟弟的信中说：“诸事棘手，焦灼之际，未尝不想干脆躺在棺材里算了，也许比活在世上更快乐。越这样想，焦虑越多，公事越繁，而长眠快乐之期更是杳无音信。”

可是在这种时候，曾国藩又被升为大学士，责任越重，事务越多，被人指责也就越多。曾国藩说：“世人都以官至极品为荣，而我现在真是把它当作苦恼的处境。然而时势如此，决不能置身事外，也只有当一天和尚撞一天钟了。”宦海真是令人无奈！

当曾国荃打下天京，回家暂时休息时，曾国藩像算卦先生一样，为其卜算是出去做官还是继续在家好。他还说：“在家应占六分，出去应占四分。”但他弟弟曾国荃耐不住了，总想早点出去。

不久，清廷果真任命曾国荃为山西巡抚，曾国藩立即去信一封，千叮咛万嘱咐，核心是让老九“宦海之途当知畏”。曾国藩说：“我的情况如此，沅弟你的处境也不妙。你在山西，虽然清静，但麻烦也不少。山西号称天下富国，然而京城的银饷，大部分来自山西。厘金还没有改动，收入款项与道光年间相差无几，而开支款项则比以前大为增加。山西离京城又近，银钱账目的一丝一毫户部都清清楚楚。沅弟有开销太大的名声，现在既然担任没有战乱的平静省份的巡抚，那么在正务和杂务的各项款项就不得不谨慎节俭，账目上丝丝入扣。

外界正在拟议让老弟再次出山，赴任之处一定是军务棘手的地方。现在山西虽然还没有贼寇活动，但是圣上担心捻军进入山西，逼近京城一带。老弟此番上任，似乎应多带得力的将军，勇丁则就近在山西招募。南方人吃不惯面食，山西尤其买不到稻米，不像直隶、山东两省，还可以由大海或河运设法转运。弟弟来京，可以从安庆登陆，到徐州与为兄相会，畅谈一番。听说钦差大臣到达山西，实际上是到陕西查办霞仙（刘蓉）一案，真是一波未平，一波又起，宦海真是可畏啊！”

曾国藩比曾国荃年长十四岁，当他四十多岁时曾国荃也才三十，当他五十多岁曾国荃方逾四十，所以曾国荃总是比哥哥血气更旺，斗志更强。曾国藩看在眼里急在心上。血气一旺，遇事就欠冷静，就往最高处想，就不计后果，总以为自己是对的，别人是错的。于是麻烦也就接连不断。

当弟弟率兵收复了两个省之后，曾国藩便给弟弟写了一封信警醒他：“你收复了两省，功绩绝对不能磨灭，根基也极为深固。你只担心不能飞黄腾达，不担心不能安身立命，只担心日子不稳适，不担心岁月不峥嵘。从此以后，你只从波平浪静处安身，莫从掀天揭地处着想。”

但这是不是就说明，曾国藩是一个自甘平庸的人呢？他将心比心地说：“我也是一个不甘心于庸庸碌碌、无所作为的人，近来阅世，千变万化。所以我一味在平实处用功夫，不是萎靡不振，而是因为地位太高，名声大重，如果不这样，那么处处是危途。我们兄弟位高、功高、名望也高，朝野上下都将我家视为第一家。楼高易倒，树高易折，我们兄弟时时都处于危险之中。所以应该专心讲究宽和、谦逊，也许这样可以处高位而无危险。过去祖父常常教导人说：‘晓得下塘，须要晓得上岸。’所以我们应在大功告成后，位高权重时，常常想到退引藏拙，我准备先行引退。我希望你平平和和干一两年，等我上岸以后，你再去轰轰烈烈地大干一番。”

为官不能在小事上疏忽大意。在曾国藩看来，古代官场是一座“围城”。官场外面的人只知羡慕当官者前呼后拥，号令一方的荣耀，却看不到一入仕途，人生失去很多滋味，全无自由的苦恼。尤其是做大官的人，要免于失败，可以说无时不处于高度紧张状态，进退都不自由的时候，当官的兴致也就减去许多。康熙皇帝说：“大臣们头发白了，还不让你们退休回家，我有所不忍啊！可是朕哪有退休的时候？想到这里，你们就该多体谅啊。”不难看出，曾国藩对自己弟弟的“抛砖引玉”，是他人生经验地积累和运用。做人做事，必须谦虚地接受别人的意见（所谓“砖”），引发出自己的良计（所谓“玉”）。

三、张仪抛砖引玉得楚地

谈判过程中会利用各种计谋来为自己的国家获取利益。作为秦国宰相，张仪的口才可谓无双，他对计谋的运用也是灵活多变，特别是用抛砖引玉之计，居然换来了楚国的大量土地。

秦王想拆散齐楚联盟，问作为宰相的张仪有什么计策可想。张仪便说："凡是联盟的，完全是以利害关系为组织，以利合，以利分，这是必然的。臣凭此三寸不烂之舌，亲到楚国去访问一次，必会使得楚王和齐国绝交。"

秦王便派他到楚国去。张仪知道楚国有个宠臣名叫靳尚，在楚王面前言无不听、计无不从的。他到了楚国之后，先重金贿赂靳尚，然后往见楚王。

楚怀王素慕张仪才能，很高兴地接待他。问："先生辱临敝邑，有何见教？"

张仪直截了当地说："臣此次系奉秦王之命，想与贵国缔结联盟，大家罢兵息战，和平共处！"

"和平共处，确是最好的主意。"楚王说，"过去秦国屡次侵犯我国，这又何从谈得上结盟呢？"

张仪说："根据秦楚的地缘关系，和过去的邦交友谊，和平共存是最有可能的，且有利无弊，秦王就有此打算。不过他所最不满意的就是齐王，贵国又与齐国联盟，所以不便和大王结交。如果大王相信我的话，我倒有一个办法，使秦楚恢复邦交，而且现在就是个好机会！"他说到这里，故意停了一下，楚王不禁发问："你有什么计策呢？"

张仪便说："大王只要肯马上和齐国绝交，秦国愿意奉献商於的六百里地方给大王。这样一来，齐国没有大王的支持，马上就会衰弱下来。既可以和秦国结交，暗中又得了商於的土地为大王的利益着想，正是一举三得，又何乐而不为呢？"

楚王听了大喜，厚赏张仪，满朝文武齐向楚王称贺，独陈轸和屈原反对，但楚王不听，立即派人去通知齐国，断绝联盟关系，一面使逢侯丑跟张仪入秦国。

张仪和逢侯丑一路饮酒谈心，亲如弟兄一般，入了咸阳，张仪忽然诈醉从车上跌落下来，叫左右扶往就医，嘱咐逢侯丑暂住馆驿住宿，待伤好了再去朝见秦王。一面秘密入宫奏知秦王如何应付楚使。

张仪回家躲了起来，闭门谢客，逢侯丑觐见，俱遭拒绝，想见秦王又不得。这样等了一天又一天，三个月过去了，一点消息都没有。逢侯丑等得不耐烦，乃上书秦王，说及张仪许他的话。秦王回信给他，写着："张仪如有约，寡人必当践行，但闻楚与齐尚未绝交，寡人恐受愚，非等张仪亲自奏明，不敢信也。"逢侯丑便又去见张仪，始终见不到，乃遣人回去报告楚王，楚王也明白秦王意思，就差勇士宋遗到齐国边疆上去辱骂齐王，齐王大怒，乃遣人到秦国去，想联合秦国去攻打楚国。

张仪得知齐国使者到了咸阳，认为计划已成功了。便宣称入朝，在朝门碰着逢侯丑，故作惊讶地问他："你还未回去吗？受了地没有？"

逢侯丑将经过情形告诉他说："秦王专候相国当面决定，今幸相国病好了，请早些对秦王说清楚，早定地界，我可回复楚王。"

"什么？"张仪说，"这件事无须和秦王商量的，这是我自己的事呀！我说过，愿将自己的封地六里献给楚王的。"

"呀——！"逢侯丑大声惊叫起来，"我在楚王面前奉命来接收商於六百里地方的，未闻是相国的封邑六里呢？"

张仪笑了起来，说："楚王老昏了，听错了数目，你想想，秦国的土地，皆百战得来的，岂可轻易送给人？尺土必争，况六百里？"

逢侯丑知道中了张仪的计，不再说什么，匆匆赶回楚国去报告楚王。楚王大怒，恶狠狠地骂道："张仪你这个反复小人，非捉你剥皮抽筋不可！"便下令出兵打秦国。这一仗，楚国打败了，丧失汉中地方。

张仪这一计抛砖引玉为秦国赢得了大量楚地，用得好不精彩。

四、李经理抛砖引玉学经验

俗话说，职场如战场。在战场上，诸葛亮抛砖引玉大胜曹操，得到汉中，而在职场上，李经理则抛砖引玉学习到了宝贵的经验。

众所周知，职场中的竞争是很激烈的。从表面上看来，对方也许是你的好朋友、好同事，但是实际上，你们之间却存在着毋庸置疑的竞争关系。假如对方一时小心眼儿不愿意帮助你怎么办呢？大张旗鼓地求救显然是行不通的，甚至有可能让对方看你的笑话。这时，抛砖引玉的办法往往能够使你获得意想不到的收获。和直接向对方求救比起来，抛砖引玉的办法显得更加隐晦。很多时候，对方也许根本不知道你在向他求救，却已经给出了他的建议或者是意见，或者开拓了你的思路，或者给你指明了前进的道路和方向。

在超市里，主管生鲜部的李经理和主管百货部的宋经理原本是平起平坐的，他们之间的关系也非常好。但是，随着店长职位的空缺，细心的人不难发现，他们之间的关系变得越来越紧张了。原因只有一个，那就是他们都是店长的候选人，他们由在工作上互帮互助的关系，变成了竞争关系。对于情势的改变，其实他们谁都不想由朋友变成仇人，然而，利益是实实在在的，他们谁也都不愿意放弃这个千载难逢的晋升机会。以前，李经理和宋经理不管谁在工作中遇到困难都会向对方倾诉、彼此支招。现在，他们已经很少进行这样的沟通了。近来，生鲜部的业绩有了一定程度的下滑，原因是夏天来了，生鲜的损耗变得越来越大。对此，李经理很想和宋经理聊聊，从他那儿取取经。然而，他知道现在情况不一样了，宋经理未必愿意真心实意地帮助自己的竞争对手提升业绩呢！想来想去，李经理始终想不出好办法。超市里除了他，就数宋经理资历最老，而且曾经在生鲜部担任主管，因此，宋经理是他唯一可以求救的对象。那么，如何既向宋经理求救又让他无所觉察地倾囊相授呢？李经理花费了很多心思，终于想出了一个好办法。

一天，宋经理的百货部门的员工和顾客发生了冲突，借着这个好机会，李经理赶紧给宋经理支招。尽管李经理所想到的办法宋经理也想到了，但他还是非常感谢李经理的热心。这时，李经理说："最近，和客户之间的关系真是越来越难以处理，就像我们生鲜部，那些买菜的大爷大妈们，把菜外层好好的叶子都去掉了，弄得我们的损耗越来越大，利润越来越低。你知道吗，我费尽了心思终于想出了一个好办法，那就是在包装的时候把那些被他们偷偷择去的不老不烂的叶子再包进去，这样一来，就能减少一部分损耗了！"听到这里，宋经理赶紧说道："你这可不是什么好主意。虽然你这么做的确能在短时间内减少损耗，但是最终会因此而出问题，导致超市的名誉受损，到时候，上级一定会拿你是问的。其实，减少损耗的办法很简单，一则是开源，即从供货商处着手；二则是把容易择叶子的菜提前用胶带包装好就行了。"听了宋经理的话，李经理心中暗暗窃喜。后来，他举一反三地采纳了宋经理的建议，不但从宋经理提到的两点下手，还增加了人员巡视生鲜区域。就这样，生鲜部的损耗率很快就降低了，利润也随之增长，李经理面临的难题解决了。

如果李经理直接向宋经理请教，也许会遭到宋经理的拒绝，因为每个人对于自己的竞争对手都是心存警惕的。不过，李经理很聪明，他选择了一种最不容易引起宋经理警惕的办法，那就是抛砖引玉。他先说出了自己想到的办法，使宋经理不假思索地以经验丰富的前辈的身份否定他，接着水到渠成地提出自己的想法。李经理是个有心人，他虽然从宋经理的话中听到了自己想听到的，但是又没有仅仅限于宋经理于不经意间提出的建议，而是举一反三，更好地解决了自己所面临的难题。在生活和工作中，假如我们也能像李经理一样成为一个有心人，那么就一定能够从前人那里学到宝贵的经验。

第十八计　擒贼擒王

邱欣宇（合肥工业大学文法学院）

摧其坚，夺其魁，以解其体。龙战于野，其道穷也。

这是三十六计中“擒贼擒王”的原文，意思是说：摧毁敌人的主人，捉住它的首领，以此瓦解它的整体力量，就像海龙在陆地上作战，其本领无从施展而陷入绝境一样。

一、泰王智斩缅王储

16 世纪下半叶，泰国和缅甸两国曾为互相吞并进行过多次战争。1569 年泰国被缅甸灭亡。

时隔 15 年后，已经长大成人的泰国王子在泰国的都城自立为王。他牢记亡国之恨，每日操练军马。当时，亚热带地区盛行用大象作战，于是他便每日组织操练象战，随时准备应对缅甸军队进攻。缅甸国王听到这个消息后，十分不安。他把泰王视作眼中钉、肉中刺，必欲除之而后快，但由于泰王深得民心，又重视操练军队、研究象战，因此缅王暂时未敢妄动。

备战八年后，缅王才派王储率领大军对泰王进行讨伐。泰王也已料到缅王不会坐视自己称王，对这次讨伐早有准备，于是立即召开御前会议研究具体作战方案。

“缅王与我有灭国之恨，今日又派兵前来讨伐，各位有什么退敌之计可尽管说来。”泰王先开头。

“这次缅军来势凶猛，他们准备了这么长时间，率领象军上万，必然想一举灭掉我国。我军战斗力虽强．但兵力上不占优势，以我看，只能智斗，不可硬拼。”说话的是泰王的同胞弟弟，他有理有据地分析道。

“依你看如何智斗？”泰王问。

“缅甸王储是缅甸的王位继承人，所谓国之根基。缅王派他亲自出兵，是要让他在群臣面前树立威信，以便日后接替王位。我们就来个‘擒贼擒王’设法生擒王储，把他作为人质，逼缅甸退兵。这是动摇缅甸基业的大事，他一定会乖乖就范。”

大家一听要活捉王储，都来了精神。

泰王说：“这个主意不错，怎样才能生擒王储？你有什么好办法吗？”

“我只是有这么个想法，如何生擒，还须王兄定夺，我再想想看。”

“大家看这样行不行，我们在王储必经之路上设下埋伏，王储对我国地形不熟，必然中计，我们可借机捉住他。”

大家都说这个办法好。

于是泰王命令：“我和王弟出面迎敌，其余将领率兵在密林处埋伏。等我和王弟将其引入伏击区，大家一起动手，生擒王储。”

泰王和其弟乘着坐象，在缅王必经的一片雨林中提前等候王储的到来。兄弟二人从象背上下来，派出随从前去侦察，然后席地而坐，可是等了半天，不见王储的人影。

“王兄，莫不是有人泄露秘密，王储改变了进攻路线？”泰王弟担心地说。

“王弟放心，定是那王储迷了路，绕了圈子。他一定会来的。”泰王一副胸有成竹的样子。

正说着，前面侦察人员来报：“王储带领上万象队来了。”

“走，咱们去迎接王储殿下。”说着二人跃上象背，迎着缅军而去。

王储率领象队浩浩荡荡地前来进攻泰王，果然因地形不熟，在丛林中迷了路，绕了个圈子才找到既定的进军路线。此刻，他一看泰王只带不多随从来应战，忙命令兵士上前冲杀。泰王兄弟边战边退，等王储进了泰王设下的埋伏圈时，泰王一个手势，伏兵四起，几千只大象载着手拿兵器的泰军冲了出来，缅军阵脚大乱。

眼见就要生擒王储，意外的事情发生了。原来泰王兄弟所乘的大象正值发情期，看见缅军大象四处逃散，立即追赶。两军大象你追我赶，顿时间尘土飞扬，敌我难分，两军成犬牙交错之势。过了好一阵，尘土落定，泰王一看左右，大吃一惊，原来刚才尘土遮天蔽日之时，自己已经孤身深入敌阵，周围只有少数随从跟来。只见王储率军立于树下，四周都是缅军。泰王心想，这下坏了，擒人不成，还要反被人擒。危急之下，泰王反而冷静了许多，他决定刺激王储与他决斗，纵然不能生擒王储，至少也拼个鱼死网破。

他高声向王储喊道：“王储！为何呆在树下乘凉，莫不是怕我不成？敢与我一对一决一雌雄吗？”

王储本来可以命手下蜂拥而上，杀掉或生擒泰王，但他受王者风范熏陶多年，十分顾及王者的身份。心想：“如不应战，有失王威。”

于是，王储催动坐象向泰王的坐象冲去。泰王坐象受到突然冲撞，象头一偏，象身正好横对王储。王储一看正是象战中杀敌的最好时机，举刀向泰王砍去，泰王急忙闪过，头盔被砍落在地上。此时，泰王坐象回身过来一撞，正好使王储的坐象横向对他，泰王举刀猛砍，正中王储左肩。王储立即血流如注，倒在象背上。缅军一看主帅被杀，无心恋战，急忙退兵而回。

王储被泰王斩杀，缅王自感无颜。此后的150年间，缅甸再未敢染指泰国。泰王的“擒贼擒王”之计，使其国家安享了一个多世纪的平安。

二、专诸刺王僚

泰王用擒贼擒王计，杀死缅甸王子，守护了国家的太平，也有人运用擒贼擒王计获得了一国的政权。

春秋时期的吴国公子姬光是吴王诸樊的儿子。诸樊死后，姬光本应继位，但他遵守父命，将王位让给了叔叔夷昧。等到夷昧死时，按理应轮到姬光继位，不料夷昧之子王僚竟然自立为吴王。公子姬光心中不服，暗中寻思着如何除掉王僚以夺回王位，但苦于朝中大臣多是王僚的党羽，只能等待时机。

这一天，伍子胥从楚国逃难到吴国。伍子胥进见吴王僚后，用攻打楚国的好处劝说他。这时姬光说：“那个人的父亲、哥哥都是被楚国杀死的，他才讲攻打楚国。他这是为了报自己的私仇，并不是替吴国打算。”吴王就不再议伐楚的事。

伍子胥知道姬光打算杀掉吴王僚，暗自思量：“姬光有在国内夺取王位的企图，现在还不能劝说他向国外出兵，应当先帮助姬光继承王位。”

伍子胥给姬光出了一个擒贼先擒王的计策。首先，把先让手握重兵的王僚的亲信庆忌、掩余等人从他的身边调开，再找机会刺杀王僚。王僚一死，其部下必然土崩瓦解。此外，伍子胥还向姬光推荐了勇士专诸。

因为王僚极爱吃鱼，所以姬光就把专诸派到太湖边上去学做鱼。三个月之后，专诸手艺学成。凡是尝过专诸做的鱼的人，均对其手艺赞不绝口。于是姬光便把专诸藏在自己府中，图谋刺杀王僚。

姬光得到专诸后，一直像对待宾客一样尊敬他。吴王僚九年，楚平王死了，根据伍子胥的计谋，姬光力劝吴王伐楚，而自己却假装从车上摔下伤了脚。于是王僚就派掩余为将，再派庆忌联络郑国、卫国等小国，共同攻打楚国，只将姬光留在吴国朝中。

战事一开，吴楚双方便陷入了胶着状态。

这时姬光对专诸说："这个机会不能失掉，不去争取，哪会获得！况且我是真正的继承人，应当立为国君。大臣们即使回来，也不会废掉我呀。"专诸说："王僚是可以杀掉的。当前吴军正和楚军对峙，而国内没有正直敢言的忠臣，这样王僚还能把我们怎么样呢？"姬光以头叩地说："我的身体，也就是您的身体，您身后的事都由我负责了。"专诸于是答应刺杀吴王。

姬光见时机成熟，便对王僚说："我府上新来了一名厨师，最擅长做鱼，请大王到我的府内来品尝。"王僚一听说吃鱼，便来了兴致，随口就答应下来。下朝后，王僚前呼后拥地来到了姬光府上。

姬光埋伏下身穿铠甲的武士，备办酒席宴请王僚。王僚派出卫队，从王宫一直排列到公子光的家里，门户、台阶两旁，都是王僚的亲信。夹道站立的侍卫，都举着长矛。

席间，喝酒喝到畅快的时候，姬光假装脚有毛病，退出宴席，让专诸把匕首放到烤鱼的肚子里，然后把鱼进献上去。这把匕首被称为"鱼肠剑"，是铸剑大师欧冶子亲手所铸的五大名剑之一。

专诸双手捧着做好的鲜鱼走上殿来。王僚手下的武士对他上上下下搜了个遍，也没有发现任何武器，于是便命他将鱼捧给王僚。在靠近王僚时他突然抽出藏在鱼腹中的匕首，直刺王僚胸口。这一动作专诸已暗中练习了不知多少回，真是又快又狠，王僚毫无准备，大叫一声便气绝而亡。这时，醒过神来的众侍卫慌忙举起刀剑，将专诸剁为肉泥。那边姬光见专诸已经得手，便派出手下将士追杀王僚的随从。树倒猢狲散，王僚一死，他的手下便作鸟兽散，其从属一半被杀，一半逃走。

剪除了吴王僚，姬光于是自立为国君，这就是历史上赫赫有名的吴王阖闾。阖闾封专诸的儿子为上卿，将鱼肠剑函封，永不再用。

再说带兵在外打仗的庆忌、掩余等人，听说王僚已死，自己的军队又被楚军死死缠住，便不得不扔下大军，自顾逃命去了。

阖闾不举大军，不打内战，用最小的代价获得了最大的利益，擒贼擒王，将吴王直接杀死，成了新的国王，这不能不说是擒贼擒王计的神奇之处。

三、林肯一句话辩词

擒贼擒王计首先是兵法，应用于战争，后又演变为一种处世智慧，古老的东方经验让人叹服，而人类的智慧是相通的，在世界的另一边的美国，亚伯拉罕·林肯就曾巧用过本计，擒贼擒王，以最快的方式赢得了胜利。

亚伯拉罕·林肯一直被美国民众认为是历史上最伟大的总统之一，他避免了美国的分裂，解放了黑奴，并因此影响了世界。至今，美国华盛顿市内仍耸立着林肯的坐身雕塑。而“擒贼擒王”的故事发生在林肯从政之前，那个时候，他仅仅是一个普通的乡村律师。

当时，密西西比河沿岸的巨岩岛铁路局决定架设一座横跨密西西比河的铁桥，连接伊利诺伊州的巨岩和艾奥瓦州的戴文港。然而这一决定立即遭到了所有汽艇公司的反对。那个时候，汽艇公司垄断了运输贸易，该河上下游间所有的谷物、货品都需汽艇公司承运，他们认为这种运输权利是老天爷所赐，不愿被其他交通公司所取代。

人民需要更方便的交通方式，铁桥明显比汽艇更加便捷，但是为了自己的利益，汽艇公司固执地反对政府。他们达成协议，发誓联手抵制这项计划。他们的协议很快引起了公愤，最终引起了一件很大的诉讼案：巨岩岛政府诉汽艇公司案。

当地政府决定依靠诉讼的手段，逼迫汽艇公司吐出不应得的垄断地位，乖乖地让施工队修建铁桥。可是要想打赢财大势大的汽艇公司，并不是简单的事情，汽艇公司随随便便的商业支出，很有可能就高过了还要预留资金建设大桥的巨岩岛当局的预算。汽艇公司高薪聘请了该州最有名气的律师卫德来辩护，不仅想让巨岩岛当局的计划竹篮打水，更想从此垄断当地水上交通。

很多律师听说对手是卫德律师之后，因为害怕在自己的职业生涯中留下惨败的污点，都拒绝了巨岩岛当局的聘请。无奈之下，当局找到了林肯。他们本来是不想聘请林肯的，因为他穿的衣服朴素得几乎可以称得上是破旧，头上还顶着一个破烂的礼帽，实在是不像一个好律师的样子，但是面对全州闻名的卫德律师，林肯却一直自信满满。事实证明，巨岩岛当局没有看错人，林肯在法庭上与卫德律师“对决”，丝毫不落下风。尤其是当庭审到了最后一天时，林肯的辩词几乎让人拍案叫绝，那是擒贼擒王计的天才运用。

那一天，法庭内外人潮蜂拥而至，挤得水泄不通。平民、记者挤满了观众席，想亲眼看见关系到他们自己切身利益的铁桥计划的存废。

卫德律师面对大群听众，如同古希腊的演说家一般，滔滔不绝地发表了两个多小时的演讲，演讲一结束，立刻博得热烈的掌声。

即使是赞成修铁桥的人也为他的妙语所折服。

而当代表巨岩岛方面的律师林肯起立辩论，所有的列席者都为他捏了一把冷汗，没有人认为像他这样一个衣着朴素的乡下人也能发表长达两小时的辩论。讲两个小时很简单，但是使这两个小时生动易懂干脆巧妙可不是那么容易。

果然，他没有讲两个小时，那么他讲了多久呢？一个小时？半个小时？不，他发言了不到一分钟。

“首先，我要向我的对手表示祝贺，他确实是个辩才，刚才是我听过最精彩的一场演说。但是，各位陪审员，卫德忽略了一个主要问题。毕竟，衔接密西西比河东西两岸的重要性，并不影响该河上下游航运的需要。各位应考虑的是，究竟是否该为了上下游间的航运，而牺牲了连接该河两岸的交通。”说毕，他坐了下来。

陪审团很快就裁决了此案，结果对这位衣着朴素、身材瘦长的乡下律师有利。卫德律师的发言固然精彩，但是他忽略了重点，林肯的发言确实简短，但是一针见血。就好像在战场上，卫德律师打败了林肯一半的军队；林肯一下子“擒贼擒王”端掉了卫德律师的指挥部。

谁胜谁负，不是清晰明了吗？

四、爱华为什么能够升职

在职场上，同事们之间的关系大多数看似是比较融洽的，其实却是暗流涌动、竞争激烈，这也是难免的。毕竟每个人都想得到晋升的机会，每个人都想为自己争取到更好的展示平台。常言道：“海阔凭鱼跃，天高任鸟飞。”假如我们没有任何追求，那么生存又有什么意思呢？

既然是竞争就必然有博弈，职场也是如此。很多时候．我们不怕明争，而是害怕暗斗。古人曾经说过“明枪易躲，暗箭难防”，说的就是这个道理。在职场竞争中，我们无须防范那些光明磊落的正人君子，相反，我们应该小心防范那些表面上对我们一团和气，却在背地里给我们下刀子的人。由此可见，要想在竞争中全身而退，就一定要弄明白谁是我们的对手。只有这样，我们才能有的放矢，取得完胜。

爱华是从事销售工作的。自从她担任销售主管以来，她在工作上的表现越来越出色，她所带领的团队的销售业绩在整个公司里名列前茅。和爱华一样，李运也是销售主管。不同的是，李运进入公司的时间比爱华长，业绩和爱华不相上下。

上个月，爱华和李运共同的顶头上司王经理跳槽。这样一来，公司领导就必须选拔新的人选担任销售经理。因此，同事们都议论纷纷，说爱华虽然进入公司的时间没有李运长，但是各个方面的表现都很出色，很有可能被提拔为销售经理。当然，也有很多同事力挺李运，说李运是公司的元老，怎么着也应该提拔李运。对此，爱华和李运心照不宣，为此心中都憋着劲儿一较高下。

公司当然要考核一段时间，毕竟销售部门对于公司而言很重要，直接关系到公司的利润和生存。没过多久，爱华突然发现自己手下的一个销售骨干开始对自己闹意见了，他先是越级去上司那里举报爱华在管理方面存在的漏洞，接着又联合几个同事要求调到李运那个组。

经过多方了解，爱华知道这个同事之所以有如此大的改变，是因为李运私下承诺只要他给爱华抹黑让爱华与经理的职务无缘，以后就提升他当销售主管。此时，爱华什么都没有说，因为她知道这个销售骨干只是李运的傀儡，而李运才是她真正的对手。

爱华为人很正派。她相信清者自清。因此，她丝毫没有理会李运的诋毁和诬陷，而是一如既往地做自己该做的工作。也许是因为李运最近把心思都用在偏门了吧，接下来的几个月中，爱华的业绩始终远远领先李运。她还签了一个大单，相当于公司一个季度的利润。就这样，聪明反被聪明误，原本有可能被提升为销售经理的李运，最终因为业绩下滑得厉害，与经理的职位擦肩而过。

假如爱华在受到诬陷的时候不是这么冷静理智，而是歇斯底里，那么等待她的就不知道是怎样的命运。爱华的聪明之处在于她知道自己真正的对手是谁，也知道自己在这场竞争中取胜的关键在哪里。正是因为如此，她才能保持冷静和理智，始终做着自己该做的事情。

正是因为爱华看到了事情的重点，认清了矛盾的主次，明白闹脾气的部下只是对手的一个小卒，深深清楚擒贼先擒王的道理，这才使自己保持了一颗平常心去看待出现的问题，放过小卒、一心擒王，终于成了销售经理。

第十九计　釜底抽薪

孙若溪（合肥工业大学马克思主义学院）

敌其力，而消其势，兑下乾上之象。

这是三十六计中“釜底抽薪”的原文。意思是说：不要迎着敌人的锋芒去与之硬拼，而要设法削弱对方的气势，采取以柔克刚的策略制伏他。“其力”是指敌人最有力的地方，可以理解为敌人的正面进攻；“其势”是指敌人进攻的气势，可以理解为士兵的士气，这是作战胜利与否的根本。

这一计是逐步削弱敌方势力，最终做到从根本上消灭敌人的一种计谋。“釜底抽薪”语出北齐魏收《为侯景叛移梁朝文》：“抽薪止沸，剪草除根。”古人还说：“故以汤止沸，沸乃不止，诚知其本，则去火而已矣。”本意是指从锅底抽出柴木，来止住锅中开水的沸腾。在军事上一般是指不与敌人正面交战，而是通过暗中搞破坏，或瓦解敌人士气来达到克敌的目的。

一、赫鲁晓夫骂破尼克松总统梦

1959年夏天，美国总统艾森豪威尔为了解决日益紧张的柏林危机，邀请苏联元首赫鲁晓夫前往美国进行首脑会晤。在访美期间，赫鲁晓夫处处表现出对副总统尼克松的不满情绪。就在访美即将结束时，赫鲁晓夫在苏联驻华盛顿大使馆举行告别宴会，尼克松代表美国政府和艾森豪威尔总统出席。

宴会上，尼克松在许多记者的注视下，特意走到赫鲁晓夫面前，非常热情地对赫鲁晓夫说："我相信您在美国的这次访问一定非常成功、顺利，您在美国受到了非常有礼貌和非常热情的接待和欢迎。"他认为自己这句恭维的话说得十分得体、大方，这一次赫鲁晓夫没有理由再表现出不满了，应该可以缓和彼此之间有些僵化的关系。

然而令在场所有人都没有想到的是，赫鲁晓夫听完这话后，不但没有表现出友好，反而勃然大怒，对尼克松说："如果我的访问真的顺利，那决不是因为你想要让它顺利。据我得到的报告，你非常希望这次访问失败。"

尼克松本来期待的是好声好气的国家和关系的缓和，没想到却迎来了对方的斥责，一时手足无措，脸涨得通红。在场的记者们也都目瞪口呆，很快就将这次宴会上的插曲作为头条新闻刊登在了各大报纸上。一时间，美国社会各界一片哗然。

事后，尼克松仔细品味这件事，越想越觉得不对。尼克松认为自己并没有得罪赫鲁晓夫，即使是与赫鲁晓夫正面交锋的"厨房辩论"，两人到最后都达成了美苏交流合作的共识；就算赫鲁晓夫真的因为这些事有了看法，作为泱泱大国的首脑，作为一个政治家，也理应懂得在这种场合要控制情绪。然而赫鲁晓夫似乎并没有丝毫掩饰的意思，而且越是人多、记者多的场合，他越是故意、夸张地表达自己的愤怒。尼克松怀疑赫鲁晓夫对自己的这种不善的态度背后，蕴含着极深的用意和目的。

尼克松的直觉没有错，赫鲁晓夫公然表现出对他的怒意，正是一种精明的政治策略。想想看，赫鲁晓夫访美是在 1959 年的夏天，而 1960 年冬天，美国即将进行总统换届大选。副总统尼克松与赫鲁晓夫在“厨房辩论”后，在美国的威望逐步提升，深得美国人民喜爱，当选总统大有可望。然而赫鲁晓夫并不希望看到这种局面，也不希望尼克松当选总统。于是，他设计了一步好棋。

他不仅访美期间多次对尼克松表示愤慨，还在宴会上故意斥责前来恭维的尼克松，就是为了让在场的记者们制造新闻头条，继而制造一种“赫鲁晓夫不喜欢尼克松”的舆论。这样一来，美国人民就会认为尼克松无法在与苏联的关系上取得进展，从而不再支持尼克松竞选总统。是啊，美苏冷战期间，最希望两国关系缓和的，不正是普通民众吗?

果然，在这件事上了报纸头条后，美国民众对尼克松的支持率大幅下降，许多美国人都在谈论着投票给民主党候选人肯尼迪，因为肯尼迪“与赫鲁晓夫合得来”。尼克松虽然已经清楚地看出形势对自己不利，也绞尽脑汁想补救与苏联、赫鲁晓夫的关系，但为时已晚，况且赫鲁晓夫依旧不买他的账。

1960 年 11 月，尼克松果然输掉了选举，肯尼迪成功当选总统。选举结果公布后，赫鲁晓夫自然是最高兴的人，他兴高采烈地向各国新闻记者自夸说，他曾竭尽全力让尼克松选举失败。几年后，赫鲁晓夫见到了美国新总统肯尼迪，邀功似的告诉他：“是我使你当上了总统。”

不得不说，赫鲁晓夫这一步棋走得实在是妙，不仅达到了搞垮尼克松的目的，还在美苏争霸中赢得了一个对自己更有利的对手。赫鲁晓夫的这次外交策略中，就体现了釜底抽薪的计谋。面对政治上的对手，他不是直接与他进行政治上的较量与斗争，而是通过假装表达对尼克松的愤怒和不满，拉低他在美国人民心目中的地位。这不仅是一种政治手段，更是一种人生智慧。

同样，三十六计不仅是古人为我们留下的文化遗产，还是一种掌控人生的智慧。政治首脑使用计谋，可以使国家安定、外交顺利；普通人在生活和人际交往中使用计谋，可以使自己广交朋友、事业发展。釜底抽薪这一计，正是教我们抓住事情的本质和关键，有效解决问题的高招。如果在事业或生活中使用釜底抽薪的计策，就可能改变我们人生发展的轨迹，朝更好的方向发展。

二、宰相卖绸稳市场

北宋仁宗至和年间，国家财政较为紧张，多种钱币同时流通，国家难以控制市场。这时有大臣上书道："如今市场实在太不稳定，臣以为应当罢掉陕西的铁钱，统一全国的钱币，由国家统一铸币进行流通才好啊！"

宋仁宗接到奏折后，交予大臣们议论是否要执行。大多数人认为罢除铁钱会造成市场混乱，不利于维护统治。因此这奏章就被搁置了下来，没有批准执行。

虽然统一货币的建议没有得到执行，但是罢除铁钱的消息却不胫而走。百姓们纷纷议论说朝廷就要罢掉陕西的铁钱了，家里有铁钱的要赶紧脱手，不然等到废除铁钱后，家里的财产就会损失大半。消息一散布，很快就在陕西周边传开了，大家一听说自己辛苦挣来的钱就要作废了，大为惶恐，于是纷纷到店铺中去抢购货物，希望能用即将作废的钱换来实际的物品，虽然这些东西自己可能并不需要。然而与此同时，店铺的老板们也同样听说了罢除铁钱的消息，于是纷纷在门口挂出牌子，写上“不收陕西铁钱”的字样。

百姓们走街串巷，看到所有的店铺门口都写着这样的话，这下可慌了神，手里拿着铁钱，不知该怎么办才好。有几个暴脾气的百姓竟然到店铺中强买货物，吓得许多店铺都不敢开门营业。这下子，市场秩序大乱，城内人心浮动，闹事的人也变得多了起来，一时间城中鸡飞狗跳、不得安宁。

宋仁宗听说后大为恼火，命令大臣去追查到底是谁走漏了风声，又命宰相文彦博找到迅速解决此事的方法，平定混乱的市场，安抚躁动的民心。

文彦博召集百官，商量合适的对策，但是大家你一言我一语，都说没有别的办法，只能由朝廷亲自出面辟谣，才可能平定市场动乱。可是文彦博却认为此法不妥：市场的安定与否不能只靠行政手段，而是要靠政府的实际行动。如果单单颁布一纸公文，百姓们很有可能并不完全相信，而认为政府只是在安定人心。这样的话，还是不能真正地解决问题。

于是文彦博想出了一个妙招。他对百官说道：“依我看来，由朝廷出面辟谣恐怕不妥。不如先由我独自来办理此事，如果我的能力不足以解决，再按照大家说的做，如何?”

大家听后，纷纷表示同意。于是文彦博回到家中，询问管家道：“不知家中还有多少丝绸和布帛?”管家回答他说：“还有五百多匹。”于是文彦博命管家找来当时京城中最大的绸缎商人，托他代卖这些丝绸，并且特别嘱咐他说："卖的时候不要收其他的钱，只收陕西铁钱。"

绸缎商人回去后，就按照他说的，售卖这些丝绸。城中百姓们这么多天都没有买到东西，正在焦躁的时候，突然有店铺只收铁钱，于是竞相上门购买。其他店铺的店主都前来询问，想知道为什么要倒行逆施去收铁钱。当他们得知是宰相文彦博的吩咐之后，都放下心来——既然连丞相都收铁钱，看来这铁钱是不会被罢掉了。于是各个店铺也都开始收起了铁钱。

这样一来，老百姓们也都放心了，不再有人为了脱手铁钱而去抢购货物，市场也因此被文彦博平定了下来。

文彦博正是运用了"釜底抽薪"的计谋，才得以平定这次市场动乱。如果他听从了百官的意见，只是以朝廷的名义发布辟谣的文书，很多百姓也许只会将信将疑，甚至认为这是朝廷安抚人民的手段而已。如果真的这样做，也许只能在短时间内安定市场，无法达到长期的效果；时间一长，反而会增加百姓的恐慌和抵触情绪，"扬汤止沸"而已。

要想从根本上解决问题，还是要像文彦博这样"釜底抽薪"，抓住解决市场问题的关键之处。文彦博通过卖丝绸的方式以及自己宰相的地位，直观地将"铁钱不会被废除"的事实呈现在百姓面前。这样一来，不仅稳定了人心，还维护了市场秩序，使得关门的店铺重新开张，恢复了市场的正常经营。文彦博化解这场危机的方式，实在是妙。

三、林肯辩论字字珠玑

美国前总统林肯曾经是一名律师，他只帮助正义的一方打官司。有一次，一位富农丢了一匹马，就诬陷一位贫民，说是他偷了自己的马，并将这位可怜的贫农告上了法庭。富农请了以能言善辩而著名的律师罗根，贫农却因为没钱而请不起律师，眼看着就要吃哑巴亏。林肯听说后，主动提出愿意为他免费辩护。

当时人们都很关注这件事，开庭的那一天，听众席上坐满了前来旁听的百姓。法官示意原告律师罗根先发言，罗根得意洋洋地站起来，先是长篇大论地发表了自己对于马的见解，以显示自己广博的知识；接着又开始滔滔不绝地控告贫农所犯下的偷马罪行，以显示自己雄辩的口才。这一番发言一直持续了一个多小时，直说得罗根口干舌燥，才用骄傲的眼神打量林肯，意犹未尽地停止了他的高谈阔论。

接下来，法官示意林肯开始为贫农辩护。林肯点点头，却并没有急着为自己的当事人进行无罪辩护。之前，当罗根洋洋洒洒发表见解的时候，林肯并没有全神贯注地倾听，而是一边听，一边环顾整个法庭。他发现，由于开庭这天天气突然变得炎热，许多人都是穿着衬衣出庭，急性子的罗根在匆忙之中竟将自己的衬衣穿反了，可他自己却显然并不知情。

于是，林肯发言道："女士们先生们，被告律师罗根先生用了一个多小时的时间，先是谈论自己关于马的见解，还建议我们去兽医书籍里学习关于马的知识；再是控诉我的当事人有罪，非要赔偿那匹马不成。但是，我们怎么能够轻易地相信他的话呢？大家看啊，他连自己的衬衫都不能穿得正当，所说的话又怎么会正确呢！"

话音还未落，大家的目光就全都集中在罗根穿反的衬衣上，立刻爆发出了哄堂大笑，就连法官都发出了笑声。罗根自然是满面通红、尴尬不已，恨不得找个地缝钻进去。

这场官司的结果可想而知，在全场的不信任下，罗根以及他的富农当事人输得一败涂地。林肯仅仅是利用罗根反穿衬衫这一视觉信息，就成功地引导人们不要相信罗根所说的一切，仅仅用了一句话，就压倒了罗根一个多小时滔滔不绝的长篇大论。

诚然，要想让对方无话可说，最好的办法并不是去一一驳斥他的论据，而是抓住问题的关键，驳斥他的论点。俗话说“话在精而不在多”，只要能证明对方的论证从头到尾就是一个伪命题，那么还有什么辩论是不能赢得的呢？说话本就是一门艺术，只要略施计谋，就能字字珠玑、以一当十，轻松解决问题。

四、职场中完胜对手

辩论中，我们需要釜底抽薪、字字珠玑，而在职场中，同样也需要一定的计谋和智慧，作为我们事业发展的垫脚石。或许仅仅运用一个小小的计谋，就会让我们在职场中所向披靡、迅速升迁，成功地战胜对手。

小黄是生产部门的员工，他的上司不久前刚找他谈过话，透露出明年让他升职的想法，希望他能努力工作，为新的岗位积蓄力量。可是与此同时，小黄也得知与他同单位同级别，却早几年进厂的小陈也即将升职。小黄面对小陈这个同事感到有些胆怯，因为对方工作经验多，在同事中也颇有威信，只因为学历不高，大学毕业的小黄才有机会和他平起平坐。

本来公司的原计划是让他们两个同时升职。可没想到的是，公司年底的财务状况并不乐观，而根据分析，明年的经济大环境也充满危机，因此公司临时决定将升职的人数减少一半。这样一来，小黄和小陈之中，就必将有一个人不能顺利升职。

小黄感觉那个人很有可能是自己，倒不是对自己没有信心，而是因为自己近几年的升迁速度很快，就连原本是自己上司的小陈现在都与自己同级。而小陈也经常对此表现出一些情绪，公司也处处对他安抚照顾。小黄想，自己和小陈的业绩不相上下，能力也基本相当，只是自己更为灵活，小陈则经验更丰富。虽然两人表面上还都算是和气，但平日里在工作中常常暗自较劲。这次，他推断领导会照顾小陈的不满情绪，让他先升职。

想到这里，小黄感到一阵烦躁。他最看不惯企业里职工按照资历排辈，可是这事实就摆在他面前，他也无计可施。这个时候，小黄几乎已经放弃了升职的希望，准备等待下次机会了。

可是就在这时，他的一位同事，也是小陈的下属，来找小黄闲聊。闲聊中，这位同事提到想调到品质部门工作，可品质部经理没有松口。小黄知道，这位同事与小陈有矛盾，一直想换个部门。而关键问题是，这位同事是小陈的直接下属，如果小陈升职，这位同志就要接替小陈现在的位置。

听到这里，小黄突然想起自己的一位领导当初对自己的训话："你不上进，没能力接替我的工作，我怎么能升职？"对啊！如果没有下属能接替小陈的位置，那小陈怎么可能升职呢？小黄灵机一动，便对同事说："你放心，我和品质部经理私交不错，我来帮你搞定这件事！"

就这样，品质部经理听了小黄对这位同事的表扬后，决定接收他来品质部工作。没多久，这位同事就顺利调离了原来的岗位，到品质部工作了。

这一年的升职结果，果然如小黄所愿：自己顺利地升职、加薪，而对手小陈因为无人接替工作，不得不继续在原岗位任职。

小黄面对职场上的对手，不是正面迎战，而是通过帮助对手的下属调离原岗位的方式，切断了对手升职的机会，使自己成功地升职加薪，从关键上解决了问题。这难道不是“釜底抽薪”的成功运用吗？这下，他不但表面上帮助了同事，得到了这位同事的感激，还在暗地里为自己铺平了升职的道路，破坏了对手升职的必要条件。这同时也告诉我们，想要在职场中升职加薪，打败对手，运用一定的计谋是必不可少的。

美苏争霸中，赫鲁晓夫想要除掉不喜欢的对手，不是直接进行政治斗争，而是用外交策略使尼克松竞选失败；面对市场动荡，宰相文彦博不是直接发出公文辟谣，而是亲自“卖绸”来稳定市场秩序；小黄在职场升职的竞争中，不是消极对待，而是在帮助同事的同时，拔除了对手升职的条件。这些都能够说明，不论是在战场还是职场、外交场上的人，都需要学习和运用一些智谋，让自己不会像无头苍蝇一样到处乱窜，或直接面对强大的敌人而不知所措。釜底抽薪之计，能让我们在纷杂的社会生活中，能够做到见机行事、应变自如。

第二十计 浑水摸鱼

贾露雅（合肥工业大学马克思主义学院）

乘其阴乱，利其弱而无主。随，以向晦入宴息。

这是三十六计中“浑水摸鱼”的原文，意思是说：趁混乱时机攫取不正当的利益。此计原用于军事，指有意给对方制造混乱，或乘敌方混乱之机，消灭敌人，夺取胜利。后来逐渐被移植到社会生活的其他领域，以至被兵家和军事指挥员们用来作为表述军事谋略的军事术语。

一、李隆基父子趁乱起事夺帝位

武则天死后，唐朝的政局一直动荡不安。虽然唐中宗继位为帝，天下似乎又重归李氏家族所有，但中宗是个懦弱的人，根本没有重整乾坤、再造山河的能力；而他的妻子，皇后韦氏却是一个颇不寻常的女人，不仅生活淫乱，与武三思私通，而且野心更大，想效法武则天，当一回女皇帝；他的女儿安乐公主更是恃宠而骄，竟异想天开地想当什么皇太女，其夫武廷秀以武则天的继承人自居，也想要重新篡夺李唐政权；亦有一些媚态十足的大臣，如宰相宗楚客与韦氏私情勾搭，更是不遗余力地大造舆论，鼓吹要“以韦代唐”。一时间，一场夺取李氏皇权的阴谋徐徐展开，暗流涌动。

对于朝廷上下这乌烟瘴气的局面，天下臣民群情激奋。有人上书禀奏，指出韦皇后等人要谋反逆乱，这样做虽然使得唐中宗有所触动，但更引起韦皇后等人的极大恐惧。她决定一不做，二不休，干脆除掉唐中宗，以实现自己做女皇帝的美梦。于是，她亲手制作了一张有毒的胡饼，让女儿安乐公主送给中宗。就这样，母女二人合谋，将中宗毒死了。

中宗一死，韦氏便临朝称制，迈出了登向女皇宝座的第一步。韦氏一党，遍布朝廷，他们为了立威，严刑峻法，甚至对守卫皇宫的禁军也滥施严刑。这一切的倒行逆施，早已使韦氏一党处于臣民怒火的火山口上。

这就给早已暗中积聚力量、静待事变的李隆基提供了一个极好的时机：唐中宗已死，他举兵夺权不会被视为犯上作乱；韦氏临朝称制，遭到普遍反对，这使李隆基拥有众多的支持者；而与韦氏一党矛盾尖锐的宫门禁卫军更成为他起事的一支中坚力量。韦氏之乱成就了李隆基，使他的夺权行动得以顺利完成。

有趣的是，李隆基趁韦氏之乱而夺得政权，而他的权，又被别人如法炮制，趁乱夺走。这个“别人”正是他的儿子——太子李亨。这个“乱”，便是著名的“安史之乱”。

安史之乱发生在756年，叛军长驱直入，兵锋直指长安，玄宗被杨国忠说服，率后宫和侍卫向蜀地逃跑。行至马嵬坡，发生了兵变，杨国忠被杀，杨贵妃也被缢死。此时，不仅天下大乱，李隆基身边也发生了一场大变乱。李隆基决意西行蜀地，而他的儿子——太子李亨却以“父老挽留”为由，与他分道扬镳，留在了关中。史学家们认为，太子不愿再随父西行，是故意制造出来的假象。因为，长期以来，太子与父皇之间有着深刻的矛盾，李隆基并不赞赏李亨的个人才能，认为他不是个理想的皇位继承者，自己也绝没有让位的打算。李亨看惯了宫中的风云莫测，亲身经历激烈的夺储斗争，装出毫不在意的样子，一直没有崭露锋芒，在28岁时被立为皇太子。李亨一下子被推到了政治的前台，威胁主要来自李林甫及后来的杨国忠，李亨始终在周旋保全自己的实力。实际上，李亨应付事变的能力，超乎了李隆基的想象。策划马嵬坡兵变，诛杀杨贵妃，组织抵抗安史之乱的就是这位太子李亨。如果太子跟随父皇去到蜀郡，今后自己太子帝位能否保住，是难以预料的。所以，马嵬坡事变之后，正是跟父皇分道扬镳的好时机，也正是争取权力的好时机。此时不走，更待何时？果然，在此分手后的两个月，李亨取代了李隆基，登上了皇位。

由此可以看出，“浑水摸鱼”并不仅仅只是一个计策，更是一种人生大智慧。从古至今，尤其对现代社会来说，需要的不仅仅是一味向前冲的勇士，更需要有计谋、有远见、能创造价值的人才。无论是在生活中，还是在事业中，都要善于运用“浑水摸鱼”之计，仔细观察周围情况，在混乱的现状中找到有利于自己的一面，并加以运用，来维护自身的利益。

在混乱的局势下，李亨没有被蒙蔽双眼，而是保持清醒的头脑，用缜密的思想和过人的智慧为自己谋取最大化的利益。在光怪陆离的现代社会，我们更需要掌握这种人生大智慧，并且正确运用，使其助自己一臂之力。

二、蒋介石巧计脱身占上风

1927年夏季，中国大地上存在三足鼎立的三个政府：奉系军阀的北京政府；蒋记国民党南京政府；汪记国民党武汉政府。它们个个都自称为合法政府，各自为政，称霸一方，互相争雄。这时，中国的新旧军阀恣意横行，官僚政客四处钻营，而帝国主义则到处插手，推波助澜。南京、武汉两个国民党反动政府都放弃了北伐奉系军阀张作霖，忙于争夺国民党“正统”的较量。

汪精卫反共之后，曾向蒋介石的南京政府吁请和平，希望以反共为条件同宁方合流，保住领袖地位。但是，蒋介石攻击汪精卫为勾结共产党的祸首，拒不与他进行合作。这时，蒋介石的目的是要把汪精卫置于被告席上，排斥于国民党中央之外，由他自己继承国民党的正统。

宁汉合流，但却不能合作。无论是蒋介石，还是汪精卫，都不得不利用各自所掌握的力量，较量一番了。双方先是文电往返，吵来骂去，喋喋不休，给对方罗织一大堆罪名。汉方称他们反对南京的斗争是“党权运动”，而宁方则自称反对武汉是为了“维护国民党”。他们争吵的焦点，是两个都叛变了孙中山的新三民主义的国民党中央，到底由谁来统一，由谁占有国民党中央名号，即谁是正统。

矛盾发展不久就白热化，结果双方不仅“文攻”，“武斗”也开始了。汪精卫集团以唐生智为总司令东征讨蒋，向江西省增兵。蒋介石急调李宗仁在安徽布防，长江中下游厉兵秣马，严阵以待。风雨欲来事，大战一触即发，形势十分混乱。

这时，在北方的冯玉祥急了，他担心北伐就此终结，急忙出面调停，同时给宁汉双方发电，力入“内讧妨害对外”，主张在开封举行“停止征调，共商和平”的会议。

在电报中，冯玉祥要求各方领袖在会议上解决争端，对于双方公认应当负疚之人，要自动下野。蒋介石和汪精卫在“文攻”中列举出对方大量的危害党国，反对革命的罪名，其中许多真是事实。这样，蒋、汪都成了“应当负疚之人”，而要“自动下野”了。此会如果在开封召开，冯玉祥成了东道主，蒋、汪既然应同时下野，冯玉祥自然就成了国民党的中心人物。宁汉双方岂能接受这样的建议！

中国的局势引起了帝国主义的关注，他们从各自的利益出发提出各种不同的主张。日本帝国主义希望蒋介石集团联合阎锡山、张作霖，进攻汪精卫和冯玉祥；英美帝国主义希望宁汉联合，进攻张作霖。

但是，蒋介石坚决反对宁汉联合，他认为汪精卫是他争夺国民党最高统治权的强敌。7 月 29 日，蒋介石派何成浚为代表到北京，与奉系军阀代表杨宇霆谈判，谋求与张作霖休战，以便集中兵力对付武汉。

在谈判中杨宇霆提出休战可以，但是条件是奉、蒋、阎联合攻打汪精卫，还应包括冯玉祥。因为张作霖不可能傻等着蒋介石消灭了汪精卫之后，再联合冯玉祥来攻打他。蒋介石对奉张的条件犹豫不决。因为蒋如果联奉，对日本帝国主义有利，却违背了英、美帝国主义的意愿，从而危害了江浙财团的利益。然而，让他与武汉合作，他又绝不情愿把权力分一半给汪精卫集团。

同时，蒋介石也害怕冯玉祥倒向武汉方面来打他，因此，他除了每月给冯玉祥的部队二百万元厚饷外，还派孔祥熙在冯玉祥处当联络代表，以密切蒋、冯关系。蒋又邀请冯的亲信张之江、鹿钟麟来南京当军事委员会委员。冯玉祥从宁方得到高官厚禄，又见蒋介石没与奉张结成联盟来对付他，对蒋介石就产生了好感，自然也就愿意替他出力了。于是，冯玉祥派孙连仲屯兵武胜关，以扼制汉方唐生智、张发奎的军队。冯玉祥还明确电告汪精卫和唐生智，如武汉继续东进讨蒋，他将向武汉进军。

这样，在奉系、汪记和蒋记争执中，蒋介石暂时占据了上风。

权利之争从来都是硝烟弥漫，你死我活。蒋介石虽然狡诈过人，但是，也有陷入困境的时候，然而，为了达到“浑水摸鱼”的效果，他结合以退为进的战术，选择脱身之术，见势不妙，宣布下野以脱窘境。为了个人安危荣辱，为了事业成败，他巧妙运用为人处世的智慧，在当时中国军阀割据的混乱局面中，为自己谋得一席之地，实在是妙极了。

三、蔺相如完璧归赵

战国时候，赵王得到了一块名贵的宝玉——“和氏璧”。这件事情让秦王知道了，他就派使者对赵王说，自己愿意用十五座城池来换“和氏璧”。赵王看了信，心想敌强我弱，担心有诈，就和大臣们商量，但大家都想不出什么好办法来。蔺相如知道后，便对赵王说：“大王，让我带着‘和氏璧’去见秦王吧。到那里我见机行事。如果秦王不肯用十五座城池来交换，我一定把‘和氏璧’完整地带回来。”赵王知道蔺相如是个既勇敢又机智的人，就同意他去了。

蔺相如到了秦国，秦王在王宫里接见了他。蔺相如双手把“和氏璧”献给秦王，秦王接过来左看右看，非常喜爱。蔺相如一个人站在旁边，等了很久，也不见秦王提起割让十五座城的事情，他便知道秦王根本没有用十五座城池换取宝玉的诚意。可是宝玉已经到了秦王手里，怎么才能拿回来呢？他想来想去，想出了一个计策。只见蔺相如走上前去，对秦王说：“这块‘和氏璧’虽然看着挺好，可是有一点小瑕疵，让我指给大王看。”秦王一听“和氏璧”有瑕疵，赶紧叫人把宝玉从后宫拿来交给蔺相如，让他指出来。蔺相如拿着“和氏璧”往后退了几步，身体靠在柱子上，气冲冲地对秦王说：“当初大王差人送信给赵王，说情愿拿十五座城来换赵国的‘和氏璧’。赵国大臣都说，千万别相信秦国骗人的话，我可不这么想，我说老百姓还讲信义呐，何况秦国的大王哩！赵王听了我的劝告，这才派我把‘和氏璧’送来。没想到方才大王把宝玉接了过去，随便交给下面的人传看，却不提起换十五座城的事情来。这样看来，大王确实没有用城换璧的诚心。现在宝玉在我的手里，如果大王硬要逼迫我，我情愿把自己的脑袋和这块宝玉一块儿撞碎在这根柱子上！”说着，蔺相如举起“和氏璧”，面对柱子，就要摔过去。秦王本来想叫武士去抢，可是又怕蔺相如真的把宝玉撞碎，连忙向蔺相如赔不是，并叫人把地图拿来，假惺惺地指着地图说：“从这儿到那儿，一共十五座城，都划给赵国。”蔺相如心想，秦王常常会耍鬼把戏，可别再上他的当！他就跟秦王说：“这块‘和氏璧’是天下有名的宝贝。赵王送它到秦国来的时候，斋戒了五天，还在朝廷上举行了隆重的赠送宝玉的仪式。现在大王要接受这块宝玉，也应该斋戒五天，在朝廷上举行接受宝玉的仪式，我这才能把宝玉献上。”秦王本不想这样做，但见蔺相如态度坚决，只得无奈地说：“好！就这么办吧！”说完，他就派人送蔺相如到住处去休息。

蔺相如拿着那块宝玉到了公馆里，叫一个手下人打扮成一个买卖人的样儿，把那块宝玉包着，藏在身上，偷偷地从小道跑回到赵国去了。后来秦王发觉这件事，后悔已经来不及了。如果此时发兵攻打赵国，赵国在军事上做了准备，恐怕打不赢。最后，秦王见蔺相如机智勇敢，是位难得的人才，也没有为难他，便放他回到赵国去了。

“完璧归赵”这个故事完成的关键就在于蔺相如过人的口才和雄辩的能力，他巧舌如簧，能言善辩，用“和氏璧”有瑕疵的借口搅乱局面，让秦昭王哑口无言反应不过来，所以只好乖乖照做。等到秦昭王明白过来之时，蔺相如早已脱身，用“浑水摸鱼”一计成功保全“和氏璧”。

四、有一种成熟叫“浑水摸鱼”

“浑水摸鱼”是一种人生大智慧。在现代社会中，我们如果能够巧妙运用这一计谋，而不是滥竽充数，就能在职场中游刃有余。此时，“浑水摸鱼”便成为一种成熟智慧的表现。

在职场中，“财务”这一职位似乎被不少人咬牙切齿地吐槽过。我们故事的主角财务，简称 L，是一个中年妇女，极尽泼皮泼妇之能事，说话尖酸刻薄，阴阳怪气，还经常指桑骂槐。L 是典型的好斗派，但凡 L 看不顺眼的人，她都是当着全公司的面，直接开骂当事人。这还不算解气，更霸气的是，人家还能装作无事人一样，直接对着被她批斗的当事人有说有笑、明目张胆地指指点点，还自带呼朋引伴的属性。没一会工夫，就能聚集一堆人围观。

公司上上下下都明白，千万不要得罪财务 L，甚至有人笑说就算得罪上司都无所谓，但是 L 的话，那就麻烦了。因为 L 可是斤斤计较，谁得罪她那就等着没完没了地被穿小鞋吧。L 仗着自己工龄长又很会拍上司马屁一直是在公司横着走；公司内部某些知情人盛传 L 能搞定上司的秘诀可不仅仅是拍马屁，更多的是同流合污为上司打掩护，说得有鼻子有眼煞有其事的样子。不过其真伪难辨，毕竟跟 L 结仇的公司里大有人在，谁知道哪些人是眼红，哪些人是挟怨报复，哪些人又是趁机落井下石。到底何原因，都不重要，反正折射出一点——那就是L在公司不得人心没有人缘，树敌太多。当然了，人家胜在强势，向来都只是别人对她忍气吞声，敢怒不敢言，所以L一直过得挺滋润，威风凛凛，好不惬意。没办法，谁叫财务掌管着经济命脉，钱在手里自然说话做事都有底气。

平常公司无论是谁想要找L报销，赶上L心情好，还能比较顺利，不然那就是一字诀——拖。你如果要敢多说一句，人家直接就开始人身攻击了："说你就差那点钱啊，平常身上一点钱都不带啊！你咋那么抠门啊，就怕公司占你便宜是吧。"然后就上升到你没有集体荣誉感，你不为公司着想，一副自私自利的小人形象就树立起来了。接着时不时地在你的顶头上司面前煽风点火，说此人如何的不可取，要提防着。事情发展到最后，该有的福利或者升职也能被搅黄。

L当面一套背后一套的本事早已经练得炉火纯青。能够在刚跟A吐槽完某人后，然后再跟前一秒被她吐槽过的某人笑容可掬地称兄道弟继续扯别的八卦，真正能做到无缝切换、无缝对接。

其实有时候你还真不能不服，这就是人家的本事。

人家L能够拿捏不同上司的脾性，知道如何说中他们心坎然后为自己所用。你可以说她溜须拍马，也可以说她阿谀奉承，但是却不能无视人家做出来的成绩。那就是各路牛鬼蛇神都服了她，就算心里有不舒服嘴上也不敢说。该求人办事的时候，还是会放下身段，因为人家知道，怄气归怄气，还是不能拿自己的饭碗开玩笑。

但是L也不是没有眼力见的人，知道什么样的人她可以信口开河，知道什么职位的人绝对要毕恭毕敬，因为她自己惹不起，更担不起那样的后果。这样就造就了如此的局面：高层的人，很多都知道她的行事作风却睁只眼闭只眼，因为只要无损他们利益，谁愿意去管那些破事；只要不影响公司运营，没损失公司利益，个人之间的内斗他们是不会管的；而平级的人，知道她不好相处也不会故意去触霉头；至于那些低一级的人，聪明的就知道绕道走，不然就只能憋屈地当个炮灰了。这本就是公司内部的潜规则，要么你比他人牛，要么就比他人能忍，人家L就是典型的看菜下碟。

三十六计，“浑水摸鱼”一策总是给人以“趁火打劫”的负面印象，殊不知“水至清则无鱼”，在明争暗斗的职场，你若当真如“出淤泥而不染”般天真无邪，恐怕一辈子都只能在公司底层做一名默默无闻的小辈，无病呻吟着‘浑水不济，怀才不遇。’我们虽不提倡L欺软怕硬的行事作风，但她成熟智慧的做法帮她在公司里谋得一席之地，这是我们所需要谨慎思考并认真学习的。

中华文化源远流长，博大精深。《三十六计》的编撰更是给中国古代军事思想和斗争经验总结添上了浓墨重彩的一笔，可是凡事都要辩证地看待，如太极的阴阳两面，一正一邪。对于“浑水摸鱼”一策，运用得好，便是诸葛亮智取南郡，蒋介石妙计脱身的勇谋；运用得不好，就会变成奸邪小人趁机攫取不正当利益的阴谋。

在当前，我们应该坚持文明道德的根本底线，正确把握“浑水摸鱼”一策所蕴含的人生智慧，在为人处世、口才辩论、职场事业上合理运用，让其成为推动我们人生发展进步的助跑力；同时我们还要提高明辨是非的能力，时时刻刻保持一颗清醒的头脑，准确掌握自己所处的形势，不要让恶人有机可乘，防止自己成为别人“浑水摸鱼”的牺牲品。

第二十一计　金蝉脱壳

王素素（合肥工业大学马克思主义学院）

存其形，完其势，友不疑，敌不动。巽而止蛊。

这是三十六计中金蝉脱壳计的原文，意思是说：为保留阵地原有的外形，保持原有的气势，使友军不怀疑，敌人不敢轻举妄动。我方却秘密转移主力，打击别处的敌人。

一、李嘉诚巧卖股票

“金蝉脱壳”是摆脱敌人，转移或撤退，完成特殊任务的一种分身之法。运用此计，关键在于“脱”务使内容虽变而形式尚存，已走而似未动，才能稳住敌人，抽身他去。香港富商李嘉诚在与怡和洋行较量的商战之中，就成功地运用了此一计策。李嘉诚是香港20世纪70年代崛起的地产商，他几乎把整个香港的每一块土地、房屋都思量过了，几乎把每个上市公司的股市行情都分析透了，加上李嘉诚特有的“挖墙脚”绝技，他能获得许多公司的绝密情报。功夫不负有心人，他终于获得一项绝密情报：英国在香港最大的洋行英资怡和洋行，虽然是九龙仓有限股份公司的大东家，但实际上占的股份还不到 20%，简直少得不成比例，这说明怡和在九龙仓的基础薄弱。尖沙咀早已成为繁华商业区，其旁边的九龙仓实际地价已寸土寸金，而股票价格却多年未动，股票面值低得不成样子，这些都是争夺九龙仓的有利条件。如果大量购入九龙仓股票，即使脱票，也可与怡和公开竞购。持股的百姓，在相同的出价下，当然更愿意卖给中国人。因此，早日购足 50%的股票，取代怡和成为大东家，这样就有权运用九龙仓的土地发展房地产，堪称一本万利。

李嘉诚得到这一信息，当即决定分散吸进九龙仓股票。从 1977 年起，他悄悄地分散户名，吸进 18%的股份。

由于李嘉诚大量吸进股票，使每股由 10 港元飞速上涨到了 30 余元，引起怡和洋行的警觉。李嘉诚的偷袭战必将转化为阵地战。两军对垒，李嘉诚的实力大大弱于怡和洋行，硬拼实难取胜。在此时，李嘉诚若继续入股，怡和洋行必然会高价回收九龙仓股票，它财大气粗，李必将惨败无疑。

李嘉诚不愧为一流商贾，他决定以退为进，化险为夷。他的金蝉脱壳之计是寻找一个代替自己向怡和作战的人，将全部股票高价卖给他。

1978 年 9 月的一天，在中环文华阁的高级包间里有两位身穿中式服装的本地客，使用普通话进行了一次短暂而又神秘的会晤。时间虽然只有 20 分钟，却决定了价值 20 亿美元的九龙仓脱离英资怡和洋行的关键性交易。

这两个人，一个是地产商李嘉诚，另一个是船王包玉刚，2000 万股票全部转卖给包玉刚，包玉刚将帮李嘉诚汇丰银行中成购英资和记黄浦股 9000 万股，两人皆大欢喜。

李嘉诚知难而退，退中获利，既卖得了人情又富了自己，岂不英明？包玉刚则借李嘉诚的情报、信息和卓越的判断实现久日的夙愿，仅此一妙计，出千金巨资都买不到，何况李嘉诚已为他打好了赢得价值20亿美元的九龙仓的基础。包玉刚自知有实力，胜怡和心中有数，此计正用得上，不费吹灰之力一举获得18%九龙仓股票，开盘就是与怡和相等的实力，怎能不高兴。

另外，李嘉诚成功地为幕后的包玉刚打了个掩护，李嘉诚被怡和发现之后却停手不干了，使怡和误认为已化险为夷，做到挫而不折、失而不败。头脑机敏、处变不惊的企业家常常能够运用此计从困境走向辉煌。

李嘉诚为什么能成为商业大亨？李嘉诚为什么能够腰缠万贯？李嘉诚为什么能被冠上许多称号？因为李嘉诚懂得商业智慧。有人和李嘉诚做着同样的生意，为什么到最后却结果各异，这其中可能就缺少了智慧的较量。智慧就体现在我们所做的事情上，处理问题的方法上。在李嘉诚的商场生涯中还有许许多多这样的案例，在这里我们只是看到了冰山一角。

假设李嘉诚没有用这个金蝉脱壳计，那么结果会是怎样，李嘉诚在被怡和发现之后，变得束手无策，不仅股票没能占到一定的份额，还被怡和处处防范和打击。包玉刚也不会收获一份这么大的利益。不能说一个小小的金蝉脱壳之计就能使李嘉诚成为一个当之无愧的人生赢家，但是因为这样一个计谋，确实使李嘉诚在九龙仓这件事情上获得了利益。

我们不要总去羡慕感叹别人的成功，成功背后肯定会有其他故事。李嘉诚有着贫苦的童年，艰辛的创业历程。正是年轻时的一步步打拼，一步步摸索，一次次跌倒，一次次地爬起，才能使李嘉诚积累了这么多的经验，积累了这么多的智慧。

我们渴望富有，但是富有需要付出努力，更加离不开智慧。我们要向李嘉诚学习，过一个充满智慧的人生，尽早实现自己的梦想！

二、徐茂公巧回唐高宗

徐茂公是唐代初年的大将，参加过瓦岗军，失败后投奔唐朝，任右武侯大将军，封曹国公，赐姓李。唐高宗李治即位后，徐茂公任司空，为人机巧，行事谨慎，处世机警。

高宗李治想立太子，然而王皇后多年无所出，王皇后是在高宗还是太子时便嫁给了他，后来高宗即位，她便成了皇后，但当时的她并不得宠，当时高宗宠爱萧淑妃，孩子生了一个又一个，王皇后唯恐后位不保，又发现高宗对武氏有好感，便把武氏留在身边做宫女，更是创造机会让她跟高宗相处，慢慢地高宗便冷落了萧淑妃，但是武氏野心很大，她凭借自己的资质慢慢强大起来。后来武氏为了能够当上皇后，便诬陷王皇后杀了自己的女儿。

高宗勃然大怒，想废掉王后。但是皇后母仪天下，又是结发之妻，高宗自己还真做不了主，高宗请求长孙无忌废掉王皇后，但都没有被同意。高宗唤褚遂良、长孙无忌进殿，尚书右仆射褚遂良提议说："王皇后是世家之女，是先帝为陛下娶的，先帝临终前拉住陛下的手对大臣们说：'我的好儿子、好儿媳，现在托付给你们了。'陛下听过这些话，至今如在耳畔，没有听说王皇后有什么过错，怎么能轻易将她废除了呢？陛下如果一定要变更皇后，恳请好好选择天下的望族，何必要选武氏呢？武氏曾经跟随过先帝，这是众所周知的，天下众人的耳目，怎么能遮挡地住呢？"褚遂良言毕叩头谢罪，"为臣忤逆陛下，罪当死"并解下官帽，放下手中官笏，请求高宗把他放归田里。由于戳到高宗的痛处，高宗大怒，命卫士把这个老头子拉出去，武则天在殿后大叫："何不扑杀这个乡巴佬?"长孙无忌此时喊到遂良受先帝顾命有罪不可加刑。高宗从此对长孙无忌不再信任。

韩瑗、来济也上书李治，力主不选武则天，但高宗听不进去。

后来，高宗问徐茂公的看法。徐茂公生性乖巧，心想这个关键时刻超越自己本分发表意见，可能招来杀身之祸。废立皇后成功与否，都与性命有关：同意废除王皇后，要是不成功，就将得罪王皇后，不同意废除王皇后，如果武则天被选中，无疑是自投罗网。徐茂公左思右想，含糊其词地对高宗来说："这是陛下的家事，有什么必要问外人呢?"

高宗听了这话，便下定决心，将褚遂良降职为潭州都督，马上废除王皇后和萧淑妃，下令将武则天立为皇后。

长孙无忌是高宗的舅舅，高宗的顺利接班都承载着长孙无忌的智慧、心血和谋略。长孙无忌对大唐可谓忠心耿耿，矢志不渝。然而到了显庆四年，也就是高宗当上皇帝的第十个年头，长孙无忌却因"谋反"罪被削职流放，三个月后被逼自缢身亡，一代名臣落得如此下场。关于长孙无忌的死，普遍认为是长孙无忌在唐高宗废后的问题上得罪了武则天，武则天怀恨在心，便设计陷害他，继而伺机逼其自尽。

同样的问题不同的回答，这就使得两个人拥有了不同的结局。徐茂公名世绩，字茂公，因唐高宗李渊赐姓李，故名李世绩。后因避讳李世民，遂改为单名绩，所以徐茂公也叫李绩。

徐茂公是聪明的，他没有直接回答高宗的问题，没有明确地说明是要废除王皇后，改立武则天为后，还是要保留王皇后，而是回答"皇帝的家事，不应该问别人应该自己决定"。这一句话正是高宗想要听到的，高宗已经对武则天爱得不可自拔，而大部分重臣却不同意，这令高宗很是烦恼，此刻徐茂公的这个回答，恰恰坚定了自己要立武则天为后的决心。

可以看出来徐茂公非常懂得处世方法，在没有定局的事情面前，他选择两不伤害，其实这也是在保护自己。他不知道最后谁会成为皇后，但他知道如果他偏袒任何一方都会受到另一方的威胁与打击。于是他想了一个金蝉脱壳的办法，表面上是在尊重皇上，皇上的家事不应让大臣们来干涉，实则是自己在衡量局势的利害关系。

武则天当上皇后之后，任用大臣许敬宗，排斥打击不同意拥立她为皇后的大臣，长孙无忌、褚遂良、韩媛等一批人，或者被贬斥，或者被诛杀。徐茂公却因为应付巧妙，避免了祸及自身，并且受到重用，负责审理长孙无忌等人的案子。

长孙无忌与徐茂公的鲜明对比告诉我们，在我们为人处世时一定要学会审时度势，权衡利弊，用心思考。长孙无忌虽然受到唐三代君王的代代礼遇，宠眷甚隆，但最后却因为在废除王皇后这一问题上，命丧黄泉，实在叫人扼腕。徐茂公是凌烟阁二十四功臣之一，为唐朝立下汗马功劳。都是唐朝的大功臣，只差在为人处世的智慧上面，一个名垂千古的功臣不仅需要精通军事谋略和治国良方，更需要懂得如何与君王处理关系。

三、爱迪生的“高价”专利

徐茂公救了自己的命，而爱迪生通过一场技巧谈判，使自己名利双收。

谈判是让别人支持我们从他们那里获得我们想要的东西！

谈判不仅需要能言善辩的口才，还需要沉着冷静的头脑。

并不是多说就是好口才，以理服人才是好口才，有时像沉默也是一种谈判的绝招，让客户词穷后再出击。不急于采取逼攻手段，顺其变，让敌人自残自杀，时机一到而我即坐收其利，一举成功。

爱迪生为什么会赢，离不开商务谈判中的金蝉脱壳之运用。

爱迪生发明了电报以后，西方联合公司表示愿意买下爱迪生的这个新发明，爱迪生对这个新发明究竟应该要多少价疑惑不决。他的妻子建议开价两万元，“这么高”，爱迪生听了不觉目瞪口呆。他觉得妻子把这个新发明的价值看得太高了，不过到了谈判的时候他还是打算照妻子的建议要价。谈判是在西方联合公司的办公室进行的。

“爱迪生先生，你好。”西方联合公司的代表热情地向爱迪生打招呼，接着就直率地问爱迪生：“对你的发明，你打算要多少钱呢?”

爱迪生欲言又止，因为 2 万元这个价格实在高得离谱，很难说出口，但究竟开个什么价比较好呢，他陷入了思考，办公室没有一点声响，对方在等待，爱迪生虽然有点着急，但还是沉默着。

随着时间的推移，沉默变得十分难熬，西方联合公司的代表急躁起来，然而爱迪生仍然没有开口，场面十分尴尬，西方联合公司的代表失去了耐心，终于按捺不住试探性地问“我们愿意出 10 万元买下你的发明，你看怎么样?”爱迪生对自己的新发明定价 2 万元都认为太高，却卖得了 10 万元。

爱迪生对自己的新发明售价毫无把握，就连妻子的建议价“2 万元”都认为高得离谱，开不了口。然而，正是他的沉默，换得买方的第一次报价 10 万元，整整是妻子建议价的 5 倍，简直不可思议。但爱迪生真正赢了，其原因就是他运用了沟通中的沉默技巧，给对方一种压力，让买方先行报价；同时也为自己留出回旋的余地，争取到谈判的主动权。

爱迪生的这场谈判为他赢来一笔硕大的财富，爱迪生的沉默也许是无意为之，但是，这却给对方造成了一个“我要高口要价”的假象。原本要价两万元都觉得甚多，这一假象却让对方愿意主动开价十万元。

爱迪生的谈判正是让西方联合公司支持了自己的想法。爱迪生感觉自己的两万元的要价有些高，这时的他是无比犹豫的，他怕自己开口后会被联合公司一口否决。于是，静下来看对方的反应，对方显然很是着急。这时爱迪生就做出为难之状，联合公司害怕爱迪生会要出什么天价，所以试探地问十万够不够。爱迪生是又惊又喜，惊是因为没想到公司会出这么高的价钱，喜是他们没能看破自己的想法，自己能够获得一笔丰厚的回报。

爱迪生是聪明的，他的聪明不仅显现在实验室里，也显现在谈判桌上，只有“武”，而没有“谋”，这样是万万不可的，既要有“武”又要有“谋”，这样才能获得更多的财富。假如爱迪生只会低头搞实验，而不会为自己的发明而谈判，那他只能默默守着自己的发明，既不能使发明流入市场，也不能为自己的生活增添财富。

四、辞职也是一种前进

爱迪生不只是智商惊人，情商更是了得。商场无父子，我们可能永远都不会知道是谁在工作中给自己下了绊脚石，耿子行遇到了，看他是如何机智解决的。耿子行在 Philip 出现以前，一直认为自己是有转危为安的把握的，尤其是在前一天晚上听到欧文和他喝酒时说：“这件事情我已经都调查清楚了，我的工作到这一刻为止已经全部结束了。”他的心里更是非常踏实，因为他已经听过许瑞的汇报，知道欧文的大致判断方向，恰好那也正是他所希望和向往的方向。

只是仅仅过了一夜，他就完全失去了那样的把握，这时候他才明白了欧文话中的意思，原来他早在那一刻就已经陷入了泥潭中，只是后知后觉罢了。

欧文将现场交给了 Philip 后就提着行李带着一抹事不关己的微笑从容离去。

Philip 在耿子行面前坐下，翻开手中的笔记本，微笑着对耿子行说：“子行，香港方面已经把古北店比萨专柜的事情交给我们防损部来处理了。”

“哦，那为什么呢？”耿子行也微笑着问道，一边拿起电脑边的青瓷杯慢慢喝了一口茶。

“因为欧文在调查中发现了一些违规事情，比如专柜的卫生许可证是在专柜开始营业后一个月才交到采购部的，合同和供应商号直到现在都没有下来，一直以来都是专柜自己在收银。这种情况必须由防损部介入调查。”

耿子行将水杯放回桌上，虽极力平衡，但仍可以感觉到手臂地微微颤动，幸好很细微，不至于引发别人对他的某些判断。

“居然有这样的事，我立刻叫许瑞进来，让他给你一个解释。”

“按照我们防损部的规定，我等一下会单独找采购部所有相关人员问话。在这之前想先问你一下，你是否了解下面采购部门的这些行为？”

“Philip，我先来解释一下我们公司对于合同证照的审核流程，按照现在这个流程，采购部会把需要我确认的合同文本拿过来给我签字，然后采购将有我签字的合同附上财务部要求的证照寄到深圳财务总部审核，审核通过后采购通知供应商进场开始营业。你说的这个问题是由采购总监和财务总监来监控的，当然采购部也是我的管辖部门，如果出现纰漏，我也要承担相应的管理责任。”耿子行很真诚地解释着．神情中显示着他的焦急和痛心。

“我明白了，那我去和许瑞谈一下，如果遇到其他问题，我可能还会来麻烦您。”

耿子行连忙表示不会造成麻烦，配合防损部门的调查也可以让他及早发现并堵住管理中的漏洞。

Philip 离开后很久，耿子行发现自己每次拿杯子时手依然会抖，他懊恼地放下杯子，在心里说了一句：“比这种情况更糟糕的事情都发生过，我一定能解决的。”

他猜想许瑞应该已经结束了和 Philip 的谈话，他拿起分机想把他叫过来问一下情况，但刚拨了两个数字忽然他又放下电话。

这种犹豫不决的状况他只持续了几秒钟，耿子行从来都是一个思维敏捷的人，他能用很短的时间在几十条通道中迅速判断出哪一条是最近的路，这样成功的判断并不是一朝一夕形成的，是用无数次身先士卒的体验以及无数个成功和失败的经历做支撑的，他会选择某个成功的案例做导向，让他收获下一次的成功。

于是他再次拿起桌上的电话，这一次他拨的是总裁雷蒙的直线，很快雷蒙接了电话。

耿子行说：“雷蒙，刚刚 Philip 来找过我了，那个比萨专柜出了点问题。”

“我已经知道了，刚刚我就在和集团营运总监通电话，你是怎么搞的，弄出这么大的事情来？”

“是我疏忽了，许瑞刚刚过来，原本我是很放心地交给他去管理，不想过多干涉，没想到他居然会在古北店里做了这么大的手脚。”

耿子行话语里显示着自己的恐慌和懊恼。

“你说是许瑞在玩花样？”雷蒙慢慢地问。

“这个专柜是许瑞来之后引进的，我判断没有合同就进来销售的事情许瑞也是一清二楚的，否则采购没有这么大的胆子在古北店重新开店时玩这样的花样。”

雷蒙没有即刻回答，耿子行用力将话筒贴近耳朵，试图猜测沉默后的雷蒙会有怎样的答案。他一直认为但凡坐到高层职位的人，无论是雷蒙还是其他人，应该都有着和他相同的思维定式，他们的生活理念是一致的，那就是只走直线，不走弯路，而所有线路上的风景，无论有无生命，都只是一种陪衬，自己是这条路上孤独的主角。

雷蒙开始为他验证他的猜测，雷蒙说：“这个案子已经惊动了香港，不死个高层很难交代过去，你跟 Philip 沟通一下，然后让许瑞辞职吧。还有亚洲区总裁对古北店改造后涣散，上下一片混乱，我认为你在这时候将彼得调走是很不理智的，我决定从明天开始让彼得重新回古北店当店长，我需要那里有一个稳定的人事班子。”

“我明白了，这两件事我都会办好的。”耿子行挂上电话，重重地舒了一口气。

雷蒙的做法正好让耿子行有机会躲开 Philip 的调查，作为许瑞的上司，许瑞的工作出了问题，耿子行有不可摆脱的责任。事到如此，只能让许瑞引咎辞职，为解决此事故画上了句号。

第二十二计 关门捉贼

叶曾航（合肥工业大学宣城校区商学系）

小敌困之。剥，不利有攸往。

这是三十六计中“关门捉贼”的原文，是指对弱小的敌军要采取四面包围、聚而歼之的谋略。其实，关门捉贼与借刀杀人或上屋抽梯一样都属于中国那类其含义直截了当、从字面就可以理解，没有诗意，也无相关典故的计谋。构成该计的两个行为，被按照次序极为简洁地描述了出来：首先关上门，然后再抓住入侵者。

关门捉贼适合于为具有优势、处于强势的人所采用，其属机灵计。要么利用敌人的弱小和孤立，要么利用它自动闯入我方领地的情况，要么发挥自己的优势，切断敌人所有的后路并置之于死地。倘若缺少其中任何一个条件，对敌人进行封锁就有可能对自己不利。

一、陈玉成巧围湘军

天京事变之后，太平天国元气大伤，一时处于低潮，清军趁此千载难逢的时机发动反攻。1858 年，曾国藩湘军主力李续宾在攻占九江之后，又乘胜攻下太湖、桐城、舒城等地，其前锋直抵三河镇，三河镇是通往当时安徽省会庐州的咽喉所在，一旦失守，庐州将难以保全。因此，太平天国若想在安徽立足，就要死保三河镇。

太平天国青年将领陈玉成接到三河镇告急的文书，便率本部人马星夜赶往三河。在紧张的行军途中，他酝酿出一个“关门捉贼”的作战计划。

陈玉成率军首先包抄清军的后路，同时又命令庐州守将吴如孝会合捻军南下，切断李续宾与舒城清军的联系。此时李秀成奉洪秀全之命率兵前来做后援。太平军这番部署调动，形成了对湘军的包围态势，使李续宾成为瓮中之鳖。然而李续宾仍未意识到这个夺命的包围网已经渐渐把他的未来围了起来。关于他为什么没有意识到的原因，可能是立功心切，也可能是凭借湘军的实力完全没把太平军放在眼里。

湘军来到三河镇后接连攻占了太平军凭河而筑的九座砖垒，气焰十分嚣张。陈玉成深知湘军的实力不可硬拼，预测某日有个大雾天气，准备围歼李续宾。11 月 14 日，陈玉成、李秀成开始夹攻李续宾的大营，双方展开激战。次日李续宾组织反击，一度冲破陈玉成的营垒。果不其然，当天大雾漫起，咫尺难辨，李续宾如同陷入迷魂阵之中，不多时便被太平军全歼。陈、李合兵一处，全力攻打湘军阵门，三河守将吴定规也率军从城内杀出，把湘军团团包围。整个战线绵延二三十里，硝烟弥漫，杀声震天。湘军连失七座大营，溃不成军，终于败北。

在这场战斗中，太平军歼灭湘军 6000 余人，击毙包括曾国藩之弟曾国华在内的文武官员 400 余人。李续宾走投无路，自缢而亡。曾国藩接到噩耗后，大受震惊，沮丧地说：“三河之败，歼我湘人近六千，大局顿坏，而吾邑士气亦为不扬。”相反，三河大捷使走下坡路的太平军重振军威。接着，陈玉成、李秀成乘胜追击残敌，再克舒城、桐城、太湖，解除安庆之围，扭转了太平军在皖北的被动局面。

通过这个例子，我们可以看出所谓的关门策略其实也没有想象中那么劳财伤民，哪怕是比自身强大许多的敌人，也要敢于去围困，同时在战术上，也要尽量去夺取有利条件。

例子中陈玉成挑选可能出现大雾天气的时候去包围湘军，他自然是考虑到湘军的实力很有可能破开自己的包围圈，但要是碰上大雾这样的不利条件，在陌生战场的湘军将会陷入被动挨打的局面。陈玉成巧借天气形成了对湘军的包围，真正关起门来打湘军。

我们在人生历程中也会碰到类似于湘军的大敌，这类敌人往往难以应对，甚至以自身的力量实在难以解决。怎么办呢？如何修建置敌人于死地的包围圈呢？我想首先我们需要考虑如何搭建不利于对手的情况，如例子中的大雾天气之于湘军，我们可以建立武力之外的包围网，比如信息包围网、人际包围网。只要起到抑制对手作用的，就是一次成功的“关门”。所以我们一定不能被对手看似无懈可击的实力吓坏了，最重要的是要保持冷静的思考，我们不能坐等对手自己落入我们布置的陷阱中，这需要我们自己去引诱对手上钩，这更需要我们的勇敢。对手的节奏快了，我们需要拖慢节奏，等待反击需要的时机；对手节奏过慢，又需要我们起到刺激的作用，让对手忙于奔命，消耗体力还辛辛苦苦地跑到我们的包围圈中。

二、关门捉人才

美国福特公司的董事长亨利·福特便是这样一个不惜一切代价招揽

人才的人。有一次，福特公司一台新安装的大型发电机突然出了故障，请很多专家与技工进行检查都找不出毛病究竟在哪里。这时，有人向福特推荐一位刚从德国移民到美国的工程师，据说他在这方面是首屈一指的专家。福特赶紧派人请来那位德国工程师。工程师到了之后，让人关掉电源，让电机不带负荷，然后用手轻轻拨动发电机的转轮，让它空行运转。他在电机旁侧耳倾听了片刻，然后再叫人将电源接上，让电机快速运转，继续认真倾听。这样反复试听多次后，德国工程师拿起一截粉笔，在电机旁的一小块地方画了两道杠，然后对福特说："问题就出在这里，不过不要紧，只是多了 16 道线圈而已。你只要让工人将这多余的线圈拆除，电机就可以正常运转使用了。"

福特立即让工人按照德国工程师的吩咐去做，果然，多余的线圈拆除以后，电机很快便正常运行了。福特对这位工程师的技术佩服得五体投地，当即产生了让他为公司服务的想法。于是他主动提出给这个工程师非常高的薪酬，聘请他做技术主管。然而，德国工程师却婉拒了福特的美意，理由是在他刚到美国的时候，生活十分困难，是他现在所在的公司帮助了他。虽然这个公司并不大，也没有福特所开的薪酬高，但是本着做人的原则，他不能背信弃义离开这家公司。

德国工程师的话令福特陷入了沉思，他不仅折服于对方高超的技术，更被他的忠义所打动，于是想让他到自己公司就职的念头就更加强烈了。他决定要不惜一切代价将这个人才挖过来为自己效劳。于是福特做出了一个令所有人大吃一惊的举动，他派人去和德国工程师所在的那家小公司谈判，花巨资将其全部收购。这样，那位德国工程师便理所当然地成了他的员工。这一切不禁令这位工程师大为感动，发誓要一生为福特公司效力，同时更让福特惜才爱才的美名蜚声海内外，各处贤才纷纷投奔福特公司。福特公司从中挑选了一大批有用的人才充实到公司的各个部门。从此，福特公司实力大增，兴旺发达长达一百多年。

福特这样重金收购德国工程师所在的小公司，其实便是“关门捉贼”一策的演绎运用。当德国工程师所在的公司成为福特的囊中之物时，德国工程师本人自然也就无处遁逃了。当然这一计策与其叫作“关门捉贼”，不如叫作“关门纳贤”更为恰当，同时也不得不十分钦佩福特的远见卓识与求贤若渴之心。

凡是能给对方以退路或者可乘之机的，都可以被称之为“门”，而“关门捉贼”最关键的便是要把守好“门”，不让对方乘机溜掉。因此将对手包围起来，断其后路是此计得以奏效的关键。当然，被关的不一定非得是“贼”，也可以是你极难得到的人才与贤士。此处正如上文所说，任何一个企业的兴旺发达都离不开人才的支持，因此，爱才惜才，不惜一切招揽人才便成为许多企业发展壮大的法宝之一。

疑人莫用，用人莫疑。福特先生看到了工程师的真实才能，所以竭尽全力留他为自己公司效力。马云曾经说过，善于运用有才华之人才，是作为领导的首要能力，这也是刘邦和刘备能一统天下的原因。现实中不乏此种滥用人才现象，有些地方和部门“求贤若渴”，四处招贤，八方网罗，以种种优越条件吸引人才，但网罗的人才对当地和部门的贡献却几乎为零，究其原因，并非人才名不符实，而是没把人才当“才”用，只把人才当花瓶般的摆设。

这种时候就必须得明白，只有像福特一样真正爱才和懂得用人之价值才是真正的用才之道。另外，关门捉贼除了在知遇才干和留才用才方面有所效用，在与人周旋、计较谋略等方面也是有一等一的地位。

三、诡辩家的学费

在谈判方面最引人瞩目的莫过于诡辩学派了，比如古希腊著名的诡辩学派的哲学家普罗塔哥拉曾经收了一位叫爱瓦特尔的学生。在爱瓦特尔拜普罗塔哥拉为师之前，就向普罗塔哥拉提出：“一旦我学成后当上律师，第一次出庭只要我胜诉，我一定付您一大笔学费。”

普罗塔哥拉同意了他的请求，于是两人签了合同。

一年之后，爱瓦特尔学成毕业。他有心想赖掉这笔钱，所以迟迟不去替人打官司，只等普罗塔哥拉自己找上门来。

普罗塔哥拉见这位学生毕业这么久都不送来学费，很是生气，于是就向法庭起诉。

在法庭上，普罗塔哥拉对这位学生说：“现在，如果你在我们的案件中胜诉，按照合同，你应该向我交付学费；如果你败诉，那你就应该按照法院的判决付给我学费。总之，不管谁胜诉，你都应该付给我学费。”

“如果我胜诉了，那么根据法庭的判决，我当然不用付学费；如果我败诉了，那么根据合同，也不应该付学费，因为合同上写明我第一次出庭胜诉才付学费呀！所以，无论我是胜诉还是败诉，我都不用付学费。”爱瓦特尔回击说。

这个例子中，普罗塔哥拉先用“关门捉贼”之计，起诉爱瓦特尔，认为无论他胜诉还是败诉，爱瓦特尔都应该付学费，而爱瓦特尔也用“关门捉贼”之计，将老师紧紧地围困在失败的境地，使普罗塔哥拉气得说不出话来。这两者都企图把对方关在逻辑的门内。

幸亏这时，法官出面了。

法官认为学生理应付给老师学费，所以他很想帮普罗塔哥拉的忙。于是，他做出来这样的安排：首先，法官撤销了普罗塔哥拉的第一次起诉，但是准许他提出第二次起诉，然后，法官再宣判普罗塔哥拉胜诉。

这样，爱瓦特尔赢得了第一次诉讼，而输了第二次诉讼，无论是根据合同还是法庭判决，爱瓦特尔都得付给老师学费。

在现代社会，用经济实力把别人包围的机会确实很少了，不过把别人困在逻辑上的困境却能适用于大大小小的事件。

像这个案例，把胜诉和败诉这两种情况都考虑在内，无论哪种情况都能保证自己的利益，这样的处理方式需要自己对情况有极好的把握，如果爱瓦特尔不能忍耐，在老师找上门之前就帮人打官司，那么这个局无疑会被瓦解。

而寻找破局的方式也很巧妙，故事中法官采用了权宜之计，虽然没法在第一次的法庭上决出胜负，但是把真的胜负留到第二次，使得爱瓦特尔布置的包围之计顿时失效。于此我们也能得到启示：不要急着去破解别人的包围，毕竟包围者和被包围者都在比拼耐力，谁最先露出破绽，谁将会被击溃，包围圈也将全线瓦解，前功尽弃。

在看了谈判上的例子后，我们再来看看职场上的一个鲜活的例子。

四、关门剔除职场败类

管理学上有一个很有名的定律，叫作“酒与污水的定律”。将一勺酒倒入一桶污水，最后得到的是一桶污水，将一勺污水倒入一桶酒中，最所得到的还是一桶污水。正如人们所常说的“一粒老鼠屎，脏了一锅汤”。无论是这一勺污水还是一粒老鼠屎，都是人们所痛恨的。因为垃圾无处不在，职场中，这样的“污水人物”也随处可见。他们到处搬弄是非，传播流言，破坏组织内部的和谐。更令人头疼的是，假如不及时处理，它会迅速传染，甚至污染其他人。正如一个正直能干的人，进入一个混乱的部门可能会被吞没，而一个无德无才、用心险恶的人，则很快就能把一个高效和谐的部门变成一盘散沙。因此，及时发现并清理这类人物，是管理者们刻不容缓需要做的事情。

沈俊目前就面临着找出这一枚“老鼠屎”的重大任务。他是一家外企 HR 总监。公司高层让他负责企业一个内部高级职位的选拔招聘，候选人已经定好了，分别是四个部门的经理，我们暂且称他们为：A、B、C、D。经过几轮选拔，A 脱颖而出，假如没有意外，他便会被宣布马上任。然而，就在这紧要关头，公司的高层领导无一例外地收到了一封邮件，是全方位对 A 进行的“轰炸”，从工作能力到个人问题，言之凿凿。虽然后来经过考证，这些都是子虚乌有的诽谤，但是沈俊却敏锐地意识到，公司的内部存在一颗“老鼠屎”。假如不能将这个居心叵测的小人挖出来，那么对企业将产生不可估计的破坏性后果。于是，他决定将宣布 A 就职的事情先放一放，先找出这一粒令人大倒胃口的“老鼠屎”。

很显然，这“老鼠屎”就隐藏在 B、C、D 三人中，范围确定了，沈俊便决定采用“关门捉贼”的计策，让对方“自投罗网”。于是他先假装宣布 A 由于考核没通过，被剔除出候选人的范围，剩下的三人将进行最后的角逐。接着，他开始分别找三人谈话。对 B，他是这么说的：“在三人中，数你的工作能力与实力最强，因此我向上级推荐了你。但是上级中有人却更加看好 C，说他经验比较丰富，在同事间的口碑也比你好，不过不要着急，还要进行新一轮的考核，希望你能顺利胜出。”

然后，沈俊再找 C 谈话，内容是一样的，不过只是将与 B 谈话中的 C 换成了 D，而找 D 谈话时，将 B 作为他假想的竞争对手。局布好了，接下来沈俊要做的便是张开口袋，静候对方自投罗网了。

果然，在新一轮考核结果还未公布之前，公司的高层领导邮箱中又出现了同一封邮件，这一次举报的也是同一人，都是 D。至此，结果已经很明显了，因为这些举报信都出自同一人之手，那就是 C。

很快，C 被公司开除了。A 众望所归，成为这一职位当之无愧的不二人选，而沈俊也长长地舒了一口气，脸上露出了舒心的微笑。

沈俊用“关门捉贼”一计将三个嫌疑人关进“门”内，圈定了范围，然后巧设圈套。让“老鼠屎”自动地露出狐狸尾巴，从而轻而易举地肃清了小人，还给了职场一个公平纯洁的工作环境，真是巧妙之极。

关门捉贼这一包围压制对手的策略总是容易使人想起围棋，围棋内把棋子四方围住，就算是把这个棋子给断气了。此计也是这个道理，在当代可能不需要你像三国故事那样切断对方的生路，但我们还是可以获得借鉴。比如我们在面对一些比我们竞争力弱的企业或个人的时候，应当留心接下来他们的动作，考虑有没有必要打压下去，能不能比他们做得更好。同时我们可以约束对方的发展空间，不管在逻辑层面还是现实层面，设计出令对方进退两难的局面，又或者将他人完全纳入自己的掌控范围，纵使他人千变万化，也都尽在自己的掌握中。

这些都是我们值得借鉴的方法，但是关门捉贼的智慧却还有很多东西要在实施的过程中多注意。一是要有耐心，二是要出奇招，不仅要巧妙地包围让敌人措手不及，更要掌控火候避免鱼死网破的局面。这小小的计策里面还藏着大学问哩！

第二十三计　远交近攻

杨婕屿（合肥工业大学马克思主义学院）

形禁势格，利从近取，害以远隔。上火下泽。

这是三十六计中“远交近攻”的原文，意思是说：地理位置受到限制，形势发展受到阻碍，攻取较远的地方就有害，攻取较近的地方就有利。火焰是向上的，河水永远是向低洼处流淌的，万事发展变化皆是如此。

一、雀巢公司巧妙脱困

都说商场如战场，在商界“没有永恒的朋友，只有不变的利益”，古时的军事家善于用计，当下精明的企业家们更是“远交近攻”的老手。身为现今全球规模最大的跨国食品公司——雀巢公司，至今已兴盛发展了120多年，它所生产的食品，尤其是速溶咖啡，时下人见人爱，风靡全球，是其拳头产品之一。然而在20世纪70年代，就是这样一个饮誉世界的雀巢帝国，却险些信誉扫地，一命呜呼。这究竟是怎么一回事呢？雀巢集团又是如何摆脱这场浩大危机的呢？

20 世纪 70 年代末 80 年代初，世界上出现了一种舆论，说雀巢食品的竞销，导致了发展中国家母乳抚育率下降，从而导致了婴儿死亡率上升。由于当时雀巢的决策者拒绝考虑舆论，继续我行我素，加上竞争对手的煽风点火，到了 80 年代，竟形成了一场世界性的抵制雀巢奶粉、巧克力及其他食品的运动。雀巢产品在欧美市场上几乎无立足之地，这给雀巢公司带来了严重的危机。在残酷的事实面前，雀巢公司的决策者不得不重金礼聘世界著名的公共关系专家帕根来商量对策，帮助雀巢公司渡过这一难关。

帕根受此重托后，立即着手调查，分析原因。结果，他发现造成这场抵制雀巢食品运动的根源就是雀巢公司以大企业、老品牌自居，拒绝接受公众的意见。另外，由于雀巢公司的推销活动，对公众是保密的，这使得雀巢公司与公众之间的信息交流不通。所有的这一切，都犯了公共关系的大忌，也就难怪被误解，谣传遍起。

帕根根据调查分析的结果，制定出了一个详细周密的公共关系计划，呈报给雀巢公司。帕根的这一计划，把行动的重点放在了抵制最强烈的美国，虚心听取社会各界对雀巢公司的批判意见，开展大规模的游说活动，组织有权威的听证委员会，审查雀巢公司的销售行为等，这使舆论逐渐改变了态度。在近攻取得初步胜利的基础上，帕根建议接任雀巢公司总经理之职的毛奇，开辟发展中国家的市场，并把它作为雀巢产品的最佳市场。在开拓市场的过程中，雀巢公司吸取了以往的教训，不是把第三世界的发展中国家单纯看作雀巢产品的市场，而是着手建立互利的伙伴关系。

雀巢公司每年用 60 亿瑞士法郎从发展中国家购买原料，每年拨出 8000 万瑞士法郎来帮助这些发展中国家提高农产品的质量。同时，还聘请 100 多名专家，在第三世界国家举办各种职业培训班。比如，在印度的旁遮普邦，雀巢公司进入莫加区建立了一个奶品工厂。由于那里家庭所饲养的产奶水牛，不仅营养不良，而且很多都染有疾病，大多数农民自己所需的牛奶，根本没有任何剩余牛奶可供出售。于是，雀巢公司设立了一个免费的兽医服务处，以批发价格向农民供应药品，并提供低息贷款支持开掘新水井，以增加用水的供应。这样一来，使更多草料长起来了，牛犊的存活率也从 40％提高到 75％。在这一计划开始时，那里只有 4460 户牛奶直接供应者，在计划实施后，牛奶供应者已超过了 3.5 万户，每年向雀巢公司售奶可达 11.7 万吨，牲畜疾病已基本绝迹。这个奶品工厂发展所创造的繁荣，也带来电力、电讯、农机、交通事业的发展，使昔日的贫瘠之地，今已欣欣向荣。

如此一系列的活动，使雀巢公司在发展中国家里树立起了良好的形象，因而销路大增。到 1984 年，雀巢公司的年营业额高达 311 亿瑞士法郎，雄居世界食品公司之首。

都说远交近攻一计的做法常常有些违背道义。实则是对这一计谋的曲解，就雀巢公司一例而言，远交近攻实际上是一种互利之策，既促进了发展中国家的发展，也使得雀巢公司转危为安。俗语常说：“多一敌不如多一友。”现代商战终有别于古代战争，不要以为它是冷兵器时代的谋略，就形而上地理解此计，恰当地使用远交近攻的计谋，双赢的局面无疑是我们最乐于看见的。

在人生中，我们往往会遇到这样的情况：有好几股势力一同席卷而来，你当如何应对？这时，远交近攻之策就是你必须要学习和领会的了。分化瓦解，让你的敌对势力互相憎恶起来，即使他们互相之间不会掐架至少也不会联合起来对付你。从易者始，当下应试教育当道，在考试前老师都会告诉我们，先做简单的题目再做难题，这样一方面可以加快速度，另一方面可以鼓舞自己。区别对待，具体问题具体分析，这也是马克思主义哲学的重要理论，与人交往时，不可千人一面，这样往往讨不了好，而应根据不同的人，不同的性格，选择不同的交往策略，便可达到事半功倍的效果。

二、居鲁士大帝以弱胜强

中国人最好数典念祖，当然，提起中国的始皇帝秦始皇，自然是无人不知，无人不晓。可是，如果提到西亚的居鲁士，恐怕就没有多少中国人知道了。他所处的年代，比秦始皇早了300多年，他的文治武功应该也不比秦始皇差。三十六计虽是咱们老祖宗的智慧，东方文化的精粹，可是说到远交近攻这一计，居鲁士大帝可是丝毫不逊于袁绍、范雎等人。

居鲁士（约公元前600年到公元前529年），是古波斯帝国的国王，号称居鲁士大帝。他是阿切美尼德王朝的建立者，于公元前558年即位，公元前550年合并米提亚，建立了波斯帝国。此后，便不断向西亚扩张。十几年间，他斗智斗勇，先后灭掉了小亚细亚的吕底亚王国、幼发拉底河流域的巴比伦王国，由伊朗高原西南角的一个小邦之君，一跃成为西起爱琴海和地中海沿岸东抵今锡尔河的波斯大帝国的开国之君。

居鲁士由小变大，以弱胜强的秘诀就是巧妙地运用远交近攻之计，利用矛盾，各个击破，将一个个强大的帝国逐一击垮。

居鲁士的第一次远交近攻发生在公元前553年。这一年，米提亚王国和巴比伦王国发生了矛盾。作为上邦之国的巴比伦很生气，派特使来到了米提亚，当面警告米提亚的国君："阿斯提亚哥斯，赶快俯首称臣吧，否则我们就用上邦之兵来惩罚你，用武力消灭你的国家并收复你的领地……”

米提亚的国君害怕巴比伦的军事进攻，立刻召集部队，囤积粮草，修建防御之事，准备同巴比伦作战。

繁重的劳役，使得米提亚下属的各个部落苦不堪言，人们都积聚了对国君的不满和仇恨。居鲁士正确地分析了形势，认为以现在的军力，巴比伦根本不可能发动一场大规模的战争，特使送来的信，只不过是恐吓而已。居鲁士发现有机可乘，便暗中串联伊朗的十几个部落结成联盟，以反抗米提亚的奴役和压迫为名，突然起兵，从背后攻打米提亚。

由于米提亚修建的工事都是为了防御巴比伦的，对来自后方的攻击毫无防备，所以得到了人民支持的居鲁士乘虚而入，轻而易举地攻克了米提亚的重镇。公元前 549 年，米提亚王朝被彻底推翻，国王阿斯提亚哥斯战败被擒，居鲁士建立了波斯阿契尼德王朝。

居鲁士成功地征服了米提亚之后，并没有停下征讨的脚步。他知道自己的力量还很弱小，随时都有被巴比伦王国吞并的可能。于是，居鲁士稍作休整后，立即率军开始了西征。这一次，他再次采用了远交近攻的计谋，对原来臣服于米提亚的亚述、亚美尼亚、小亚东部等一些小国进行安抚，而对西亚中最富庶的强国吕底亚开始了征讨。

居鲁士的计谋再一次获得了成功。

原来吕底亚仗着国力强大而经常欺负周边的邻国，当居鲁士发兵进攻的时候，周围的小国都坐以观望，谁也不前去救援。吕底亚灭亡后，那些附属的小国立刻倒戈归顺了居鲁士，几乎兵不血刃，将希腊的各城邦顺利收复。

下一个对手，该轮到巴比伦了。

公元前 529 年，居鲁士出兵巴比伦，要求巴比伦国王那坡尼德投降。那坡尼德根本瞧不起居鲁士，以为靠城内外特殊的灌水系统，便可以不费一兵一卒地把居鲁士淹死在洪流中。

然而聪明的居鲁士早已了解巴比伦城的这一特殊装置，他利用巴比伦王国政治集团内部的矛盾，给见利忘义的富商显贵们送去金银财宝，并悄悄承诺：居鲁士大军进城后，绝不损害他们的利益。于是这些小人不仅将引水机关的秘诀拱手交出，还保证在内部起兵接应，拿下巴比伦。

果然，当居鲁士大军攻城时，几乎没费一枪一弹，就攻占了固若金汤的巴比伦城，灭掉了巴比伦王国。

在这个故事中，居鲁士的远交近攻谋略，使得他如鱼得水，顺利地灭掉了周围的十几个国家，建造了名扬世界的波斯帝国。

利用利害关系，瓦解敌人，从中取利，这便是远交近攻在军事方面的妙用吧。

三、“虎牌鬃”走俏国际市场

旧中国的进出口贸易全被官僚资本、买办资本垄断，作为大宗出口贸易的猪鬃更是备受严密控制。古耕虞先生以民族资本创建的古青公司在官商买办的扼制下，苦苦挣扎，惨淡经营，因资金薄弱，缺乏公平竞争在赖以生存发展的出口贸易中的得不到一席之地。

“近攻”久久不能得手，又不愿仰承鼻息，古先生便想到了“远交”。想在世界猪鬃主要营销者的美国商人中寻找朋友，结成贸易伙伴。他远渡重洋考察美国市场，几经周折后，终于与号称美国猪鬃大王的“孔公司”搭上了线，开始了决定古青公司命运的谈判。

“猪鬃是我国主要出口产品，美国有多家公司参与其间。”古先生从陈述商情开始。

“我们公司对此是有所了解的。”孔公司总裁顺口应道。

“贵公司是美国经营猪鬃的最大企业，似乎没有直接参与中国猪鬃的贸易。”古先生向核心问题逼近。

“我们有好几家代理公司和中介人从事这项贸易，其中不少还是你们中国人。本公司虽然没有直接派人经营，但最终获得了效益。”孔公司总裁解释道。

“这一点我坚信不疑，但代理公司、中介人都有各自的利益要考虑。如果他们过分关心自身利益，就不大会选择最优质的产品，最适宜的价格。因为低价购进中低档货物，再以中高档价格卖出，将获利更多。”古先生挑明问题的实质。

“你的意思是，本公司最终以较高价买进了质量不是最好的货物?”孔公司总裁神色严肃地问道。

“是这样的。请看，这是我们公司的样品，我们公司一直向客商供应这种猪鬃的。有兴趣的话，请贵公司拿去做一下比较。”古先生说罢递过样品。

孔公司总裁接过样品一看，果然整齐，柔韧，有光泽，满意地问道：“你能保证所提供的货物都跟样品一样?”

“这一点我们完全可以做到。”古先生肯定地说。

“如果这样，我将指定代理公司与你们联系!”孔公司总裁高兴地道。

“不，我想与贵公司进行直接贸易。这样我们可以卖个好价钱，而你们买到了好货色并且价格低廉。就是说，交易中的利益应该由我们两家均占，不必增加中间环节。”古先生为进一步提出要求作了铺垫。

“这很好，我们同意。”孔公司总裁爽快地答应道。

协议顺利达成，古先生随后向“孔公司”总裁请求贷款 100 万美元，以公司资产做抵押，并保证用于猪鬃生产，不挪作他用。

古青公司获得这笔信用循环贷款之后，立即增添了超出洋行买办资金周转的实力，从此在质优价廉的出口贸易中连连取胜，并在两年之后跃升为中国猪鬃的主要出口者，使虎牌猪鬃很快享誉海外。一时间，在国际市场上只要提到中国猪鬃，外国客商首先想到的就是虎牌。

在既定的市场态势下，攻取就近的竞争对手，友善远处的潜在敌方，是商务谈判中区别对象，分别对待的良策。古耕虞先生运用自己的智慧与美国孔公司达成协议，合乎情理，顺其自然，达到了发展民族资本的目的，取得理想效果。

四、棋高一着的科长

古先生无疑是聪明的，凭借良好的口才解决了公司的危机，而下面这个故事中的科长，也靠着自己的聪明才智达成了目的，在职场上得以两全。

在某事业单位中，存在着两派矛盾，一派是以科长为首，另一派是以副科长为首。两人针锋相对，到了非有一个下台不可的地步。科长为这件事深感头痛。

此事业单位，有一位年富力强的股级干部李某，年轻且勤劳肯干，一心为升职努力，很有几分实力。科长毕竟任职多年，深谙职场斗争的奥妙，于是他灵机一动，想到：为何要一味地与副科长正面斗下去呢？眼前不就有一个上好的计谋吗？

一天下班后，科长将李某单独留下。李某不禁心里打鼓，暗想自己是否得罪了这位科长。而科长则是客气地让李某坐下，并为他泡了一杯香茶，拍拍李某的肩膀，语重心长地说道："小李啊，你是年轻人，有活力，部门将来就是你们的天下啦。"李某忙说："不敢当，不敢当，科长您正是春秋鼎盛，我等拍马不及。"科长呵呵一笑："我也快到退休的年纪了，想为部门培养一个接班人，你年轻，又有才干，我很看好你啊。"李某心里大喜，面上却仍恭恭敬敬地说："科长谬赞了，我知道自己还有许多不足之处，恐怕担不起这个重任，何况部门里还有副部长呢，他能力强于我数倍。"科长佯怒，装作挑明道："小李啊，我本认为你有几分眼色，可现在你明知我与他不和，却又说这种话，实在不懂事。"李某赶紧连连道歉。科长叹息一声后，说："你放心，我会助你一臂之力的。"

从这以后，科长便对李某多有照顾，给了他许多荣誉，竭力扶植他，李某也十分争气，登上了仅次于副科长的地位，对科长感激不尽，也开始谋求更高的位置。

不久，副科长发现了这个巨大的威胁，心里大慌，马上开始筹划进攻这个妄图取代他地位的敌人。他们互相揭短，互不相让，不遗余力地攻击对方。两人都是有能力的人，一时完全无法决出高下，而科长却在他们之间调停，摆出一副"棋高一着"的状态，充当平衡者。

最后李某凭借实力与科长的帮助，成功将副科长扳倒，自己取而代之。这时我们已然明白，科长使用的计谋正是远交近攻，交好一个第三者来对付眼前的敌人，自己则坐山观虎斗，坐收渔翁之利，新上任的副科长是自己一派的人，看似已经达到了目的。

事已至此，虽然群众终究会看清这位科长的卑劣目的，而这位李某在群众眼里也会成为落井下石的小人，从而威信下降，把自己置于被人控制的位置。无论如何，科长的地位都绝对无可动摇。成功扳倒对手，巩固自己的地位，远交近攻，实乃两全之策。

在职场中，学会一些远交近攻的策略，即分离敌人，扶植势力，对于解决几方势力的斗争极为有利，可轻松化险为夷，从而达到目的，巩固地位，但这样的计谋总有些不道义的意味，故在使用时应格外留意，切勿让利益伤害了感情。

现代社会的我们应该学会这种远交近攻的智慧。在商战中，“远交近攻”之计可引申为：开拓邻近的市场或与近处的对手竞争，以获取有利因素。为了使形势对自己有利，对远处的对手，也可适当联合。以时间概念上来看，“远交近攻”之计又可理解为顺应市场需求，谋取近期利益；又可以着眼未来，作长远打算，使企业保持良好的发展势头。从经营项目上看，“远交近攻”之计也适用于企业的规划发展，如果贸然从事非自己所擅长的行业，就与远处作战一般，必遭失败。人生处处都存在着“远交近攻”，就看我们如何把握。

第二十四计　假道伐虢

叶曾航（合肥工业大学宣城校区商学系）

两大之间，敌胁以从，我假以势。因，有言不信。

这是三十六计中“假道伐虢”的原文，“假”在古文中意为借。意思是说：处在两大敌对强国中间的国家，当敌方以武力胁迫它屈从时，我方必须凭借强势，立即派兵前去援救。对于处在这样困境中的国家，只做空口允诺，却无实际行动，那是不能取信于对方的。也可理解为充分吸纳、利用外部力量以达到目的。

假道伐虢这一计来源于春秋时期，晋国想吞并邻近的两个小国：虞国和虢国，但是这两个国家之间关系不错。晋若袭虞，虢会出兵救援虞国；晋若攻虢，虞也会出兵相助虢国。大臣荀息见此为晋献公献上一计，让晋献公向虞国献上宝物，以离间虞和虢。献公依计而行，将良马美璧送给虞公，虞公得到宝物，高兴得嘴都合不拢。

之后，晋国故意在晋、虢边境制造事端，找到了伐虢的借口。晋献公要求虞国借道让晋国讨伐虢国，虞国丈夫宫之奇再三劝说虞公，虞公却说：“先前晋献公送我良马美璧，分明是想和我国交好，怎么能害我们呢？再者说，为了交一个弱小的朋友而去得罪一个强大的朋友，那才是傻瓜哩！”坚决不接受建议。

就在这一年，晋国大军通过虞国道路，攻打虢国。没有虞国的帮助，虢国节节败退。就在打下虢国后，晋军大将里克装病，请求虞公能允许他暂时把部队驻扎在虞国京城附近养病。几天之后，晋献公以看望虞公为由亲率大军直奔虞国，虞公出城相迎。献公约虞公前去打猎。不一会儿，只见京城中起火，正是晋国大将里克趁虞国城内松懈，没有防守，进攻虞国都城。等虞公赶到城外时，京城已被晋军里应外合强占了。就这样，晋国又轻而易举地灭了虞国，而虞公也只能做了晋国的俘虏。

虞国之所以被吞并，是因为它轻信了强国的花言巧语，中了晋的离间之计，是何等的目光短浅。而对晋来说，敢于舍弃一时的财富积极拉拢势力，才能把敌人置于孤立无援的地步。

一、双汇敢做天安门的生意

我们可以从晋国吞并虞、虢二国的例子中看出晋献公巧用“假道伐虢”之计，将虞、虢二国收入囊中，而现代也有不少聪明的企业家善于把握机遇在商战中略胜一筹。

20 世纪 90 年代初，随着商品经济的发展，越来越多的人开始意识到广告的作用，精明的商家绞尽脑汁搞宣传，都希望自己的产品天下皆知。但是那个时候，人们只是在电视、广播和报纸上做广告，还没有想到把广告做到三大媒体之外的地方。可是聪明的“双汇”人却想到了，也就此揭开了广告史新的一页。

1994 年 6 月 28 日，对于华懋双汇集团来说，是一个特别值得纪念的日子，因为在这一天他们奇迹般地创造了一条轰动性新闻，这就是把广告做到了天安门广场！事情的经过是这样的：1994 年 6 月 28 日一大早，天安门广场彩旗飘扬，锣鼓震天。数千人组成的锣鼓队、秧歌队、高跷队的精彩表演引得很多人驻足观看。上午 9 时整，当北京市和国家有关部门的领导同志宣布“逛北京、爱北京、建北京”的大型旅游文化活动正式开幕时，数千只信鸽同时飞起，把人们的目光引向天空。这时，人们惊讶地看到，几个巨大鲜艳的彩色气球下面拖着一条长长的布幅，布幅上写道“华懋双汇集团漯河肉联厂祝逛北京活动圆满成功”，这些字幅引起了很大反响，“双汇”所在地的《漯河内陆特区报》率先报道了这一消息，之后河南的其他新闻媒介单位也争相报道了这件事。《河南日报》在 7 月 15 日刊登了一则仅 800 字的新闻——《双汇高扬天安门》，该文将此事誉为“河南省最成功、最典型的一次企业公关活动。”新闻界对这件事的报道使顾虑重重的首都新闻界也行动起来，于是《中国青年报》的《社会周刊》刊登了一幅新闻照片，图片下的文字说明中有这样一句耐人寻味的话：‘能否在天安门广场上做广告这个话题争论了好久，如今却被来自河南的一家火腿厂定论了’。

《中国经营报》于 8 月 5 日把《广告进入天安门广场》这条新闻放在了四版头条。值得一提的是，这则不足千字的短文同时配发了足有 1200 字的评论文章。评论文章的标题叫《中国广告史上的新一页》，文章称：“中国广告史上较为成功的广告是西泛电器花百万元在报纸头版做整版广告，其轰动效应至今仍在继续，此广告可称为我国公关广告史上的第一个成功案例。之后，是 KENT 将广告做到武汉电视发射塔上，后来又使广告上了运载火箭。而能称为继 KENT 之后较为轰动的广告策划活动，还是在南京长江大桥这一具有历史意义的建筑物上做广告，虽然这一举措争论了很久，但最终得以圆满解决，广告成功地上了南京长江大桥。广告首入天安门广场这一成功事实告诉中国企业家——请再大胆一些！天安门上‘双汇’做广告将作为一个极成功的企业公关策划活动写入中国公关广告史、中国 CI 史中。”

在新闻爆炒“双汇登上天安门”这一新闻中，最大受益者无疑是华懋双汇集团漯河肉联厂。这个 1991 年产值仅为 1.7 亿元，利税仅为 463 万元名不见经传的企业。自 1992 年上市“双汇”牌火腿肠以来，其经济实力迅速壮大，逐渐发展成年产值达 15 亿元，利税 1.2 亿元的国家大型企业了。

您知道双汇集团把自己的广告打入天安门广场花了多少费用吗？说出来您也许难以相信，仅仅花了 12 万元，尚不及《人民日报》半个套红广告版面的花费。双汇人自从知道有这个旅游文化活动就开始策划宣传自己的企业了，他们准备制造一起轰动全国的特大新闻。“双汇”派出最得力的人员，终以一个气球一万元的价钱，成功地赢得了北京市有关部门的审批通过。当有关领导还在为组委会人员“反正开幕式活动需要用气球助兴，何不在气球下面挂个企业名字的条幅多收入 12 万元”的做法深为赞许时，却没有意识到新中国以来企业广告首次进入天安门将成为事实。

气球下面挂个条幅不会影响市容，组委会还白得 12 万元的赞助费，他们当然乐而为之，殊不知，所有人都中了双汇人的计了，双汇人早就偷着乐了。

双汇集团老总对此是这样说的：“虽然我们耗资十多万元仅能换得广告气球在天安门广场飘扬三天，但我们作为第一个吃螃蟹者这本身就是新闻，我们所要的就是这种轰动效应，它所产生的意义已远远大于广告本身的价值。”

我们不得不赞叹双汇公司敢想敢做，诚如双汇老总的讲话，走老路不可能创造轰动，人生也是如此。我们既然要向外界寻求帮助，也就不必被传统的观念束缚得太紧。他大胆的举动启示我们要尽可能地借助权威的力量同时要确保没有危险，虽然力量越大效果越好，但也不能违背了权威的核心利益，比如计中虞国想借晋国的强大，殊不知虞国本身就是晋国霸业的阻碍，在这种情况下自然借不得。

二、胡雪岩雪中送炭敬人才

看过向天安门借道的案例后，再让我们看看晚清红顶商人胡雪岩又是怎样巧用假道伐虢之计的。

对于胡雪岩来说，“假道伐虢”之计用于商道多指求人术。例如，怎样去对待那些急需要帮助的人，学问就很大。你可以置之不理，不管他死活，你也可以热情相助，以图回报。前者眼光短浅，后者眼光远大。假如一个处于穷困潦倒的人，受到你的帮助，他成功的时候，最容易记住和报答的就是你。胡雪岩把这种“雪中送炭”的方法，变成了“烧冷灶”。

胡雪岩资助王有龄正是“雪中送炭”，照胡雪岩的话说就是：“我看你好比虎落平阳英雄末路，心里有说不出的难过，一定要拉你一把，才睡得着觉。”另一处的记述讲得更明白，胡雪岩对王有龄说：“吾尝读相人书，君骨法当贵，吾为东君收某五百金在此。”

应该说，胡雪岩“雪中送炭”得冒风险，因为胡雪岩事实上是挪用东家的钱来帮助王有龄的，所以王有龄担心自己一旦用钱，连累胡雪岩。胡雪岩的回答十分着实："子毋然，吾自有说。吾无家只一命，即索去无益于彼，而坐失五百金无着，彼必不为。请放心持去，得意速还，毋相忘也。"要钱没有，要命一条。既然能做出这种打算，就看出胡雪岩主意已定，这个忙是非帮不可了。胡雪岩的这一次"雪中送炭"奠定了他成功的基础。后来王有龄遇到了时任户部侍郎的好友何桂清，经其推荐当了浙江巡抚门下的粮台总办。他不忘当年胡雪岩的知遇之恩，并看出其在商业上的天赋，转而资助其开设"阜康钱庄"。

当然胡雪岩的"雪中送炭"，也不是随便什么人都能送。

他喜结交下台人和失意文人，而别人或许有意结交未发道之人主要是看这个人未来发展前景光明，却很少看重已失势之人，并转而去巴结那些新得势的人。而胡雪岩选择具备资望者，或将来必有起用之日者，殷勤接纳，时相探望，慰其寂寥，解其困难，使彼心中感动，当你是"雪中送炭"的君子。有朝一日，先前的投资，便可大获厚利了。

患难见真情，胡雪岩屡出义举，也许并非源于本性，但更重要的是他深知"雪中送炭"的作用，明白先给别人面子，然后再从别人那里要面子的道理，这与"假道伐虢"之计相通。

俗话说，"人在人情在，人去人情坏"，一般钱庄的老板见对方一时失势，心里就会看不起别人，打打马虎眼，几句空话应付过去。不是"小号本小利薄，无力担此大任"，就是"创业未及，根基浮动，委实调度不动"糊弄他人。

但胡雪岩的想法却截然不同，他只要看准了，就很放心地把钱投出去。他人有些不解，胡雪岩则说："调度，调度，做生意讲究的就是调度。所谓'调'，就是调得动，所谓'度'，就是预算。生意要做得活络，有进有出，什么时候有银子进来，什么银子该用出去，要有计划。银子调来调去，只要不穿帮崩盘就可以。"

此番大度的胸怀，也就不难理解胡雪岩为何会是如此成功的商人了。胡雪岩凭借其卓越的商业才能，利用过手的官银在上海筹办私人钱庄，后在全国各地设立了“阜康”钱庄分号，被称为“活财神”。在杭州创立了“胡庆余堂”中药店，制“避瘟散”“行军散”“八宝丹”供军民之需，药店传承至今，赢得“江南药王”之美誉。

我们也应该归纳出一些启示：假道伐虢之计，不能把“道”理解得太死。达官贵人是“道”，落魄文人也是“道”。为了获取合适的“道”，我们眼光不能短浅，不能歧视。要把所有的景色都揽入心中，并且做出行动表达诚意。

切忌小气。在这一计的背景中，晋献公为了讨好虞国，舍得交出喜爱的东西。胡雪岩也从不介意给出去的钱多不多。我们看准了要借这条“道”，那就要做好心理准备付出相应的代价，缩手缩脚只会错失良机。

目标要明确。比方说胡雪岩如果只是想接近朋友，拉拢人才；那光用钱可能还不起作用，胡雪岩也深知礼贤下士的作用，别人说他颇有孟尝君遗风，会和文人志士畅谈百姓疾苦，而这些落魄文人也从内心深处感到胡雪岩的诚意，甘心为他出谋划策。我们不能把感动别人想得太简单，哪怕胡雪岩可能只是抱着做生意的心态去接近别人，但他愿意拿出时间和精力，这才是我们应该学习的地方。

三、借他人言增加话语权

人际交往中，总会有一些场合不适宜直截了当表达自己的心声或者意愿，此时，就不妨借他人之口，说出自己的心里话，这不但是寻找借口的重要技巧，也是消除尴尬、化解窘境的最佳方法。借他人之口赞美对方，可以免除自己的阿谀奉承之嫌；借他人之口提出意见或建议，可以利用“从众”心理，令你的观点更加具有说服力；假如会引起对方误解或不满的话则更要借助他人之口，因为如果这样做的话，即便有不当之处别人也不好怪罪。

总之，假借他人之口表达心声，有时会比直截了当地说出自己的看法或意见效果好得多。

程明到某局推销百叶窗，在谈话中无意间听到局长说起百货公司的梁经理是他的老朋友，于是便从局长那里拿到了梁经理的地址，找到了梁经理。

做了自我介绍之后，程明说：“我和黄局长合作过很多次了，我们公司安装的百叶窗，黄局长每一次都十分满意，因此我和黄局长也慢慢成了朋友。熟悉后，黄局长常常跟我提起您，他说您为人仗义，乐于助人，是他多年的老朋友。这不，听说你们公司新建的大楼还没装百叶窗，黄局长就介绍我了。他说您若能帮得上忙，就一定不会推辞的……”

梁经理听了，就算买老朋友一个面子，也不好开口回绝，再说程明公司安装的百叶窗的确不错，于是梁经理顺水推舟，将这笔生意交给了程明。程明巧借黄局长的口，没费多大口舌就做成了生意。

此外，借他人之口拒绝或赞美对方，也可以取得事半功倍的效果。拒绝总是令人不快的，无论措辞多么委婉动听，也难以避免会伤害双方的情面。因此，最好的方法莫过于借助他人之口将拒绝之言说出口，既可以达到目的，还不伤双方和气。比如，在谈判时假如对方所提的要求超过你的心理价位，你可以说：“上司给我的权限只是这么多。假如你想以更低的价格成交，就必须和我的上司谈。”同时，你可以暗示对方，假如和你的上司谈的话，以上司强硬的性格，甚至连目前所谈的价格都难以成交。这样，对方说不定就会放弃坚持，乖乖地签订合同。可见，借他人之口拒绝，不但容易获得对方的同情和谅解，更能消除对方的不快和尴尬。

同样，借他人之口赞美对方也是一种高明的技巧。因为人们对于第三者所说的话天生更加信服，认为更具公正性，因而更能获得对方的信任与好感。比如，当上司当着下属的面夸奖对方时，下属说不定会认为这是场面话而已，不会有太多感触，然而，当下属从第三者的口中听到了上司对自己的赞赏后，就会非常感动，然后加倍努力，以报答上司的知遇之恩。因此，背后夸奖下属，并借用第三方的口让他知道，就可以最大化地激发下属的积极性。

当然，借别人的话来表达自己的心声时。一定要注意切忌添油加醋、无中生有。凭空捏造的谎言一旦被揭穿，就会引起对方的反感甚至厌恶，最后结果适得其反。尤其不要借用他人之口表达对对方的不满或说一些不利于对方的言论，否则若是让对方听出这实际上是你自己的意思，就会更加厌恶，从而造成双方关系恶化，甚至反目成仇。所以，假借他人之口表达自己的意图时，一定要注意说话的技巧和态度，不能令对方造成误解，以免引起对方不快，弄巧成拙。

四、职场婉拒加薪请求

作为公司的中层领导者，办公室里的员工向你提出加薪是很平常的事，那要如何拒绝别人，才不会损伤同事的积极性呢？这个情景我们可以借用“假道伐虢”的智慧，借公司发展大计动之以情、晓之以理打动对方。

首先，表明自己的态度，给对方吃一颗定心丸。

不管对方如何花言巧语，也不要多去考虑自己的经济状况，不同意就是不同意，这是自己的基本立场。逃避或者拖延对方的要求，都不是明智的选择，那样只会让你这个管理者看起来更像是战场上的逃兵。实际上，如果你能够根据当前的形势作出准确判断，并且对未来公司的走向了然于胸的话，那就不妨直接拒绝对方。因为，你现在的拒绝只是在特殊情况下的特殊选择，等公司的业绩发展起来之后，给同事加薪的事情自然会被重新提上日程的。

此时，你可以说："××，公司正在不景气的时候，在我们部门中，你的成绩是相当优秀的，我记在心中，只是我现在对你的请求真的没把握。请你一定相信我，我们不妨一起努力，等过了这个低谷，我相信公司一定会自然会给你加薪的。"你的话相当于不但答应了他的请求，更给了他许多奋斗的希望。因为公司的壮大和他的努力密不可分，所以可以在短时间内化解你的危机的同时，还促进了公司进一步的发展。

最重要的一点是，拒绝的时候，一定要充满人情味，要有理有据。

"加薪？公司今年业绩不好，你也不是不知道。况且我们部门刚刚失去一个大客户，老板现在正对我有意见呢，你还要给我提加薪？老板肯定不会答应的"这样的话，作为部门负责人，不论何时都不能直接说出来。

试想，同事好不容易鼓起勇气向你提出了加薪的请求，你这一番批评反倒磨灭了他继续在公司供职的信心，最后损失的肯定会是公司。其实，拒绝不等于不近人情。即使要拒绝对方的要求，也应该巧妙而委婉地说。你可以根据对方的表现和公司的实际情况相结合，最后再去拒绝对方的要求。

不论何时，你拒绝了自己的同事，都要给对方一个合理的理由，让对方明白，你不是独断专行，也不是一时兴起，你的拒绝有着逻辑严密的理由。只有这样，才能让同事真正做到心服口服，做到事出有因你的同事也一定会理解你的难处。

当然，你若是能够细心听听同事加薪的理由，这对日后公司该如何发展和管理也必定是百利而无一害的。

而你实在不愿意拒绝自己的优秀下属，而同时又没有能力去提升薪酬的话，不妨尝试着把加薪换成是其他方式的奖励。这在一定程度上也可以缓解彼此之间矛盾的紧张程度，并且还能让同事觉得，工作除了获得金钱外，还会获得更多有价值的东西。这不论是对同事还是对公司，都是有着无穷尽的好处，这也是借其他精神上的东西来达到类似加薪的作用。

说起“假道伐虢”之计，关键是借的智慧，借什么？怎么借？都是学问，但就是不能关上了观察世界的眼睛，不能孤芳自傲忽视他人的作用。比如在公司经营中，我们可以学习双汇大胆地借助天安门来宣传自己的公司；在人际交往中，我们谈话要委婉，拒绝要有理，待人要真诚；在为人处世中，我们也要看得起一时失意的人，尽力搭把手，日后他若东山再起定忘不了雪中送炭的你。总的来说，“假道伐虢”之计是先人总结的借外力完善自身的锦囊妙计。

同样，自身的完善也要讲技巧的。概况来说：一、善于发现机会，敢于把握机会。二、要有下血本的勇气，也要有放低心的诚意。三、放远目光才能保证没有选错道。

相信在三个前提下，每个人都能将“假道伐虢”的智慧合理运用到实际生活中，收获人生别样的精彩。

第二十五计 偷梁换柱

蒋 乐（上海师范大学外国语学院）

频更其阵，抽其劲旅，待其自败，而后乘之，曳其轮也。

这是三十六计中“偷梁换柱”的原文，这句话的意思是采取措施频繁变更敌军的阵式，暗暗从阵中的要害处使对方抽换其主力部队，等到它自趋失败，然后再乘机加以控制。“劲旅”是指精锐部队，可以理解为一个军队中的主力部队，是军队中的最主要的部分。

一、袁子才撮合好姻缘

在《红楼梦》中，王熙凤使用“偷梁换柱”之计，巧妙地将宝玉心甘情愿地与宝钗完了婚，了结了贾家人的一桩心事。在实际的生活中，如果也能够巧妙地用上“偷梁换柱”一计，轻松地解决生活中的一些难题，也不愧是生活中智慧法宝。

袁枚，字子才，是清代中叶最负盛名、最有影响的诗人，居“乾隆三大家”之首，执诗坛牛耳近五十年。他的诗作在后代流传甚广，并为后代所熟知。但是，袁子才除了以诗著名外，还是一位颇有贤明的县令。他在判案时常常使用一些计谋，在遵从法律的同时能够加入一些人性化的色彩。他曾经在处理一个案件的时候，就采用“偷梁换柱”之法，从而撮合了一桩美满的婚姻。

袁子才在江宁做知县的时候，有一位姓陈的女子，已经许配给当地的一位姓李的书生。李书生十分有才华，但他家并不宽裕，父母供李书生读书已经很是不易，而那位姓陈的女子家在当地还算富有，索要的聘礼也十分高昂，李书生家向亲戚们东拼西凑，还是没办法凑齐这高昂的聘礼钱，于是陈家就违约不愿将女儿嫁出去，这桩婚事便迟迟无法办成，两个相爱的人就这样没办法走在一起。

当地的寺庙里有一个风流的和尚，看到这已经许配给别人的女子迟迟不出嫁，便动了歪心思。于是这个和尚就设计，将陈姓女子骗到隐秘之处，并丧尽天良地奸污那个女子。事后，他仍不罢休，让陈姓女子继续做他的情妇，并威胁她，如果她不能一心一意地做他的情妇，便将此事公之于众。在那个时代，贞操对于一个女子真的十分重要，甚至超过了生命，更别说尊严了。所以，陈姓女子只能放弃自己的尊严，卑微地做着和尚的情妇。

一次偶然的机会，几个乡间的无赖得知此事，便想用这件事狠狠地勒索那个和尚一笔，他们一连半月都在观察着和尚的行踪。终于，一天晚上，这几个无赖在一片菜地里当场抓住了陈氏女与和尚，并将他们送到当时的县令袁子才那里。

当晚，袁子才亲自审了两个人。当袁子才听完陈氏女的叙述后，十分同情她的遭遇，便起了怜悯之心，下定决心要帮助她摆脱风流和尚的纠缠，与李书生结成秦晋之好，成全一段美好的姻缘。

袁子才半夜提审了和尚，和尚对自己的罪行供认不讳。袁子才十分生气，把和尚狠狠地斥责了一通，并勒令他先写下交出二百两银子的借据，又让他脱下和尚袍，快快滚蛋。然后，袁子才又找到自己家里一位做粗活的女仆，把她的头发剃光，又让她穿上刚才的和尚袍，并将其暂且关入牢中。

第二天升堂的时候，袁子才命人将牢房里的“和尚”押上来。他先审问陈氏女，陈氏女一言不发，只是低头默默地哭泣。袁子才对着“和尚”厉声说：“看你做的好事，可恶的秃驴，出家人竟然敢跟黄花闺女同居，真是天理难容！还不快快来人，给我打上八十大板。”衙役们不由分说，当堂剥下那个“和尚”的裤子，一看便傻了眼，居然是个女的！袁子才这才故作惊讶，说：“怎么是个尼姑啊？原来是原告与被告开了个大大的玩笑，这成何体统！本官定要追究，好吧，现在就将被告放了吧。”那群无赖一看是这个结果，也都不知说什么才好，一听县官要追究，就更不敢吭声了。

几天后，和尚将那借据上的二百两银子给了袁子才，便灰溜溜地去了别的地方。袁子才则把李书生找了过来，对李书生说：“这是二百两银子，也够你们家给陈家交聘礼了。陈氏女是个好女子，我知道你们两个是真心相爱的，赶快用这笔钱将她娶回家，好好对待别人，好好过日子。”李书生感动得热泪盈眶，连连对袁子才道谢，回去之后便向陈家送聘。陈家收到了足额的聘礼，便不好再说什么。过了几天，李书生便将陈氏女娶回了家，二人名正言顺地成了夫妻。

在古代，女子的贞洁对于她们来说无疑是最重要的东西，如果当时袁子才把真和尚当着众人的面审上一通，原本是受害者的陈氏女将遭人唾弃，李书生很可能误会陈氏女背叛自己，离她而去，有情人将不可能终成眷属，这并不是一个好的结果。袁子才能够顾全大局，想到“偷梁换柱”之计——他将自己家的女仆和真和尚“偷梁换柱”，机智地保住了陈氏女的贞洁，同时又将和尚的钱给了李书生，李书生才能够凑足聘礼，袁子才才能成全这对苦恋的爱人。同时，“偷梁换柱”也能够压制住舆论，消除了那群无赖们想要敲诈的想法，并且给了无赖们一定的处罚。

“偷梁换柱”之计不仅仅能够运用在战争中的尔虞我诈，袁子才还智慧地将它运用在了撮合好姻缘上，使有情人终成眷属，算是一件难道的好事。这是袁子才的人生智慧，值得我们借鉴和学习。

二、希特勒偷梁换柱逃命

像袁子才这样的县官在处理一些案件的时候会用到一些像“偷梁换柱”这样的计谋，一些大的政治人物也时常会用到这样的计谋。他们常常要出席各种各样的活动，而越是高级别的政治人物，越容易在这些活动中出现危险。如何能够既提高自己的政治影响力，又避免自己出现生命危险，是许多政治人物要考虑的问题。有时用上“偷梁换柱”一法，无疑可以达到一箭双雕、事半功倍的效果，从而更好地站在政治舞台上。

希特勒，德意志第三帝国元首、总理。作为纳粹党党魁，第二次世界大战的发动者，希特勒具有超强的野心，他骄横、狂妄、自大，但同时这个的身份也给他带来了杀身之祸。反法西斯者多次设计暗杀希特勒，但并没有成功。希特勒胆小怕死，深知自己很可能会遇到丧命的危险。为了防止可能的刺杀，他曾经雇了三个替身，帮助自己参加不太重要或者十分危险的政治军事活动。这些活动参加的人员常常鱼龙混杂，一些暗杀者很可能就潜藏在这其中，出其不意地对希特勒进行刺杀，这对希特勒的生命造成了很大的威胁。只有一些十分重要并且高度安全的活动他才会亲自参加。这样一方面通过这些舆论达到了大大宣扬法西斯主义的目的，巩固了纳粹党的统治，另一方面能够保障希特勒的人身安全，大大降低了反法西斯者刺杀希特勒成功的可能性。

希特勒的三个替身是由一个叫“盖世太保”的专门机构进行重重挑选，选出与希特勒本人容貌、气质极为相似的男子作为希特勒的替身。然后对他们进行严格的训练，将他们的声音、神态、动作训练得与希特勒接近一致。他们的一举一动都受到严格的限制，没有丝毫的人身自由，完全变成了任人摆布的机器，而且随时都有着生命危险。这三个替身的绰号叫作“小威利”“老俾斯麦”和“布奇”，分别在柏林、慕尼黑、贝德斯加登，并且每人住着一座希特勒的行宫，拥有扮演元首的各种“道具”。每当他们代替希特勒出席一些政治军事活动的场合时，俨然一副第三帝国元首的派头，简直和真正的希特勒没有什么两样。公众和舆论都十分地相信出席活动的人就是希特勒，这个“偷梁换柱”之计一直都迷惑着许多人。更重要的是，此计多次帮助希特勒逃过暗杀。

有一次，一个名为“褐衫队”的纳粹主义组织在慕尼黑市的马斯米连街上集结，准备接受希特勒的检阅。希特勒怀疑“褐衫队”中有非纳粹主义者，害怕遭到袭击，但又为了保持良好的政治形象，于是就派了居住在慕尼黑市的替身“布奇”代替他检阅。检阅开始前，现场十分正常，但当检阅开始的时候，那些激进的民族主义者便开始沸腾起来，现场变得一片混乱，场面无法控制。正在这时，只听见一声枪响，“布奇”大叫一声，便倒在了地上，他的左肩中了一颗子弹，距离心脏十分近，如果再往左边一点点“布奇”很可能就没了命。

原来，这个活动真如希特勒所料，其中有一些人并不是纳粹党，而且极力反对希特勒执政。他们趁着这个机会，乘机混入其中，扮成“褐衫队”的一分子，然后趁乱掏出手枪，对希特勒进行暗杀。枪手的手法十分高超，只可惜他们并没有料到，这个人并不是真正的希特勒，而是他的替身“布奇”。

希特勒得知了这件事后，暗暗地松了一口气。当时去的幸亏不是他，要么后果不堪设想。同时，他也为自己这一计谋暗暗得意。这“偷梁换柱”之计既能够保住自己的性命，避免自己处于危险之中，同时又能为自己赢得舆论支持，何乐而不为?

但是三个替身再像，也不是希特勒本人，再加上有时制定出行计划的错误，这个计谋很快就被一些细心之人看穿了。

三个替身的行动围绕着希特勒的日程安排进行，作为指挥者的“盖世太保”，要将这安排得不露出任何蛛丝马迹，真的不是一件容易的事情。更何况，希特勒是一个十分反复无常的家伙。有一次，希特勒的日程是在法兰克福露面，并且已经派“小威利”前往法兰克福。可是，希特勒突然一时兴起，要到巴里亚去看看当地的纳粹党负责人。当时的负责人因为一时疏忽，忘记了已经派“小威利”代替希特勒去了法兰克福这一点，便不假思索地将前往巴里亚加入了希特勒的日程表中。结果，在同一天，法兰克福与慕尼黑的报纸上都出现了希特勒出席当地活动，在当地公众面前露面的新闻。有些敏锐的政治观察家，对此提出疑问，幽默讽刺地说：“我们的元首可真有本事，一天之内竟然能够在相距几百公里的两个城市同时露面，看来他真的会分身术啊!”

希特勒在历史上虽然是个反面人物，对“偷梁换柱”的应用也是一个反例，但是这在某种程度上体现了出他能够长时间屹立于政坛的原因。希特勒使用“偷梁换柱”之计既保住了自己的性命，又提高了自己的舆论影响力，同时也能为他腾出休息娱乐的时间，从而达到了一举三得的效果。虽然有时候还会露出点蛛丝马迹，但是这一做法确实帮助了希特勒，那些马脚也就不值一提，这也体现出希特勒的为人处世之道。

三、马克·吐温移花接木赢辩论

除了一些有名的政治人物在政坛常常使用这一计谋外，一些有名的文豪也会在一些场合使用“偷梁换柱”之计展现自己的口才。

在一些激烈的辩论场上，如何才能有效地自圆其说，理由充分，让对方无话可说，便是一个辩手所要做的最重要的事情，这也能够很好地展示一个辩手的口才。但是，俗话说得好，一百个人眼中就有一百个哈姆雷特。所以，在辩论场上，双方常常各执己见，拼命维护自己的观点，说服对方就显得异常困难。这个时候，千万要稳住自己的情绪，不能着急，使用偷梁换柱之计为自己铺路，自圆其说，将自己巧妙地从尴尬的境地中解救出来，从而获得辩论的成功。

马克·吐温，美国著名作家，十九世纪后期美国现实主义文学的杰出代表之一，“美国文坛的巨子”。虽然他的财富并不是很多，但是他仍然被称为美国最知名的人士之一。他的名气不仅仅体现在他独具特色的讽刺小说上，而且还体现在他的机智与幽默上。他是美国著名的幽默大师。

马克·吐温很喜欢参加各种各样的辩论，辩论的内容十分丰富，而且有他出现的辩论场常常是硝烟弥漫，大家争论得十分激烈。但是，马克·吐温常常凭借他机智的头脑与良好的口才将对方说得是心服口服，最后取得辩论的胜利。当然，这其中不乏有一些计谋的影子，“偷梁换柱”之计在一次辩论中被他有效地利用。

一夫多妻制曾经在世界历史上盛行，马克·吐温对这方面的历史也十分感兴趣。有一次，他参加一个有关这个方面的辩论。马克·吐温认为，人类应当在婚姻中始终保持忠诚，这是人类道德最基本的要求，一个丈夫只能有一个妻子，一夫多妻制在人类历史上是不合理的，而对方认为一夫多妻制是历史的产物，是符合人类历史需求的，一夫多妻制具有合理性。双方争的是不可开交，谁都不愿意退让，谁也说服不了谁。

此时辩论陷入了僵局，双方一直在用自己的观点反驳对方，势均力敌，谁都没有办法将对方说服。正在这时，马克·吐温仿佛有些着急了，便对对方辩友说："一夫多妻制，这个是连上帝都反对的。"此言一出，大家都不知所措，觉得这个论据驴唇不对马嘴，这可是辩论中的一大忌啊。对方辩友仿佛一下子抓住了马克·吐温的把柄，立即反问道："上帝在什么时候，什么地方说过这句话呢？如果你能够找到证据，我便认为你的观点是对的。"其实，上帝哪里会说过这样的话，只不过是马克·吐温因为一时着急，随口一说而已。这时的马克·吐温处于非常不利的地位上，如果他真的没办法反驳，他前面费劲口舌的辩论很可能就功亏一篑了，最终就会在这场辩论中失败。但是马克·吐温并没有就此认输，他迅速冷静下来思考，突然灵机一动，想到了一个好方法。马克·吐温理直气壮地说："上帝的确说过这样的话，对方辩友一定读过那本书，大概是他不记得了吧。《马太福音》第六章第二十四节中不是有这样一句话吗？谁也不许侍奉二主！这恰恰说明上帝十分注重忠诚，一个丈夫拥有许多妻妾，这正违背了上帝倡导的忠诚性原则。所以，上帝是十分反对一夫多妻制这种不忠诚的制度的。"

对方辩友本以为马克·吐温那句话只是因为一时着急，瞎说一通。因为将《圣经》烂熟于心的他知道上帝肯定没有说过这样的话。他以为这次马克·吐温必败无疑了。可谁也没想到他能够自圆其说，而且说得头头是道。他不知道如何反驳马克·吐温，就连他自己也觉得马克·吐温说得很有道理，他只能哑口无言了。最终，马克·吐温取得了这场辩论的胜利。

大家都知道，上帝的“谁也不许侍奉二主”哪里是马克·吐温在辩论场上说的那个意思，当然，这和一夫多妻制也毫无关系。但是，马克·吐温为了能够自圆其说，采用了断章取义的办法，将这句话原本的“梁柱”偷换掉，巧妙地附会到一夫多妻制上面来，从而佐证了自己的观点。对方辩友即使知道这只不过是一个花招而已，但由于“梁柱”已经被换掉了，自己的观点已无立足之地，而这时马克·吐温的观点却理由充分，因此只能甘拜下风，心服口服，使马克·吐温取得了辩论的胜利。

良好的口才并非所谓的针锋相对、恶语相向，在话语中悄悄地来一个“偷梁换柱”，偷换了整句话的概念，就可以轻松地让对方无从辩驳、哑口无言。

四、别因一时心急中了“偷梁换柱”之计

在历史中，许多杰出的历史人物都曾使用“偷梁换柱”之计。在当今社会，我们也应该借鉴这一计谋，巧妙地识别一些骗术。

如今随着大学生数量的增加，就业市场接近饱和，大学生就业也是越来越困难。有这样一个改编的诗句可以很好地描述当今大学生就业——“就业难，难于上青天”。他们常常出现在各大人才招聘会上，不停地投递简历，又不停地遭到拒绝，再加上很多年轻人本身就有一份不服输的劲儿，虽然在大城市无依无靠，但还很想继续留在这里工作。这时，他们就十分急切地想找一份工作，哪怕工资低点儿，环境差点儿，工作时间长点儿，也不作计较了。正是在这样一种急切的心理下，很容

易在初入职场的时候上当，吃了用人单位的亏。最后，因一纸合同，只能忍气吞声地继续干下去。

小吴就在刚入职场的时候吃了这样的亏。他毕业于一个名不见经传的三流学校，专业又是十分冷门的历史专业。他不想做老师，一方面是因为教师资格证越来越难考。另一方面，即便他成了老师，以他这种情况也只能回到家乡教书，但他并不想回去，他依然想留在大城市。于是，他便怀揣着一张三流大学的毕业证与几张证书，整天在各个人才市场里逛，希望能够找到一个还算满意的工作。但是现实总是很残酷的，他一连找了半个月，投了无数简历，那些公司没有给他丝毫的音信。

正当他几乎快要绝望的时候，突然接到了一个公司打来的电话，让他去面试。对于小吴，这无疑是一个天大的好消息，这真的让他有一种“山重水复疑无路，柳暗花明又一村”的感觉。

第二天早上八点，小吴来到了这个名为“禄缘股份有限公司”的地方。负责面试的是一个胖乎乎的中年人，看起来还是很和蔼可亲的。他简单地看了看小吴的简历，便和小吴聊了起来。先是询问了小吴的毕业院校、专业等基本情况，然后又聊起来小吴的家乡，这种对话让身在异地，最近又感到十分不顺利的小吴倍感亲切。没多长时间，小吴便将自己内心的想法和目前自己的困境和盘托出。

中年人了解到小吴三流学校毕业、专业冷门、在本地无亲无故、没关系、没门路但十分想要在这里落脚，而且最近找工作十分不顺利，十分着急想要找到工作。对这些了如指掌后，中年人笑眯眯地对小吴说：“我们公司的主要业务是给他人做投资顾问，学历等方面要求不是太高，就是要口才好。我们两个是如此聊得来，而且我感觉你的口才还是不错的，所以这个工作应该十分适合你，但为了考验新人员的能力，我们一般不设底薪。在为期一年的试用期内，只凭借业务拿提成，业务好，提成就多，业务不好，就会受到相应的惩罚，目的就是为了能够促进员工积极性。一旦过了试用期，就有了丰厚的底薪，到时候也会轻车熟路，提成也会很可观，工资一定很高。你应聘的虽然是办公室文员，但是公司内部会有一些略微的调整，到时候你要顺应公司内部的调整。若是可以接受的话，我们今天就签合同。”

随后，中年人把一份合同拿到了小吴的面前，对小吴说：“这就是合同，来我们公司没问题的。”小吴拿着合同粗略地看了几眼，感觉没什么问题，于是就在合同上签了字。

正式上班的第一天，主管就拿来一份资料对小吴说：“这是一些客户的电话，你要想办法让他们购买保险，他们每购买一份保险，你便有一份提成。”说着，便把那份资料给了小吴。小吴听了，大吃一惊，对主管说：“我应聘的是办公室文员，为什么让我推销保险呢？”主管不耐烦地回答道：“你别忘了，合同上明明白白写着在必要的时候要服从公司的调剂。现在公司不缺文员，缺的是推销员，你就先顶上吧！”

小吴听完，心里暗暗叫苦，意识到自己上当受骗了，一不小心就上了这“贼船”。但是，合同已经签了，他怎么后悔也没用了。要怪只怪当时自己太着急、太粗心，没有认真思考那位中年人话里面的含义，没有认真看那份合同，最后不幸地中了用人单位的“偷梁换柱”之计。

小吴并不是个例，我们应该引以为戒。在职场中，要是想逃过用人单位“偷梁换柱”的计策，就需要懂得保护自己。首先，在自己没找到工作的时候千万不能着急。当与用人单位签约的时候，一定要仔细看清楚合同上的内容，了解清楚自己工作的职责和报酬，仔细考虑用人单位所给出的工作条件。在签合同的时候，一定要一遍遍明确自己的工作职责、内容、薪金等多个方面，然后再签合同。这样，用人单位便不能轻易使用“偷梁换柱”，我们也可以有效地在职场中保护自己的权益。

第二十六计　指桑骂槐

林浩洁（广东工业大学轻工化工学院）

大凌小者，警以诱之，刚中而应，行险而顺。

这是三十六计中“指桑骂槐”的原文，意思是说：强大者要控制弱下者，要用警戒的办法去诱导他。即使是手段刚强也会得到应和，遇到险境也会转危为安。

一、卓文君写诗“骂”夫

东汉时期，少年司马相如文采出众，曾被授予郎官之职。后来因为汉景帝不喜欢辞赋，他辞掉官职，旅居梁国，苦于一直没找到谋生的职业。在临邛当县令的好友王吉得知他的情况后，邀请他到临邛散心。当地富人听说县令家中有贵客，便商议备办酒席来款待他。哪知，在酒席上司马相如见到卓王孙之女卓文君美貌非凡，才艺俱佳，便用一曲《凤求凰》来表达爱慕之情，而卓文君也被他深深打动了。酒宴后，司马相如便托人过去提亲。卓王孙嫌他家境贫寒，自然不肯将女儿许配给他。于是芳心暗许的卓文君只好连夜出逃，与司马相如私奔。

在外头度过了一段颠沛流离的生活后，司马相如和卓文君为生活所迫，不得不回到临邛。他们卖掉车马，买下了一家酒店，做卖酒生意。卓文君亲自主持店面，招呼客人，而司马相如也和雇工一起忙活。这事很快就传到了卓王孙的耳中，他疼惜自己的女儿，也为了顾及自己的脸面，就给了他们一些财物。相如就同文君回到家乡成都，置田买房，过上了富裕的生活。他也因此得以静下心来攻读诗文。

司马相如苦读时，无论寒冬酷暑，卓文君始终陪伴在身边，乃至通宵达旦。武帝时，司马相如因为写出了《子虚赋》一文，深得皇帝赞赏，被重新招入朝廷，任命为郎官，后来又一直受到提拔，官至中郎将。富贵显达的司马相如渐渐忘却了与卓文君的海誓山盟，打算娶一位美貌的茂陵女子为妾。此时他们二人身居两地，司马相如托人捎给卓文君一封信。信写得极其简单，没有多余的言语，只有十三个数字：“一、二、三、四、五、六、七、八、九、十、百、千、万。”卓文君拿着信左思右想，终于弄明白了司马相如的用意。原来信中缺少了“亿”字，他是想借此告诉卓文君自己对她已经“无意”。卓文君回想起往日的恩爱生活以及曾经的信誓旦旦，心中又悲又愤。她哪里甘心就这样被抛弃，她要为自己的幸福做最后的努力。于是，聪慧的她借助丈夫信上的这十三个数字，前后颠倒，巧妙地连成了一首诗：“一别之后，两地相思，说的是三四月，却谁知是五六年。七弦琴无心弹，八行书无可传，九连环从中断，十里长亭望眼欲穿。百思想，千系念，万般无奈把郎怨。万语千言道不尽，百无聊赖十凭栏。重九登高看孤雁，八月中秋月圆人不圆。七月半烧香秉烛问苍天，六月伏天人人摇扇我心寒，五月榴花如火偏遇阵阵冷雨浇花端，四月枇杷黄，我欲对镜心意乱；急匆匆，三月桃花随水流；飘零零，二月风筝线儿断。噫！郎呀郎，巴不得下一世你为女来我为男。”

这首诗言辞哀切，看起来似乎在表达自己对丈夫的一片深情，实际上却是对丈夫无情无义的悲情控诉。司马相如收到信后，看到自己寄去的十三个数字被卓文君如此用来“责骂”自己，当即羞愧万分。这一首诗犹如当头棒喝，打醒了司马相如。他高车驷马，亲自返回成都，将卓文君接到了长安。从此以后，两人恩爱如初，白头到老，留下了一段千古流传的佳话。

面对丈夫的变心，卓文君没有灰心绝望，也没有死缠烂打或者恶语相骂，因为她深知这样做一定改变不了什么。聪明如她，巧妙地将丈夫来信的十三个数字写成一首看似极具深情的情诗，把“骂人”的话说得百转千回、委婉动听。这样，既可以使对方幡然醒悟，又能让他心知肚明却百口莫辩。卓文君用“指桑骂槐”一计挽救了自己的幸福，真不愧为有大智慧之人！

在人生之中，我们难免会遇到形形色色的人，遭遇各种意想不到的事。有时不慎与人交恶，甚至是自己的生活受到无故打击，面对此种情境，智慧的人生一定没有恶语相向，没有拳打脚踢，而是能够用不带脏字的绝妙言辞，让对方领悟自己的意图，并且心知肚明，有口莫辩。因而，在人际交往中，当不得已要为自己做出辩护时，我们不妨试一试“指桑骂槐”。使用它的好处在于，既然骂的对象是“桑树”，那么“槐树”也就插不上嘴，只有乖乖地听着，我们的目的也就达到了。在不直接得罪他人的情况下守卫住了自己的权利，这正是人生智慧的体现。

二、苏轼婉言拒“后门”

面对丈夫的变心，卓文君以诗“骂”夫；而几百年后，面对想要“走后门”的朋友，苏轼也用类似的方法，以故事拒友。

当初，苏轼和苏辙凭借针砭时弊的策论被主考官欧阳修所青睐，兄弟二人在同年进士及第。宋仁宗在读到他俩的文章后更是称赞说：“吾今又为吾子孙得太平宰相两人。”于是，苏轼和苏辙在地方历练几年后便被皇上召入朝中，委以要职，而且还不断受到提拔。随着他们兄弟俩的官职越做越高，前来“走后门”的人络绎不绝。

一次，苏辙的一个朋友来到苏府，想让苏辙帮他谋份差事。苏辙是个清正之人，他不愿意仰仗自己在朝中的权力私用熟人，同时他又不好意思当面拒绝朋友。于是，苏辙故意躲着不见他。这人深知苏辙的脾性，知道他无论如何也是不会帮自己的，便跑去向苏轼求助。苏轼生性豪放洒脱，最重朋友意气，虽然对方可能会提出让他为难的问题，但是在他的人生哲学里并没有不接见朋友的道理。苏轼二话不说便让他进了屋里。

刚一进屋还没坐定，这个人便迫不及待地对苏轼说：“大苏学士，我是小苏先生的朋友，也就是您的朋友。我知道您是个热心的人，经常帮助朋友。您看，我能不能在您这儿找份差事做。”

苏轼也是个有原则的人，当然不可能答应他。不过，他为人处世也有自己的一套法则，在没利益冲突的情况下，他可以率直不拘，但一旦涉及他人的利益，他就会尝试着改用不同的处事方法。只见他闭口不提找差事的问题，而是笑着跟他说道：“这位朋友，我前几日听到一个故事，觉得很有趣，要不我讲给你听听。”

那人一脸疑惑地看着他，也不知他葫芦里究竟买的什么药，正要发问，没想到苏轼不待他开口便给他讲起了故事：“传说呀，有一个人穷得无以为生，万般无奈之下便跑去盗墓。费了好些功夫，好不容易挖开了第一个墓，却见里面只有一个光着身子的古人，嘴里还念念有词：‘你没听说过汉朝杨王子孙轻财傲世，下葬的时候连衣服都不穿吗？你看我自己光着身子，还能拿什么接济你呢？’”讲到这里苏轼停顿了一下，来者完全被他的故事吸引住了，忙催促他继续讲下去。苏轼还是笑了笑，讲道：“那穷光汉不甘心，又凿开了第二个墓，墓中是个帝王。穷光汉以为挖对了墓，当时可乐坏了，正准备动手，没想到那帝王说话了：‘你还是省省吧。我是汉文帝，早已立下遗诏，墓中不放金玉之物，你还是到别处去吧。’”讲到这里，苏轼忍住哈哈大笑，再看那来者，他似乎也已经明白了这个故事的用意，脸上不觉有些发烧。

苏轼看在眼里，却不道破，依旧笑道：“这故事还没完呢。那穷光汉又急又气，没办法他只能跑去找别的墓。这一次他发现有两座连在一起的墓，大喜之下立即挖开了左边的墓。你猜他这次看见谁了？只见一个羸弱的身影走了出来，对他说：‘我是伯夷，早年饿死在首阳山下，你觉得我可能满足你的要求吗？’穷光汉气坏了，便要去挖右边的墓，伯夷连忙劝道：‘喂，请等一等。那里面住着我的兄弟叔齐，他的状况和我差不多，我看你是白费力气。’”

故事讲到这，苏轼仍是一脸笑意地看着那位来者。对方已经彻底明白了他的用意，也不待苏轼再说什么，便以有急事为由匆匆离开了苏府。

苏轼向来不以权谋私，哪怕是他的得意门生也是靠自己的才华登上官位，并不曾故意开过“后门”，这种高尚的为人处世之法已是难能可贵，而更难能可贵的是，当面对意图“走后门”的朋友时，他没有故意躲着不见，也没有厉声斥责，而是以笑脸相待，借用故事来“指桑骂槐”。显然，他所讲的故事便是“桑”，那位来者相当于“槐”。他表面上轻松地讲着故事，实际上已经很明确地表明了自己不开“后门”的立场。而来者也很快地理解了他的意思，彼此心照不宣，他没有理由抱怨，只能识趣地离开。同时在故事的末尾，他还不忘借用伯夷的话巧妙地提醒来者不要去麻烦自己的弟弟。一个小小的故事便让来者知难而退，轻松地化解了兄弟俩的烦恼，苏轼的处世之法从某种程度上来讲的确要比苏辙高明得多。

三、阿丑妙语谏宪宗

为人处世，与人相交，在不得已的时候，使用“指桑骂槐”可以化解窘境，并婉转地表明自己的态度。同样，一个口才极佳的进谏者也常常会用“指桑骂槐”来巧妙地进言并且避祸。

明朝时，宦官的权力很大，他们经常作威作福，扰乱朝纲，太监汪直便是其中一个。他的权利仅次于宪宗皇帝，气焰不可一世，私自兴造监狱，祸害了很多人。他手下的两名爪牙王越、陈钺分居文武要职，朋比为奸，弄得整个朝廷乌烟瘴气。朝中大臣早就有人看不惯他们的行为，却苦于对方权势过大，敢怒而不敢言，宪宗一直被蒙在鼓里。

当时有一位小太监，名叫阿丑，他多才多艺，能说会道，不仅有幽默感，还极富正义感，因而很得宪宗喜爱。他经常在宫里演戏，是皇家红戏子。

有一次，宪宗叫大家演戏娱乐，阿丑演一出“醉酒”。他一出场，就左斜右倾地作醉酒状，胡言乱语，开口骂人，妙语连珠诙谐百出。

接着另一扮路人的出场，他向阿丑作一怪状，忽然大喝一声：“大官出巡，肃静回避！”

阿丑毫不理会，不肃静也不回避，还指东画西地大骂道：“什么大官小官，黑猫白猫，你行你的阳关道，我过我的独木桥，老爷在此饮酒，你还不绕道滚蛋？”

那人又大声喝道：“圣上驾到！”

阿丑依然不动，继续喃喃醉语：“圣上还在睡梦中哩！圣上比我还醉，更糊涂喔！”

见两次吓他不倒，那人冷笑一声，再次大叫道：“汪太监驾到！”

阿丑一听，这下可不同了。只见他面露惊惶之色，浑身颤抖不止，忽然“扑通“一声伏倒在地上，口中连连称道：“死罪死罪！”

那人见状，故作不解地问他：“我刚才叫圣上驾到，你毫不害怕，为什么一听到汪太监到就怕得要死呢？”

阿丑不假思索地答道：“我只知道有一位汪太监，哪里知道有皇上其人？”

宪宗看到这里，明知是戏，但还是很不高兴。他继而一想，觉得阿丑话里有因，从此便开始注意汪直，发现他的诸多恶行后，渐渐疏远了他。

到第二次宪宗又要看戏的时候，阿丑却演起武术来了。他手持双斧，在舞台上耍了轮功夫，然后唱起了霸腔：“本英雄汪某是也，东拿西抢，横行天下，战无不胜，贪无不得，全靠这两只板斧！——好不厉害也，左手一扬，日月无光，右手一挥，人头落地，管他血流成河，本英雄正好中流击节，任他尸横遍野，我正好横槊赋诗。”

他在台上如此耀武扬威，那扮演旁人的人，拍手叫好一番之后，插嘴问他：“汪勇士，你说这双斧如何了不得，不得了，究竟这两个家伙叫什么名字？”

阿丑唱答：“两对活宝是冤家，杀人放火天不怕，朋比为奸谁敢问，横行霸道问你怕不怕！此家伙王越、陈钺是也！”

宪宗虽然看得好笑，心里却更加明白了阿丑话中所指。等到御史徐诱上疏奏劾汪直的时候，他即下决心把汪直流放到边疆，并将其党羽一网打尽。

当所有人都被汪直的权势吓住，不敢向皇上进谏时，阿丑在戏中施展自己绝佳的口才，“指桑”而“骂槐”，故意抬高汪直，并以诙谐的语言，以汪直的身份“大赞”自己的恶行。毕竟是在演戏，即便阿丑“假戏真做”也是不打紧的。而骂者有心，听者有意，宪宗是个聪明人，很快就明白了他的用意。这样一来，他的进谏就产生了效果，而他也不会因此得罪人。

四、上司也会被威吓到

向人进言需要有口才，而职场也是一个需要说话的地方。在与上司对话的过程中，若有需要，适当地“指桑骂槐”，同样会有意想不到的收获。

李先生是一个没有任何政治背景和经济背景的人，前年靠自己的真才实学，一路过关斩将，从某濒临倒闭企业的科长考到某事业单位副主任的位子，试用期为一年。所以，李先生工作很卖力，而且样样都取得了相当不错成绩。他相信自己很快就会获得升迁，可是没想到，一年后，同来的另两位副主任先后转正，而单位领导就是迟迟不给他下结论，他很是着急。

有人看到他光是着急却不采取任何行动，便对他说："兄弟呀，这职场跟官场一个样，不送礼啥事都是办不成的。你看现在这两位主任哪个不是送礼送上来的？你若是也给领导送点礼，也准能立马转正。"

李先生向来为人老实正直，最看不惯这种行为，当即一口拒绝，还数落了他几句。那人见他反应如此激烈，也就不再说什么，心里却在暗骂他迂腐傻气。

难道不送礼就真的转不了正？这些天李先生对这个问题一直耿耿于怀，他觉得领导不该因为自己没送礼就忽视自己对公司的贡献。付出了努力而得不到回报的滋味是很不好受的，为了夺回属于自己的利益，他知道自己是时候做点什么了。

这天，李先生借着酒劲，找到主管人事的领导。一开始，他还很恭敬地说道："领导您好，我想问一下，一年的试用期已过，我是不是可以转正了？"哪知，领导却故意绕开话题，对他的问题置若罔闻。李先生耐着性子又问了一次，领导这才暧昧地答道："你现在还在考核期，再等等吧。"李先生一听，立即来气了，他故意提高了声音，义正词严地说道："别人送礼了就给转正，我这一年的业绩大家是有目共睹的，你们却视而不见，迟迟不肯给我转正。你们这样做真的好吗？给我转正是理所应当的，如果不给，我就要逐级上访！"

经过一番吵闹，领导们不再敢忽视他，马上召开了研究会。由于李先生给主管人事的领导提出了警告，班子成员都怕李先生给单位或领导个人带来什么麻烦，所以他的转正问题一致通过。就这样，李先生排除了事业道路上的障碍，而且他工作又能干，之后的仕途一路看好。

我们知道，有些领导受社会风气影响，并非都是大公无私和按原则办事的，特别是独断专行的领导更难伺候。如果遇到这样的领导，一味地忍气吞声，那就只能被欺负，永远也不可能得到公平对待。有时适当地给上司颜色看看，也会起到事半功倍之效。在这里，李先生便是勇敢地站出来，用“指桑骂槐”的谋略，通过展示自己的强硬态度来威吓领导。领导怕把事情搞大，自然会“心甘情愿”接受他的威吓，并极力满足他的要求，他的目的也就达到了。

原本此计是用杀鸡儆猴、敲山震虎来统领部下和树立威严的手段。但是在职场上，对于力量弱小的个体来说，也同样可以反其道而行之。当上司明显与自己作对时，通过它可以适当地给顶头上司点颜色看，让他知道你不是好“欺负”的。当然，此计在运用时要有一定的把握，决不能乱来，也不宜多用，否则可能会落到适得其反的地步。

当今人们要掌握为人之道、深谙处世哲学、遨游职场商海以及赢得感情生活，往往离不开谋略。而“指桑骂槐”一计在掌控人生方面显示出了非凡的智慧，用得好常常能够打开人生局面，收获意想不到的结果。它的智慧核心在于，要“骂槐”却不是简单地“骂”、直接地“骂”，而是要先找到一棵“桑”，再“指”着“骂”，即庄子所说的“有所待”。因而此计能否成功实施，关键在于我们是否能够找到合适的“桑”。这样的“桑”可能是虚的，也可能是实的；可能是事物本身，也可能是另一件事物。

第二十七计　假痴不癫

朱雪晴（合肥工业大学马克思主义学院）

宁伪作不知不为，不为作假知妄为。静不露机，云雷屯也。

这是三十六计中“假痴不癫”的原文，意思是说：宁愿假装什么都不知道不采取行动，也不要假装什么都知道而轻举妄动。就像是云压住了雷一样，静待时机，不露机巧，即是说表面上装糊涂，实际内心很清楚，假装不行动实际上是在暗中策划等待有利时机。

一、年幼康熙韬光养晦擒鳌拜

有句话许多年轻人都特别喜欢：“欲戴王冠，必承其重。”而放进古代，这句话亦可成为许多君主的心声和写照。为了王权他们牺牲了自己的亲情、爱情、友情乃至自尊，顶住压力装疯卖傻装无能者亦有人在。

众所周知，清王朝在康熙皇帝执政时期繁盛一时，为“康乾盛世”的出现奠定了必要的政治前提和物质基础，而康熙帝即位的时候，年纪不过八岁。按照顺治帝的遗诏，由四个满族大臣帮助他处理国家大事，叫作辅政大臣。四个辅政大臣中，有个叫鳌拜，仗着自己掌握兵权，又欺负康熙帝年幼，独断专横。别的大臣和他意见不合，遭到排挤打击。清王朝进关后，用强迫手段圈了农民大片土地，分给八旗贵族。鳌拜掌权以后，仗势扩大占地，还用差地强换别人的好地，遭到地方官的反对。鳌拜诬陷这些官员大逆不道，把反对他的三名地方官处死了。康熙帝满十四岁的时候，亲自执政。这时候，另一个辅政大臣苏克萨哈和鳌拜发生争执。鳌拜怀恨在心，勾结同党诬告苏克萨哈犯了大罪，奏请康熙帝把苏克萨哈处死。康熙帝不肯批准，鳌拜在朝堂上跟康熙帝争了起来，后来竟挽起袖子，拔出拳头，大吵大嚷。康熙帝非常生气，但是一想鳌拜势力不小，只好暂时忍耐，由他把苏克萨哈杀了。从那以后，康熙帝决心除掉鳌拜。他派人物色了一批十几岁的贵族子弟担任侍卫，这些少年个个长得健壮有力，组成了自己的“特种部队”。康熙帝把他们留在身边，天天练摔跤。鳌拜进宫去，常常看到这些少年吵吵嚷嚷在御花园里摔跤，只当是孩子们闹着玩，一点不在意。有一天，鳌拜接到康熙帝命令，要他单独进宫商量国事。鳌拜像平常一样大模大样进宫去，刚跨进内宫的门槛，忽然一群少年拥了上来，围住了鳌拜，有的拧胳膊，有的拖大腿。鳌拜虽然是武将出身，力气也大，可是这些少年人多，又都是练过摔跤的，鳌拜敌不过他们，一下子就被打翻在地。任凭他大声叫喊，也没有人搭救他。鳌拜被抓进大牢，康熙帝马上要大臣调查鳌拜的罪行。大臣们认为，鳌拜专横跋扈，擅杀无辜，罪行累累，应该处死。康熙帝从宽发落，把鳌拜的官爵革了。

康熙用计除掉了鳌拜，朝廷上下都很高兴。一些原来比较骄横的大臣知道这个年轻皇帝的厉害，也不敢在他面前放肆。康熙帝亲自执政后，大力整顿朝政，奖励生产，惩办贪污，使新建立的清王朝渐渐强盛起来。

人们把“假痴不癫”运用于军事上，主要有两种用法：一是用于举行兵变，主要是作为一种苦难，麻痹对手，以便自己积蓄力量，等待时机发起攻击的计谋。二是作为一种愚兵之计治军。显然，康熙正是巧用“假痴不癫”之计装“无能”组“特种小队”，收集其罪行材料，一切准备齐全，而同时鳌拜正为居功自傲之时，见康熙此时状况难免不对其掉以轻心，故而中计被擒。而康熙则除掉了自己人生帝王路上的一颗“钉子”，从此开始了自己的千秋大业，才有得后世对其一生及功绩如此评价：康熙帝 8 岁登基，14 岁亲政，在位 61 年，是中国历史上在位时间最长的皇帝。少年时挫败权臣鳌拜，成年后先后取得了对三藩、台湾、准噶尔的战争胜利，驱逐沙俄侵略军，以尼布楚条约确立中国在黑龙江流域的领土主权，举行“多伦会盟”取代战争，怀柔招抚喀尔喀蒙古。康熙帝是中国统一的多民族国家的捍卫者，奠定了清朝兴盛的根基，开创出康乾盛世的局面，被后世学者尊为“千古一帝”。

装无能，即把满身武艺和能耐都藏起来，藏锋收爪，示弱于人，或等待时机成熟、条件成熟时爆发，或隐忍不发，苟全性命于乱世，乞求怜悯和同情。看似是个呆板笨方法，实则正是“厚积而薄发”之原理，在人生道路的选择点、转折点和艰难苦困之时，不乏为明智之举、优选之措。受人欺辱之时，忍一时不快；受人挤对之时，藏一身锋芒。目光长远一些，胸襟开阔一些，心态平和一些，静伺时机，出其不意，实现梦想，自会度到阳光灿烂之日，春暖花装自己，示弱示幼于他，故而可出其不意擒鳌拜，实现自己的人生抱负。可见，真正精明的人往往让自己表现得十分糊涂，他们深知这才是人生智慧。

二、假痴不癫之糊涂有方

老子的《道德经》里有一句话："大智若愚，大巧若拙，大音希声。"康熙如此，聪明有本领的人亦是如此。真正有本领的人常常有自知之明，不会轻易骄傲自满，正所谓，越是饱满的麦粒垂得越低！

有一次，世界著名滑稽演员侯波巡演时，谁料想住进了一家房间矮小、卫生超级差的旅馆，而且对服务生态度也不是很满意，很失望。便在表演时忍不住吐槽了一下："我住的旅馆，房间又小又矮，连老鼠都是驼背的。"旅馆老板知道后很是生气，认为侯波诋毁了旅馆的声誉，要控告他。作为一名艺术家，自然不能给自己、给他人惹麻烦，毕竟耽误自己的演出不说，也耽误一些活动的正常开展。因此侯波决定用一种奇特的办法，既要表明自己的看法，又可避免不必要的麻烦。于是他主动提出要在电视台发表一个声明，向对方表示歉意："我曾经说过，我住的旅馆房间里的老鼠都是驼背的，这句话说错了。我现在郑重更正：那里的老鼠没有一只是驼背的。"

"连那里的老鼠都是驼背的"，意在说明旅馆小而矮；"那里的老鼠没有一只是驼背的"，虽然否定了旅馆的小和矮，但还是肯定了旅馆里有老鼠，而且很多。侯波的道歉，明是更正，实则批评旅馆的卫生情况，这样不但坚持了以前的所有看法，还使讽刺程度更深刻有力。

人有聪明和糊涂之分。聪明人明察秋毫，反应敏锐，把大大小小的事都记在心上，总要找到解决办法才肯罢手，往往心力交瘁，精疲力竭；糊涂人把什么事都能看开、看淡，反应迟钝，反而活得潇洒自如，轻松自得。实际上，生活中的许多事不必看得十分真切，更不必都装在心里，难得糊涂是解脱烦恼的最好方法。这样，才可以集中精力去想自己应该做的事，而不是将精力耗费在如何应对别人身上。有些人活得累，事业无成，就是把太多的心思用在别人身上，轮到自己做事时，反而没有精力了。糊涂人以无招对有招，无为而治，驭人顺其自然，放手让其发展，该精明时绝不含糊，该糊涂时不会顾及自己的面子、地位和权势。

由此可见侯波就是一位糊涂的聪明人，轻重拿捏得很到位，没有和旅馆老板正面争执，巧妙表达自己的态度，而且反映出了聪明人的糊涂是一种修养，一种深沉与老练。聪明的糊涂也是一种韬略和智慧。生活中经常会遇到这种人，在一些事情上，看似糊涂的人，实际上是真正精明的人。例如，一些企业老板的用人之道。表面上看，他们会让员工去创造、去发展，自己只是做一个清闲自在的糊涂人。其实，这样的老板最精明，他们一定程度上尊重了员工对物质、对金钱的需求，同时给予了员工信任，这样，员工便会死心塌地地为他工作。除此之外，生活中的很多事情都是这样，一个人不合常理的出牌，在普通人眼中不是错误就是愚蠢，其实真正能读懂他们的会明白，这就是大智若愚。做人做到这个分上，已经不是简单的聪明可以形容的，但是对于普通人来说，方圆做人、灵活做事，讲究的是一个“正”字；否则，糊涂的精明会成为伎俩，是会遭到别人唾弃的。

三、郭舍人为救人装痴“骂”武帝乳母

侯波，一位糊涂的聪明人，仅仅因为言语上的变换就巧妙避开了旅馆店主的纠缠，可见，“假痴不癫”一计在语言表达与说辩时显得十分

重要。再则，古时封建王朝时期，君王之权威不可逾越。因此，古人说话，便有颇多禁忌，有些话不能明说，特别是要说给身居高位、权重势大的人的话，因为说不好，重者惹来杀身之祸，轻微的也必定要遭人忌恨和仇视。韩非子有《说难》一书，便是专门论述游说、劝谏君王之难的。所以中国古代一些聪明智慧的说客、辩士在不能直言、不便明说的条件下，往往采用“假痴不癫”的说话方式。

简单解释一下：说辩者对一件事情心明如镜，但却佯装不知，故说出糊涂、愚钝的话；听者只要对其痴癫得令人生疑的话语往其反面或者侧面想一想，大概就会明悟说话者的本意。而这种婉转曲折的说话方式，就叫“假痴不癫”。

汉武帝雄才伟略，大破匈奴、吞并朝鲜，遣使出使西域，独尊儒术，首创年号，开拓汉朝最大版图，功业辉煌。一个国家与朝代的繁盛离不开忠将贤臣，汉武帝时期，因为其用人“唯才是举”，所以其身边之人才智都不可忽视。

在位期间，一次汉武帝乳母在宫外犯了罪，汉武帝知道后，因为是养育过自己的乳母，不忍心用法律来治乳母的罪。但作为一国之君，必定不好在臣子面前徇私枉法，主管的官员奏请武帝把乳母的家室迁到边疆上去，武帝便也批准了。乳母将要入朝见武帝当面辞职，在此之前便先去见郭舍人（汉武帝近日十分宠爱的一个戏子），向郭舍人哭泣。郭舍人见此状况，虽知不好处理，但既然人家求了自己，只好想一个完美的方案来化解这场危机。郭舍人对汉武帝乳母说：“你且入朝见皇上，但要马上就辞别离去，走得快快的，不过一定要屡次回头看皇上。”乳母就按照郭舍人的嘱咐，告别了武帝，很快地离去，并且眼含泪花，屡次回头看。郭舍人大声叱骂乳母说：“哎，老太婆，为什么不快点走！陛下已经长大了，难道说还需要吃你的奶生活吗？为什么还不住地回头看！”于是汉武帝听到后，很是可怜她，感到很悲伤，就下了令不再迁徙乳母。郭舍人很有自知之明，他深知伴君如伴虎，自己作为一个戏子，若正面奉劝汉武帝做徇私枉法的事情是不明智的，除了让汉武帝为难外也救不了乳母。因此，他巧设一计，发挥他擅长的特长，装痴作傻地“骂”了乳母一通，竟打动了汉武帝的恻隐、愧疚之心，当即赦免了乳母的罪过。郭舍人明里在骂乳母，实则是故意想以此勾起武帝对儿时生活的回忆，重新唤起他对乳母的依恋之情，从而既救了乳母，又彰显了武帝仁慈懂孝道，也不至于让武帝薄了颜面。

四、厚积薄发得以成就梦想

郭舍人向自己的上级进言时，小心谨慎，最后采用“假痴不癫”一计救了武帝乳母，而把故事镜头拉到现代，这类上下级的关系一般都出现在工作岗位——办公室。办公室，上下级关系的处理自古是一大难题，尤其是初入职场的年轻人。若想在工作岗位上实现自己人生目标的同时又想维护好自己的人际交往关系，除了努力和诚意，还需要智。初入职场，面对一切都很陌生，缺乏经验和人脉，所以无论是面对上级还是同事，“假痴不癫”会为你省去不少麻烦。虽只四字，却哲理深厚，或帮助你很快融入环境，或为你实现梦想积累力量。

一位刚过了实习期转正的年轻小伙子，因为一次偶然的机会，发现自己所在的公司采用了某些不诚信的手段与同行竞争，占领市场。不过，他认为，公司有如此的实力，完全可以通过正当渠道取得竞争的胜利，使企业越来越强大，大可不必使用不诚信的手段来投机取巧。于是，他认真翻阅了公司以及其他同行的资料，精心准备后找到公司老板向他提议：如何高效运用公司现有优势，加上诚信，提高企业的名声和口碑，扩大影响力，可使企业快速发展壮大起来。他的这个建议被老板粗暴地掷在一旁，并指着他骂道："你这个吃里爬外的家伙，能懂什么，老老实实干好你的本分工作就不错了，还妄想指点企业，别痴心妄想了，真不知轻重好歹！"这位小伙子明白了。于是埋头苦干，每天努力完成自己的工作，只是不再过问公司里除了自己工作外其他的事情。一段时间后，他向那位老总递交了辞呈。两年后，他拥有了一家与他原来所在的公司一样的公司。最终他原来所在的公司因为企业名誉问题被逐渐挤出了市场，紧接着，因为小伙子坚持用他的真诚作为自己的优势来迎接竞争，其企业得到快速发展。原来，这位小伙子受斥后，便开始认真仔细地观察了公司的所作所为，包括公司在行业中处于领跑地位的营销网络方面，看到其长处，也认清了它的缺陷。小伙子辞职后，也干了同样的事业，借鉴了原来公司的优秀经验，吸取了原来公司的教训，还以诚信新创了自己的优势，并在其原来企业垮台后迅速打进并占领了此行业的营销网络领域。因此，他们公司的优势又增添了许多，很快在行业中脱颖而出。

这位小伙子用的就是"假痴不癫"谋略：他为人低调，心胸宽广，眼光长远；他暗中筹划自己的事业，不断壮大自己的力量，厚积而薄发，使自己的优势在激烈的竞争中凸显出来，他成功做到了！

相反，一般来说，满怀一腔热血和激情的刚入职场的年轻小伙子，面对如此做事的公司，加之自己又被骂，定会摔门扬长而去；或没有意见，妥协并服从公司任何安排。由此可见，"假痴不癫"、保存实力、韬光养晦是最好的选择。除此之外，"假痴不癫"也可用于办公室人际交往中：比如，拒绝别人不能只"方"不"圆"，同事出丑时假装视而不见，对于某项事情拿捏不准就装糊涂，等等。

话说“假痴不癫”一计计名是从民间俗语“装疯卖傻”“装聋作哑”等转化而来，近义词还有“大智若愚”。可见，“假痴不癫”这一巧妙计策以及三十六计中的所有智谋，作为古人们为我们留下的伟大智慧结晶，之所以依旧适用于今日，主要在于理解、运用时的“活”与“新”。不过此计无论作何改变，关键不丢一“假”字。假，就是伪装、佯装；表面上痴呆不堪，装疯卖傻，实际上头脑清醒，心里明白。古时为君，康熙假痴不癫巧除逆臣，韬光养晦成就大业；为臣，郭舍人假痴不癫卖傻劝谏，萁子佯狂择良主，巧达目标保身扬名。自然界，成熟的高粱会弯腰避嫌，凶猛的鳄鱼会流泪装可怜。所以，现今社会，为人处事，“假痴不癫”，适时向别人示弱，不逞一时之快，养精蓄锐，出其不意，一鸣惊人，方是大智。

第二十八计　上屋抽梯

翟婵红（安徽大学文学院）

假之以便，唆之使前，断其援应，陷之死地。遇毒，位不当也。

这是三十六计中“上屋抽梯”的原文，这句话意思是说借给敌人一些方便，以诱导敌人深入我方，乘机切断他的后援和前应，最终陷他于死地。“遇毒，位不当也。”毒，坚硬的腊肉。咬坚硬的腊肉却伤到牙齿，只怪自己见利受骗，贪求利益以致无法脱身。

“唆之使前”，什么是唆？就是用利去引诱对方。如果对方不肯轻易上钩，怎么办呢？这时候就需要给对方先开个方便之门，就是事先给对方安放一个梯子，既不能使对方猜疑，又要让对方清楚地看到梯子，只要对方爬上了梯子，就不怕他不进入自己设置的圈套。借给对方一些方便，故意暴露出一些破绽，来诱导对方深入我方，趁机切断他的后援和前应，最终陷他于死地。

一、总统被迫河中接受采访

在中国的古代，诸葛亮把“上屋抽梯”这一计用在了军事之上，那么在没有战争的和平年代里，“上屋抽梯”之计会怎么发挥作用呢？美国的一位女记者安妮就给我们做了一个示范。

在美国，记者能够采访到总统是一件非常荣幸的事情，作为女记者的安妮，就有着强烈的愿望想要采访到美国总统。因为近期政府就银行问题进行了较大的整顿和改革，但总统从未就此事在公开言论中发表过自己的观点和看法，因此安妮就想了解到总统关于银行问题的观点。

有了想法之后，安妮便开始付诸实践。一开始不论是什么样的新闻会议，只要有消息说是总统会露面，她便第一时间前去参加，但是因为安妮本身的从业资历较浅，再加上自己所在的报刊知名度和影响力较低。因此，在新闻会议中记者提问的这个环节里，安妮总是得不到任何采访总统的机会。

经过一次次打击之后，安妮并没有放弃自己想要采访总统的愿望，她转变了思路，开始密切地关注总统的行程，然后在总统停留时间较久的地方进行蹲守，时刻准备着对总统进行采访。

一次，在一所大学的停车场里，蹲守了几个小时的安妮终于发现了总统的身影。

安妮兴奋地大步跑过去采访总统：“总统先生，您能告诉我您关于银行问题的观点吗?”安妮的话还没有说完就被总统身侧的保镖拦了下来：“对不起，总统不接受任何采访!”就这样，安妮眼睁睁地看着总统从自己面前走过。近在眼前，却不能采访，这让安妮很是沮丧，但是她依然没有放弃想要采访总统的愿望。

于是，一计不成，她又另生一计。

安妮开始留心起总统的作息时间和生活习惯，经过长达几个月的观察，她发现这位总统总是在黎明前起床，然后进行一些长距离的散步或者骑马运动，有的时候还会在河里裸体游泳。发现了总统有这样的习惯之后，安妮眉头一皱，心里有了计策。

一天黎明，总统按照自己的习惯出门散步，安妮远远地尾随着总统。不久之后，总统来到了河边，只见他慢悠悠地脱下了自己的衣服，随后赤身裸体地跳进了河里。等待总统游离岸边之后，藏在树后的安妮迅速跑了出来，一屁股坐在了总统衣服上。

然后，安妮彬彬有礼地向河中心喊道:“总统先生，请您游过来吧!”

总统回头一看，是一个年轻的女士，大吃一惊，满脸通红地问:“你想要干什么?”

安妮不紧不慢地回答道：“抱歉，总统先生，还没有向您介绍我自己，我是一名记者，我的名字叫安妮，曾经多次想要来采访你，但是因为种种原因都没能如愿。我想总统先生今天一定可以完成我的愿望，对吗?”

总统满脸窘迫，回答道：“是的！我可以完成你的愿望，等我上岸穿上衣服，就会来接受你的采访，你觉得如何?”

然而，聪明的安妮并不会同意总统这个要求，毕竟若是等总统穿上衣服后再采访，那可就夜长梦多了。于是安妮回答道：“总统先生，您在河里也能完成我这个愿望，我认为您完全有这个能力。如果您要上来拖走您的衣服，我就会大声喊的，您看那边可是有三个打鱼的人?”

总统顺着安妮指的方向望过去，果然有三个打鱼的渔夫在那里，只得无奈地回答道：“好的，亲爱的记者小姐，说说你想采访我什么问题吧!”

听完这话，安妮愉快地笑着提问："总统先生，我想了解您对银行问题有什么看法?"

就这样，总统无奈地只得在水中回答了安妮提出的问题，接受了采访，而安妮也因为这次采访的成功，让自己的事业向前跨进了一大步。

安妮最终采访成功就是用了"上屋抽梯"这一计，她等总统裸身进入河水中后，立刻出来坐到总统的衣服上"断其援应"，总统裸身在河水之中进退不得，只得听从安妮的要求。

作为一名默默无闻的普通新闻记者，安妮不被任何人关注到，但是当她成功采访到总统后，不但完成了自己的心愿，而且还让自己的事业向前发展了一大步。可以说，采访到总统这件事改变了安妮的一生。

这样看来"上屋抽梯"之计，在人生的选择和发展的过程中，有时也占据着十分重要的地位。安妮在一次又一次的碰壁、一次又一次的沮丧后，她并没有放弃，而是选择积极地寻求另外的方法来达成自己的目的，最终获得了成功。

计谋的使用，在一定程度上可以为我们的人生创造更多的机会，而这些机会往往会给我们的人生带来巨大的转折和改变。"上屋抽梯"之计的运用，能够使得处在困境中的我们获得更多的机会，获得更加丰厚的资本，从而为这丰富多彩的世界不断奋斗，使用这样的计谋来改变自己的人生，丰富自己的经历，这正是人生智慧的体现。

二、希特勒施计退政敌

一位普通的女记者安妮用"上午抽梯"之计，让自己的事业向前迈进了一大步，然而已经位高权重的希特勒运用此计会获得什么样的结果呢?

1935年，希特勒成为德国领袖与总理，在这以后，他一贯独裁专断的风格变本加厉，听不进任何人的反对意见。然而，当时担任战争部长兼任武装力量总司令的资深元帅布隆贝格，却敢于向希特勒提出不同的意见。

在1936年3月，希特勒命令国防军进驻莱茵非军事区。听闻此消息，德布隆贝格立即来到希特勒的办公桌前，提出了自己的意见："总理，我们万万不能进驻莱茵非军事区！如果我们这样做的话，法国可能就会因此向我们开战，您应该立即停止国防军在莱茵非军事区的所有行动，并且还要把注入的部队全部撤回!"希特勒听完后有些恼怒，但碍于布隆贝格较深的资历，也就不再争论了，听从了他的意见。

1937年，当希特勒宣布了自己要侵占奥地利与捷克斯洛伐克的计划后，布隆贝格又站出来提出了反对意见，他认为这样做会引起英法的干涉。这一次，希特勒因为布隆贝格的反对十分震怒，他强压起自己的怒火，心中暗暗下定决心要除掉这个让他讨厌的战争部长。

当时担任空军元帅的戈林是希特勒的亲信，同时也是布隆贝格部长的下属，他表面上极力讨好身为武装力量总司令的布隆贝格，但是在暗中却效忠于希特勒。于是，希特勒就利用戈林给这位战争部长布置下了一个美丽的陷阱。

那时候布隆贝格已经59岁了，但一直都过着单身的生活，没有结婚。戈林经过几番打探，得知布隆贝格和一位出身低下的妇女关系十分密切，来往很多。在平日的接触中，戈林一直极力地促成布隆贝格和那位妇女的婚姻。

戈林对布隆贝格说："先生，爱情就应当勇敢地去追逐啊!"

布隆贝格无奈道："但是高级军官的择偶有着严格的规定，出身低下的人不能做军官的配偶，而正如你所知道的那样，我所爱的人她出身低微。”

戈林笑道：“先生，现在已经是新的时代了，您为什么还有这旧社会的成见呢？我们应该勇敢地打破旧社会的陋习！我知道您经历过无数场战争，冲锋陷阵，英勇无畏，怎么到了爱情面前却显得如此怯懦呢？”

布隆贝格若有所思地说：“但是有了规定就要严格地遵守，我……”

戈林打断道：“您作为战争部长，又是一位资深的元帅，在婚姻问题上，不应该受到任何规定的限制，况且军官出于对您的景仰，一定会尊重和理解您的选择，您还有什么可犹豫的呢？”

在戈林反复地劝说下，布隆贝格终于下定决心：“让什么规定都滚到一边去吧！我要和我心爱的女人结婚。”

1938 年元月 12 日，布隆贝格邀请希特勒、戈林作为证婚人，在豪华的礼堂里举行了婚礼。就在布隆贝格结婚几天之后，戈林开始在军官中散布说，布隆贝格太太的出生太低微，做一名军官和战争部长的配偶很是不合适，而且布隆贝格部长还违背了帝国对高级军官择偶的规定。

消息传开，一时间弄得满城风雨。这时候希特勒对布隆贝格说：“身为战争部长的你，就应该为军官们作出表率，既然现在你已经选择了出身低微的配偶，那么就不足以为部下的榜样，希望你能够妥善处理好这件事情。”

布隆贝格听完心中很是无奈。不久之后，他便宣布辞去自己的一切职务。

希特勒除掉一名敢于与自己意见相左的高级军官就运用了“上屋抽梯”之计。首先他派出自己的亲信戈林诱使布隆贝格与出生低微的女子结婚，也就是“上屋”。等到他结婚之后，又让戈林在军官中散布他的太太出身低微，作为一名战争部长的配偶很不合适的言论，就是“抽梯”。

这样一来，布隆贝格陷入了左右为难的境地，最后不得不随了希特勒的想法，走上辞职的道路。而从表面看，战争部长布隆贝格的辞职和希特勒没有丝毫关系，他辞职是因为自己娶了一个出身低微的妻子，以至于在军官中造成了不良影响，属于引咎辞职。

希特勒用这种方法，不但巩固了自己高度集权的统治，而且还在除去一个和自己意见相左的人的过程中名利双收，虽说因为第二次世界大战中，纳粹的残暴统治让我们对希特勒的印象极为恶劣，但是他在为人处事当中的一些做法，确实有高明和值得我们借鉴之处。

在现实生活中，当我们遇到一些麻烦或者阻碍，但是又不能直接解决的时候，就可以用“上屋抽梯”这一计，在迂回中神不知鬼不觉地解决好一切。人们常说世事无常，福祸难料，有时候我们免不得要用上各种处世之法来达到心中所愿。

三、冰箱爆炸背后的真相

“上屋抽梯”之计作为我们的人生智慧和处世方法的一部分，除了可以用在权术斗争中，还可以用在商业谈判中。

1988 年 7 月 20 日晚，随着一声震耳欲聋的巨响，南京一户人家的沙松牌冰箱爆炸，然而万幸的是，这次爆炸并没有人员伤亡。第二天，用户向南京《扬子晚报》投诉了沙松冰箱。

“冰箱爆炸?”这闻所未闻，记者在惊讶之余，瞬间掂出这个全国首起事件的新闻价值，立刻驱车到现场进行采访。于是这起冰箱爆炸事件，瞬间就把沙松住南京办事处卷进了漩涡。

南京办事处的几名工作人员立即向上级报告此事，上海的沙松驻华东办事处主任星夜奔赴南京，一面稳定下属情绪，一面通知千里之外的沙市电冰箱总厂。

厂长一听说是爆炸事件，事关重大，一下紧张起来。冷静下来，仔细想了想，感觉其中另有蹊跷。冰箱只有三大部分，分别是机箱、机械系统和制冷系统，但这些无论如何也不会化作烈焰升腾的炸药。那么既然冰箱会发生爆炸，问题可能就出在冷藏的内容与过程中。

想到这里，厂长豁然开朗：也就是说只要证明：爆炸原因不在于冰箱本身，而在于冰箱内储藏的东西，那么沙松的危机就可以即刻瓦解。

事不宜迟，厂长立刻出发前往南京，还邀请了相关产品的专家团队和各路新闻媒体，一起前往爆炸现场当众检验爆炸冰箱。技术专家用几分钟的时间，将爆炸的冰箱检查了一遍后接通电源，只见那台经过爆炸的冰箱开启后，依旧能够正常工作，在场的各界人士无不感到惊奇。

当天晚上，电视台将实况播出，第二天各种报刊都把消息发布了出去，居民们都纷纷称赞起沙松的质量。此刻，冰箱爆炸的责任已经明了，但是为了尽力查清事故原因，防止类似事情的发生，厂方立刻邀请了记者一起访问用户。

厂方代表罗主任对用户说："不管责任如何，冰箱爆炸对您来说也是不小的损失，我们可以承担您的相应损失，但是希望您能够给我们介绍一下以往的使用情况，以便让更多的消费者从当中吸取教训。当然，请您放心，厂方将会对您的名誉负责，您认为不宜报道的内容，我们会坚决要求隐去。"

用户先是沉默以对，后来又说："希望能够赔偿一台 180 升的沙松双门冰箱。"

厂方立即答道："感谢您对沙松冰箱质量的信任，尽管两种冰箱存在差价，但是只要您能够说出实情，不再让广大冰箱用户提心吊胆地过日子，我们都会满足您的要求。”

用户又继续沉默不语，厂方代表说道：“您身为当事者，即使不愿意配合厂方调查，但是您也要为数万的消费者着想啊!”用户听到这里，不耐烦地大声吼道：“只要求赔偿冰箱，其他我一概不管!”

厂方见说情不行，随即说：”希望您能够说出实情，否则我们将会请南京技术监察部门，取走已经爆炸的冰箱，用仪器进行监测。

用户赶忙回答：“首先我对厂方愿意赔偿表示感谢，但是不想回忆使用情况，也不想接受其他方面的调查，更不允许别人来取走坏冰箱!”说完起身离开。

最终，爆炸事件传到了北京，引起了国家轻工业部的关注，而厂方也邀请记者以及相关人员和用户准备进行最后一次谈话。

厂方代表说：“先生，我们一直期待和您的合作，但是您总是缄默不语，我们就只能把爆炸冰箱送到各个监测部门进行检测了，相信科学会对爆炸原因作出解释。”

用户听完还是缄口不语。厂商代表接着说：“冰箱爆炸是您向舆论界投诉的，您提出的赔偿要求我们已经应允，这既是一种经济行为又是一种法律行为。但不管是经济的还是法律的，都要求权利与义务的对等，我们认真履行了义务，而您说清使用情况的义务至今还未履行。如果经过层层检测认定冰箱爆炸属于使用不当所致，那么当事人就要承担经济的道义的和法律的责任。因为这次调查，我们已经用掉了 1.8 万元，如果要进行仪器检测，费用一定不止这些。若是等鉴定结束之后，发现责任不在厂方，我们将会考虑是否承担这些费用。”

用户听到这些彻底地惊醒了，支支吾吾地说出了内情：“爆炸前冰箱里存放着一些丁烷气瓶。”

技术人员听完含笑对在场的记者分析道："丁烷气瓶处在冷冻低温状态中，就会出现金属瓶壳收缩、破裂，气阀松动，丁烷气体外泄。它和冰箱内的空气混合达到一定浓度，遇上温控开关启闭时蹦出的火花就会立即爆炸！这就是这次事件发生的原因，事情结果虽然是这样的，但是我们还是非常感谢用户能够说出实情，我们答应了赔偿一台 180 升双门冰箱绝不食言，还希望各位记者能够尽快将此事告知给公众。"

第二天，各大媒体纷纷出消息，揭开了松下冰箱爆炸真相，而这次"松沙"冰箱爆炸事件不但没有给"松沙"的名誉抹黑，还获得了各种质量过硬的称颂和赞誉。

而此次谈判能够成功关键就在于用了"上屋抽梯"这一计。首先，厂家答应了会赔偿用户一台 180 升双门冰箱，认真履行了自己作为厂家的义务，把用户请上了"屋"之后，用户依旧保持沉默，不肯说明事件发生的真相，但是经过之前厂家的检测，冰箱本身质量并无任何问题，也就是说爆炸的责任主要是在用户。于是，厂家代表开始"抽梯"，厂家告知用户，若是检测结果证明爆炸责任在于用户的话，那么他将担负全部的检测费用。一听到自己将会担负数额较大的检测费用，用户也就自然而然主动交代了事故爆发的真正原因。

四、戳穿职场中的虚伪假面

"上屋抽梯"一计用在商业谈判中，可以瞬间扭转自己所处的被动局面，使得自己占据有利的地位，若是把此计用在职场之中，也会拥有与之相似的作用。

小张是最近刚刚被招进公司的小职员，在一开始的相处中，小张觉得自己的顶头上司吴昊科长是一个非常好的人，不但平日里十分照顾小张，而且业务上面的事情偶尔还会热心地指点自己，但是时间一长，小张却听到了些许多关于吴科长不好的言论。

传言都说，这位销售科的科长，虽然业务能力非常突出，深得老板的器重，但是，几乎所有在他手下的人都干的时间不长，这让在吴科长手下工作的小张非常担心，于是小张开始留心观察吴科长的一举一动。

终于，小张发现了吴科长手下的人干不长的内幕。原来，这位吴科长是一个好大喜功的人，常常先让下属去和客户谈生意，但是，一旦等到客户有合作意向的时候，吴科长就会给下属们开出非常苛刻的合作条件，待下属们无功而返的时候，吴昊便会出面，把原先开出的条件降低给客户，客户一看此番情景，自然很快就和吴昊签订了合同。吴科长所谓的业务能力突出就是这样得来的。

没过多久，小张也遇到了同样的事情。吴科长让他去和客户谈生意，他对小张说："这笔生意我们承诺给客户的是市场价10%的折扣，这个客户很重要，你要好好表现。"

小张信心满满的回答："放心吧，吴科长！"经过一番协商，客户很快就同意谈下这笔生意。但这时，吴昊却突然改变了主意，对小张说："这市场价10%的折扣实在是太低了，我们现在最多只能给5%，你再去和客户商量商量，可一定要把这笔生意做成！"

小张一听，心里很是郁闷，毕竟已经谈妥的条件，临时更改在客户那里不好交代，但是仔细地想想，小张总觉得突然改变谈判条件，一定有什么蹊跷。这个吴科长不会是想让自己在客户那里吃个钉子，然后他再出面将生意做成，最后把功劳揽在他身上吧！又想起之前自己听到的关于吴科长的传言，觉得自己的猜想并无道理。

于是，小张为了不让吴昊得逞，开始用各种方法做客户的思想工作，最终客户被小张的诚意感动答应以市场价5%的折扣来签订合同。

吴昊一听小张，居然还把这个生意谈成了，有些慌了神，便把小张叫过来对他说："小张啊，我之前说错了，是要把折扣降到3%，而不是5%，又要让你再跑一趟去和客户谈谈了。"

小张一听顿时怒从胸起，但是他也没有声张，就对吴昊说："科长，真对不起，我最近因为这笔生意，实在是压力太大了，昨天去医院检查，医生说我得了神经衰弱症，一定要马上治疗。所以，我剩下的工作，还要麻烦科长能帮我做完。"

吴昊一听赶忙安慰了小张几句："也是，最近工作压力太大，你好好休息吧，这笔生意我来谈。"

随后，小张离开公司准备回家，在路上他给客户打了一个电话，把自己目前所处的情况原原本本地告诉了客户，客户一听，顿时为小张心生不忿，答应小张在他的老板面前竭力给他说好话。

再说吴昊和客户谈生意，在谈判桌前，客户东张西望，好像在找什么人。老板奇怪地问："您这是在找什么人吗?"。

客户回答说："是啊，我在找小张，之前跟我接触谈这个生意的一直都是小张，他聪明能干非常尽职，我之所以能答应以这样的价格和你们签合同，完全就是因为小张啊，他的敬业精神真让我钦佩，要知道贵公司刚开始给我的折扣可是10%呢!"

老板一听便纳闷了：怎么可能?他一向对吴昊说给客户的折扣一定要控制在5%之内，再说怎么又突然冒出了个小张，吴昊不是说这个客户一直都是他在接触的吗?

吴昊看着老板怀疑的眼神，冷汗刷刷地直冒，他知道自己这次肯定是完蛋了，果然，听完了客户的故事，老板冷哼一声。不久之后便找了个借口，把吴昊开除了，而小张也因为自己的努力而获得了相应的回报。

使用“上屋抽梯”之计讲究的是“置梯”和“抽梯”的方法，吴昊好大喜功，小张便用即将到手的成功来诱惑他，使他顺利地“上屋”，之后小张则假借客户的手来实施“抽梯”，最终在老板面前揭露了吴昊的真实面貌，让吴昊处在了进退不得的困境当中，如同困兽，只能束手就擒。小张用“上屋抽梯”这一计，不但破解了职场上的阴谋，而且还保得了自己的工作，获得了事业上的成功。

“上屋抽梯”中“置梯”有时比“抽梯”更为重要，而如何“置梯”与一个“贪”字脱不开关系。

可见，为人处世最要不得的就是这一个“贪”字，而这个“贪”字仅仅是我们众多人性弱点当中的一个。利用人性的弱点，我们可以适当实施计谋，快速达到自己的目标，也可以通过计谋使自己免于他人的伤害，保得自己周全。没有智慧的人生注定不会精彩，学会巧妙“置梯”和“抽梯”会让我们更好地融入这变化多端的时代。

第二十九计　树上开花

王子超（合肥工业大学马克思主义学院）

借局布势，力小势大。鸿渐于陆，其羽可用为翼也。

这是三十六计中“树上开花”的原文，意思是说：借助别人形成的某种局面（或手段）布成有利于己的阵势，兵力弱小但可使阵势显出强大的样子，就像鸿雁翱翔于天际，它丰满的羽翼能够让它显得更加有气势一样。

“树上开花”是指树上本来没有花，但可以借用假花点缀在上面，让人真假难辨。此计用在军事上，是指当自己的力量薄弱时，可以借别人的势力或某种因素，使自己看起来强大，以此虚张声势，慑服敌人。当己方处于劣势的时候，隐瞒自己的实力，明明乏力却故作很有实力的样子，让敌方摸不清真相，以便能出奇制胜，颇有置之死地而后生的味道。

一、古尔德商场密战

对一个创业者来说，商场就如战场，在商场的拼搏打磨就如同在战场上，战战兢兢小心翼翼地应对十面埋伏，一步踏错都有可能是马革裹尸，万劫不复。从事商业的精英们都很重视销售宣传，造势取胜就是“树上开花”之计运用的体现，为了提高自己企业和产品的知名度，他们积极地运用各种媒介去宣传，从而创造出了很多独特的广告方式，获得了很高的效益。

古尔德是美国的一位大资本家，他几乎收购了除国库以外的美国市场上的所有黄金，算是基本上控制了金价。但是，当时国库里还有不少的黄金，如果政府抛售黄金，那么金价势必会下跌的，古尔德也就会因此而利益受损。因此，为了保护自己的利益，古尔德一直在处心积虑地设法不让国库的黄金出笼，以企图保持自己的行业垄断地位，获得最大的利益。

有一天，古尔德偶然间得到了一个消息，他听说格兰特总统有个极为宠爱的妹妹嫁给了柯尔平上校，而柯尔平上校并不算是很富有的贵族。虽说两人均身世显赫，但是两人的日子也是过得紧巴巴的，并不像寻常贵族那样可以肆意挥霍。谁知这个在常人眼中看似没用的情报，却能够在日后带来无穷的利益。古尔德也确实不是寻常之辈，他顿生一计，想到了能够使自己地位稳固的办法。

于是，古尔德便多方打听柯尔平上校的家园所在。皇天不负有心人，他终于找到了柯尔平上校，并热情地向他伸出了橄榄枝。但是柯尔平上校却十分惊讶，为什么一个商界大亨会找上自己，并且他还十分热情地邀请自己入股参与他的黄金垄断事业。柯尔平上校心想，自己并没有多少资本值得古尔德惦记，而且自己也没有多少能力赚大钱，否则自己也不会是现在这落魄的样子。他并没有被诱人的利益冲昏头脑，他还保持着清醒，于是，他很坦率地向古尔德表示：“亲爱的古尔德先生，多谢您的好意，但是我并没有足够的钱购入您的股份，而且我只是空有贵族之名，尚无贵族之实。不好意思，耽误您的时间，害您白跑一趟了！”可古尔德为人精明，善于谈判，化腐朽为神奇。他在去拜访柯尔平上校之前，已经预料到了柯尔平上校会拒绝，并且以没有资本和能力为借口。于是，他对上校说：“不要紧的，您不用担心钱的问题。我是因为很敬佩上校正直的为人和卓越的才能，所以才想与您交个朋友。您放心，您不用拿一分钱，就可以得到我公司的股票，这点小小的股票就算是我的一点心意和诚意吧！”柯尔平上校见古尔德这么诚恳，又受巨大的利益吸引，于是便答应了古尔德的请求。两人最后签订了如下协议：柯尔平在古尔德这里认购 200 万美元的黄金股，只要黄金价格上涨，柯尔平每周便可以领到黄金股的涨价费。可若黄金价格下跌，柯尔平则要作出相应的赔偿。

柯尔平上校心里明白，为了保护自己的利益不受损害，甚至赚个盆满钵满，就必须要防止金价下降。于是，还没等古尔德示意，柯尔平上校就自己主动通过妻子劝总统不要抛售国库的黄金。过了一段时间之后，市面上的黄金渐少，金价飞速上升，柯尔平上校和古尔德均是大赚一笔。到 1871 年 9 月 22 日，市面上已无黄金供应了，可是这引起了全美国人民的强烈反对。迫于舆论压力，格兰特总统终于决定抛售国库的黄金。柯尔平劝说无效后，马上就把这一消息告知了古尔德，同时请求总统暂缓一天，然后再宣布抛售国库黄金的通知。就在这最后的一天里，古尔德抛售出他手里所有的黄金，净赚了 2000 万美元，

古尔德掌握了关键人物之间的关系，投机取巧，借局布势，是商业经营中典型的“树上开花”之计，也不失为“君子之财，取之有道”的人生智谋。

尽管有人说古尔德是一个高深莫测的华尔街强盗，是一个为达目的不择手段的恶魔，但他更是一个名副其实的金融和商界天才。虽然古尔德犯过他们那一代金融家所犯过的每一项罪行，但实际上却没有比那些

输给他的金融家或实业家给社会造成更大的危害。但是在过去的几个世纪里，那些金融家或实业家却享有比古尔德更高的声誉，那是因为，他的商业竞争对手在输给他以后，没有去思索更为高超、更为精明的商业计策去突围，而是向饥饿的媒体提供了各种歪曲的素材，以便将古尔德描述成华尔街的恶魔，让他臭名昭著，无法翻身。

解析古尔德的黄金垄断之举，其实是我国古代“以正合，以奇胜”的兵家取胜要诀的体现。一般来说，打仗没有奇兵便不易告捷，商战不出奇招也不易取胜，而我们在人生岁月中又何尝不是如此呢？善出奇者，为什么能为众人之所不能，这与他具有独到的见解是分不开的。做人不仅要具有独立意识、独立人格，而且还要善于打破常规，充分展示个性魅力，做自己人生的智者。

二、安德烈北极探险

人类探索北极的历程，已经成为一首跨越千年的史诗。为什么人类要去北极点？是与生俱来的好奇心，还是对一切与物质无关的事物充满兴趣？也许，一个人最大的财富，是血液里创新的激情，无关乎已经创造出来的东西；是心灵与历史人物的对话，无关乎浩瀚典籍；是读万卷书、行万里路的勇气与理想，无关乎前行之人。1924 年时，《纽约时报》的记者曾追问过攀登珠峰的伟大先驱乔治·马洛里：“你为什么要攀登珠峰呢？”他回答：“因为山在那里！”

没错，因为北极在那里，才引得无数英雄竞折腰。可是，北极不是你想探索就能去得了的，你必须要有丰富的经验、机智的头脑、强健的体力，更重要的是要有足够的财力支持。可惜，萨洛蒙·奥古斯特·安德烈唯独缺了充足的财物，但他并没有气馁。

他生在19世纪末期，是瑞典著名的探险家，本该受众人爱戴的，却是一穷二白。为了得到有关北极圈内迹象的科学数据，填补地图上的空白，他便想要组织一次北极探险，实现心中的梦想。1895年，经过周密的计算和安排，安德烈在瑞典科学院正式提出了乘飞船到北极探险的计划。但是，并不是所有人都对他的计划感兴趣，新闻界就是用一种漫不经心的态度加以报道的，这也反映了当时的相当一部分人对此项计划的态度。随之而来的便是经费问题，由于人们对此项计划极为不信任和不关心，因此也就很少有人来提供经费。没有钱，一切都无从说起。

安德烈却从不言弃，他坚持不懈，整日奔波，挨家挨户去找那些大富豪和大企业家，但是他们之中又有谁愿意投资一项与自己毫无关系并且毫无回报的事业呢？又有谁愿意投资一项也许没有任何机会成功的虚妄的冒险事业呢？

在数十日的奔波劳累之后，安德烈筋疲力尽之时，终于找到了一位善良好心而且乐观开明的大企业家，他表示自己愿意承担全部费用，无偿地资助安德烈一行人执行那个北极探险计划。同时，他还向安德烈提了一个很重要的建议：希望这项冒险计划能够得到人们的关注，如果就这样悄无声息地走了，岂不是无形地削弱了这次探险的意义吗？安德烈听完后，仔细地思考了一番，觉得他说的很有道理。于是，两人经过万全的商量，终于决定让安德烈继续去募捐，扩大影响。但是，人们对此的反应仍然很冷淡，不光是不闻不问，甚至还对他们冷嘲热讽。安德烈情急生智，想出了一个大胆的办法，就是把自己的探险计划写成一篇极其详细而且严谨的论文，用大量的证据论证了这项计划的极大可行性及其不朽的意义。然后，他就请求那位开明的企业家一定要想方设法把这份文章呈献给国王。

经过了不少的周折，国王终于见到了安德烈写的这篇文章。他对这个大胆的计划感到很新奇，于是便召见了安德烈，并询问了有关探险的一些具体情况。两个人谈得很投机，最后安德烈就要求国王象征性地提供一些小小的赞助，没想到国王慨然应允了，这对安德烈来说，简直就是一个大馅饼啊！这个消息很快就在贵族和民间传开了，新闻界也对国王关注此事予以了相关报道。大家心想，既然国王都对这件事情这么感兴趣，那么此事一定有它的价值所在。于是，许多名流、富豪也都跟着国王学样子，纷纷对探险一事予以关心，不管是真心还是假意，他们总归是捐赠了大笔费用。在不知不觉中，这件事情已经在坊间广为流传了。许多普通的民众也因此开始对这项计划感兴趣了，似乎大家都明白了探险的意义。此后，安德烈的事业终于不再是他一个人的事业，而变成了一项公众的事业。安德烈终于成功了。

在此事中，安德烈并没有用什么偷鸡摸狗的手段，就轻松地筹得了大笔经费，靠的就是这"树上开花"之计。利用国王的声望和权势，为自己的北极探险计划锦上添花，使其得到更为广泛的关注，从而获得更为充足的资助，不失为明智之举。

三、买家谈判有妙招

为人处世，即便用了"树上开花"的计谋，照样还是光明磊落。其实在生活中，不知不觉的情况下，或许我们就用到了这个计谋，就比如下面这一场司空见惯的谈判。

一般说来，在谈判中应用"树上开花"之计，主要体现在向对方施压上。施压方式大致有以下几点：为对方引进竞争对手，向对方施加时间压力，黑脸白脸策略，最后通牒，用其他的方法压迫对方（请示上级、不开先例、白纸黑字），把难题抛给对方，声东击西，谈判中的盘外招（疲劳战、请君入瓮、设置假象）。

就拿买家具这件小事来说，讨价还价的门道还大有可言之处。假设甲乙两方是买家，丙方是卖家。一天，上午 10 点，甲乙两方来商场上买沙发，正巧逛到丙处，相中了一个非常漂亮且大气的沙发，两人就想要把这沙发买回家，奈何沙发价高居不下。于是，买卖双方讨价还价起来。

丙说："您看我这沙发，用料上乘，质地柔软，摸起来手感细腻，看起来做工精细，每一个缝合都完美得令人难以察觉，绝对是奢华大气上档次的高级货啊！而且是物美价廉，就 3780 元，不多也不少，我一点都不占您便宜！来一套吧！"

这话说得甲乙两人有些心动，但是为了少付钱，还是要再磨一磨。于是，甲回答道："没错，您家这沙发看上去是真不错，否则我们也不会在您这驻足啊！但是我们之前也转过别家，跟您这沙发一样的料子，一样的质感，却是不一样的价钱啊！人家只卖 3200 元，您说这是怎么回事儿？我俩是看您面善，就想着您要是降降价，我们也就拿您这沙发了，逛了这么久也累了不是，赶快买完我们也好歇歇回家吃饭啊！您说对不对？"

丙一听，顿时明白了，原来是想要低价买回家啊，可这也不是这么容易的！"我明白您两位的意思，但咱这是小本生意啊，禁不起折腾。恕我不能帮您这忙了，见谅见谅啊！不过要是您两位出价 3700 元，我也就忍痛割爱卖给您了！"

两人见卖家不愿意降太多价，便想着，不如一人扮黑脸，一人扮白脸吧！于是，甲说道："您说您这也太抠了啊！就降这么 80 元钱，怎么好意思呢！别家跟您这一样的沙发都比您的便宜五百多块钱呢，您还不肯降下来，要不是因为我们懒得走回去，也就不跟您这里浪费时间了！”可是乙说：“小甲，我不想再往回走了，就拿这家的吧！我看也挺好的！”甲反驳道：“好是好，但它太贵了啊！我们何苦花这冤枉钱呢？你再坚持一小会儿，我们还是去买刚才那家的沙发吧！省出来的钱，我们就能吃大餐了！”乙附和道：“好吧，都听你的了！那我就再坚持着多走两步吧！就当是省出钱来吃大餐了！”随即，两人做出准备要走的架势来。

丙一看，这两人难道是想走吗？难道真有比我这还便宜的沙发？或许我真的是把价格给定高了。丙已经心乱如麻了，心里暗道，好歹是3000多元钱呢，也能把本给赚回来了，要不就卖给他俩算了。于是，丙说：“好了好了，看这也快到饭点了，大家也都累了，不如我就狠狠心，3200元卖给你们吧！”

两人听了之后，对视一笑，做出漫不经心地往回走的样子，甲又说：“老板，顺便问您一句，要是我们现在买的话，您几点送到啊？”丙急忙回答：“您先留下地址，四点前一定给您送到，绝不误事！”没想到，甲仍旧不松口，又说：“小乙，刚刚那个老板是不是说两点前送到来着，要不我们还是去那家吧！”乙应和道：“对啊，他们两点之前就能送到了，那我们还是去刚才那家吧！”

丙一听，这单生意难道要黄了不成？心想，煮熟的鸭子怎么能飞了呢？我可得抓住这生意啊！都谈了这么久的价了，总不能让我在这白费口舌吧！急忙道：“两位留步，我再便宜点卖给你们就是了，也不能瞎耽误这些功夫啊！大家讨生活都不容易，何必这么伤和气呢，您说是不是？”甲又说了：“那我们得看看您便宜多少了，要是不满意，我们就立即回去，也不在这多费口舌了。”丙慌忙答道：“3000，3000，这下总算行了吧！您要再想便宜可就不成了，我这已经是亏本卖给你们了！”于是，这单生意就这么成了。

在这个案例中，以上提到的八种施压方式全都包含在内了。在谈判中，利用“树上开花”之计给对方施压的招数还有很多，比如，借法律之剑压人，面对脑筋发烧的人，劝告者可以站在法律的态度上，以严正的口气、威风的情态，着力强调对方行为可能造成的危险后果，借以增强语言的威慑力，引起对方的警惕，能有效地避免事态恶化。心理高压让人露真相，当人处于危机状态中时，会浮现出赤裸裸的自我，掩盖外表的理智也会丧失，神不知鬼不觉地会吐露出真心话。此时无声胜有声，对某些威风凛凛来找碴的人，如果你惊恐万状，不理不睬，便会产生比硬碰硬更大的震慑力，也就是说缄默成了最为强硬的兵器。

四、李昊巧计升副总

“树上开花”之计既能在谈判口才中可见一斑，又能在职场烽烟里展露端倪。下面这一例，可谓是职场里的“树上开花”。

王军是 A 市某大型系统集成公司的老总，在业内素以诡计多端著称。或许是用脑过度的缘故，30 多岁的年纪便已经有谢顶的趋势了，算是应了“聪明绝顶”这四个字吧！近几年来，王军凭着他“聪明绝顶”的脑袋想出了不少的“阴谋诡计”，也打下了一些单子，巩固了公司的江山。

强将手下无弱兵，李昊在王军手下做事也有几年时间了，当然学到了许多智谋手段。他本就是出身于某重点名牌大学，一毕业，便加入了王军的公司。四年内，他从一个普普通通的员工成长为公司的技术部总经理，做过很多的大型项目，无论是硬件、网络还是软件，都十分精通，而且可以说，李昊是王军在公司里最器重的人。

最近，公司里原来的副总面临着年老退休的问题。于是，在无形之中，一场“副总争夺战”慢慢地拉开了帷幕。

李昊身为技术部的总经理，便想要再高升一级，而且他又是王军手下之人，升任副总的希望非常大。但是，公司的一个元老陈振国也想把自己人送上副总之位。张磊就是陈振国心中的理想人选。

在公司的一次内部会议上，王军提出来让李昊继任公司副总的想法。没想到，这个主意一经提出，便遭到了元老陈振国的反对，双方僵持不下。王军碍于陈振国在公司里德高望重的地位，不好声色俱厉地公开反对他。于是，这场会议便不了了之。

这之后的某一天，李昊在翻看报纸时偶然发现，招聘栏里有××公司招聘信息管理人员的信息。这是一家刚刚在 A 市落户的企业，是某世界五百强企业在中国的子公司，目前正处于产品的试生产阶段，还没有正式投产。现在公司的规模也不大，只有 200 多人，但李昊知道，这只是暂时的情况，过不了一两年，等产品试生产完毕，这家企业就会大规模扩张，信息化建设也会大规模地投入。于是，一个绝妙的计划在李昊心里悄然发芽了。

李昊便立即上楼去敲响了王军办公室的门。

“王总，我突然想到了一个计划，一箭双雕，既可以让我坐上副总的位置，又能确保您在公司里的地位不受动摇。”李昊坐下之后说道。

“哦？什么计划？说来听听。”王军面露喜色。

“您知道××公司吧，您觉得这个公司的潜力怎么样？”李昊说。

“虽然目前规模不大，但以其母公司的实力以及中国市场的购买力，相信过不了多久，××公司就会成为国内这个行业的‘巨无霸’。李昊，你就别卖关子了，赶快说说你的计划吧！”王军对李昊突然问起××公司有点奇怪，因为他知道李昊不会无缘无故地提起××公司。

“嘿嘿！我是对这个公司以后的信息化建设感兴趣，现在有一个大好机会可以让我们以后拿下××公司所有的的信息化建设。您看一下这个招聘广告。”李昊把手里的报纸递给了王军。

王军看了看招聘广告，突然就明白了，“你是想趁这个机会打入××公司内部，日后再拿下我们两家公司的合作，立个大功！”

“王总果然英明！××公司现在正在招聘信息管理人员，应该是为以后的信息化建设做准备和规划，而这名信息管理人员很有可能会成为××公司未来的信息部经理。所以我想去××公司应聘这个职位。相信过不了三五年，我们就可以里应外合，拿下××公司所有的信息化项目了。”李昊激动地说。

但是李昊心里还有一个担忧，所以没有立即动身。王军浸淫职场几十年，察言观色的本领一绝，早就猜到了李昊的担忧之处。立马说道：“你放心，在你去××公司的这期间，你在公司的薪水和职位都会照常。等你回来以后，再将你升任为公司的副总经理。到那时，就一定不会再有人反对了。在这期间，为保公平，我先去聘请一个职业经理人担任副总。”

“好，既然王总这么信任我，那我一定做好。”李昊见自己前途无忧，立马打包票。

第二天，李昊便到××公司去应聘。以李昊的资历和水平，在所有应聘的人当中自然是出类拔萃的，最后毫无悬念地被××公司录用了。一年后，李昊成为××公司新成立的信息部的经理，而××公司和王军公司的合作也水到渠成了。于是，王军的公司大赚了一笔，李昊也顺理成章地当上了副总。

在这一案例中，李昊借着转去××公司工作的机会，成功地当上了××公司的信息部经理，最终拿下了两家公司的合作。凭借着为公司立了大功的契机，他让同事们不再对自己当副总有言语。可见，他确实领悟到了“树上开花”之计的精髓，先“布势”，再“剪贴”以期“威敌”。

第三十计　反客为主

周子琳（合肥工业大学土木与水利工程学院）

乘隙插足，扼其主机，渐之进也。

这是三十六计中“反客为主”的原文，这句话的意思是抓着对方的空隙，看准时机插足进去，设法控制敌人的要害，这是循序渐进的结果。“反客为主”的原意是指：主人不会待客，反受客人招待。这是变被动为主动的一种计谋。

此成语出自杜牧注《孙子兵法》：“我为主，敌为客，则绝其粮道，守其归路。若我为客，敌为主，则攻其君主。”意思是，我为被动时，要努力寻求方法变为主动，攻击对方不注意的地方或首要的地方，抓住时机给对方重大打击。

一、曾国藩知人善任

“反客为主”之计告诉我们：必须充分信任人，才能用好人。跟什么样的人，做什么样的事，这在曾国藩看来是个不容忽视的原则问题，也是决定一个人能否成功的重要因素之一。他说，那些对人时信时疑、时明时暗的人决不能跟从。因为一旦时常发生因疑而弃、因暗而忌的事，后果可能就不堪设想了。因此，他提出“做好人、做好官、做名将，俱要好师、好友、好榜样”，并提出要选择这样的人一同跟他干事：一是意志坚卓，不为浮言所动，即“不随众为疑信”；二是品性宏大，能打开局面，即“初基不必大，然气势充畅”，用今天的话说，是有发展潜力。

曾国藩善于与人合作，因为单干终究是力量有限。他对其小弟曾国葆的安排突出了“择人而事，不可草草”的原则。曾国藩中进士后，对几位弟弟是个莫大的鞭策，曾国葆也不甘示弱，每日用功学习。1847年，曾国葆已满 19 岁，但尚未取得功名，心中不免有点消极怠慢之情。对此，长兄曾国藩又向他指出：“此万万不可。”他在以当时许多名人中举、中进士年纪较大的事例加以开导之后，鼓励其“步步前行，日日不止，自有到期，不必计算远近而徒长吁短叹也”。在长兄的细心教诲之下，通过自己的努力，曾国葆于次年 8 月参加府试考取第 9 名，成为诸生。但从此后，曾国葆厌弃科举，不肯继续入学深造，居家乡一边自学经史、练书法、作诗文，一边侍奉老人、照料家务。

1853 年，曾国藩训练湘军于湘潭、衡阳时，曾国葆极力推荐杨岳斌、彭玉麟之才，可以用为水师统领之职。第二年，曾国葆率湘军一部初战于岳阳，兵败，自引咎，言诸将无罪。随后，曾国藩统率湘军水陆各营出境援战湖北、江西等地，曾国葆则离开军营返回家乡。在一些经商朋友的鼓动之下，他开始做起了小本生意，往来于衡阳、湘乡、湘潭、长沙等地。对此，长兄曾国藩提出了不同的看法。他在 1858 年 8 月 28 日的家书中指出：“季弟生意颇好，然此后不宜再做，不宜多做，仍以看书为上。”在曾国藩看来，做生意容易把人的心术变坏，还是半耕半读靠得住，即使读书不去应考，也可以使人养成良好品行，变化人的气质。是年 11 月中旬，曾国华战死于三河镇后，曾国藩又在家书中反复叮嘱曾国葆："明年出外，尚须再三筹维。若运气不来，徒然怄气。帮人则委曲从人，尚未必果能相合；独立则劳心苦力，尚未必果能自立。"如果真正能够做到委曲求全、吃苦耐劳，则家庭亦未始不可处也，希望他能放弃经商致富的打算。

曾国葆经过仔细考虑，决定弃商从军，为兄曾国华报仇。曾国藩得知这一消息后又在家书中叮嘱："季弟决计出外，不知果向何处？"并明确告诉他，如果要出山，就须选择好人。"今日办事之人，唯胡润之（胡林翼）、左季高（左宗棠）可与共事。此外皆若明若昧，时信时疑，非季弟所能俯仰迁就也。"希望他能做到"择人而事，不可草草"。随后，通过与两位在外从军的兄弟的商议，曾国葆于 1859 年春，自湘赴鄂投奔到湖北巡抚胡林翼麾下，由胡遣令率千人自黄州转战潜山、太湖。后又入曾国荃大营，率所部攻安庆，设计招降太平军将领程学启。

对"择人而事，不可草草"体会最深的莫过于曾国藩的高门弟子李鸿章了。他曾经说过："以前跟了那么多的人做事，做得好上司就忌妒，做得不好就会有罪，总之是无所适从。而且，跟这些人也学不到什么真本事，更谈不上建功立业了。自从跟随老师曾国藩后，好像一切都有了方向，所以才有后来的发展。"他晚年回忆说："自己当年第一次离开老师的幕府，胡林翼反复开导我，认为天下人可以扶助成就大事的没有几个人，而老师曾国藩是首选，于是重新回到了老师身边。现在想来，多亏胡林翼的教诲呀。"

曾国藩大胆地委任，是对部属的充分信任，是对他们的尊重，这样就改变了他们的从属、被动地位，有利于激发他们的主人翁意识。

确实，“择人而事，不可草草”。在我们日常生活之中，若能常常做到以己心度他人之心，把对方当作主人，结交心地坦诚、肝胆相照的朋友；用人不疑、知人善任，便能更好地提升自己和他人的价值。“反客为主”，既帮助他人找准位置，也帮助自己走向成功。如今社会中，很多人过于关注自我，反而丧失了更广阔的进步空间。如果我们能像曾国藩一样，多花出心思了解他人，以他人为主位去思考问题，未尝不是一种得到朋友、事业伙伴帮助的捷径。巧妙运用“反客为主”，就可能帮助我们往更好的方向发展。

二、胡雪岩以情动人有妙用

曾国藩“反客为主”计谋的使用是他人生智慧的实践，著名徽商胡雪岩在为人处世上对“反客为主”计谋的使用，也帮助他把生意越做越好。

胡雪岩对下属的管理，不仅仅是物质鼓励，更多的是感情投资。他深知“反客为主”才能“得人心”的重要，对下属总是设身处地地关心照顾，帮助他们解决实际困难，祸福同当。他曾对手下的人说过：“我请你们帮我的忙，自然把你们当一家人看，祸福同当，把生意做好了，大家都有好处。”

在实际中，他也是这么做的。胡雪岩深深懂得，要得到真正的杰出之士，只凭借钱是不能成事的，关键在于“情义”二字，要用情义来打动他们。他就是用这样的手法，为朋友王有龄收揽了一名得力的助手嵇鹤龄。

却说王有龄做官以来事事顺利，正当他春风得意的时候，却接下了一件意想不到的任务。新城有个和尚，公然聚众抗粮，抚台黄宗汉要王有龄带兵剿办。然而新城民风强悍，吃软不吃硬，如果带了兵士，说不定会激起民变。候补州县只有个叫嵇鹤龄的，主张“先抚后剿”，主意很是不错，但是他恃才傲物，不愿替别人去当这送命的差使。尽管嵇鹤龄穷得叮当响，可是他就是不谈钱，不哭穷。胡雪岩自觉非说动嵇鹤龄不可。刚好嵇鹤龄新近追悼亡妻，于是胡雪岩穿上袍褂，戴上水晶顶子大帽，坐上轿子，带上随从，径直前往拜访。

胡雪岩找到嵇鹤龄的家，声称来拜亡人，要嵇鹤龄出见。无奈嵇鹤龄以素昧平生为由，拒不出见。站在庭院里的胡雪岩早已料到嵇鹤龄会采取拒人于千里之外的态度，但他还准备着一步棋。只见他款步走到灵堂前，捧起家人刚才点燃的香，毕恭毕敬地行起礼来。这一招确实够厉害的，因为依照礼仪规矩，客人行礼，主人必须还之以礼，嵇鹤龄无奈，只好出来，请胡雪岩入室相坐。待一坐下来，胡雪岩便展开了他那练就得炉火纯青的嘴皮功夫，说了一阵恭维、仰慕之类的话。嵇鹤龄听了这些话，清高的傲气也就消减了一半。“嵇兄，还有点小东西，是王大人托我转交给你的，请笑纳。”说着，胡雪岩掏了个信封，递了过去。

嵇鹤龄接过信封，掏出来一看，里面原来是一叠借据和当月底根，只是上面盖着“注销”的印戳，或写着“作废”二字。原来这些都是胡雪岩通过自己在钱庄、当铺的熟人做了手脚，给嵇鹤龄取出来的。嵇鹤龄被胡雪岩的言谈和举动所打动，言语之间也就缓和下来了。嵇鹤龄知道胡雪岩是王有龄倚重的人，刚刚见到他时还心生戒备，但在胡雪岩这一番事情做完之后，不仅戒备防范之心尽数解除，相反还对胡雪岩生出一种由衷的佩服。此刻日已近午，胡雪岩便请嵇鹤龄出去吃饭。嵇鹤龄家里没有内助，四处杂乱无章，凌乱不堪，只好主随客便。于是进屋换了布衫，和胡雪岩携手出门了。

数日后，嵇鹤龄在王有龄的安排下，亲赴新城，结果不负众望，大功告成。他协同地方绅士，设计擒获首要各犯，解送到杭州审讯法办。抚台黄宗汉已经出奏了保案，为有功人员请奖。只是作为首功之士的嵇鹤龄都只给了一个明保。胡雪岩深知其中有鬼，回去封了两万银票给黄宗汉的老家汇去，然后通知王有龄可以去见抚台了。抚台当面答应王有龄调任后的浙江海运局差使，由嵇鹤龄接任。事情至此，一个本来难解的问题终于成了皆大欢喜的局面。

可以看出，胡雪岩用非常高明的手段收服了嵇鹤龄，他的做法有两个不可忽视的作用：第一，从感情上感动嵇鹤龄。嵇鹤龄丧妻未久，除不多的几个气味相投的知己朋友之外，还没有多少人来吊唁。胡雪岩对于他的亡妻的真诚祭典，由此可见他对于嵇鹤龄中年丧妻的不幸的同情。第二，帮在实处。嵇鹤龄一直没有得到过实缺，落魄到靠着典当过活的地步。帮在实处，便见真情，使嵇鹤龄更没有理由不感动。而且，更绝的是，胡雪岩知道嵇鹤龄有一种读书人的清高，极要面子，是决不肯无端接受自己的馈赠的。因此，他为嵇鹤龄赎回典当的物品，用的是嵇鹤龄自己的名号，并且言明，赎款只是暂借，以后嵇鹤龄有钱归还时，他也接受。这样，不仅为嵇鹤龄解决了实际的困难，而且也为他争回、保住了面子。有此两端，我们也就难怪嵇鹤龄这样一个十分傲气的读书人，会对胡雪岩这一介商人的行事作为刮目相看了。

显而易见，嵇鹤龄这般心高气傲，一般人遇到如此难题，都会束手无策。胡雪岩换位思考，主动把嵇鹤龄的位置由“客方”换为“主方”，轻而易举获得成功。其实，我们为人处世时，如果能主动化敌为友，引敌入主位，未尝不是一种巧妙的方法。

三、巧妙施计制喧哗

生活中，我们既需要像胡雪岩那样深谙处世之理，也需要婉转幽默的口才来使人信服。

1890 年，美国著名作家马克·吐温应邀参加了道奇夫人的家庭宴会。在宴会上，许多人互相交谈，人声嘈杂，而且有些人嗓门越来越高。马克·吐温觉得用餐时高声喧哗既不文明，又影响食欲，但如果此时大声制止他们，肯定会惹人生气，甚至弄得不欢而散，大伤和气。

马克·吐温忽然想出一条反客为主的妙计。于是，他对旁边的一位女宾说："我想让这喧哗吵闹静下来，我有一个主意，请您帮帮忙，好吗?"女宾同意了。马克·吐温接着说："请您把头放到我这边来，装出一副听我讲话听得很入神的样子，而我则尽量压低嗓门说话。这样一来，旁边的人便很想听我在说些什么，就会安静下来。这时除了我叽叽咕咕的轻微声外，就不会再有喧闹的声音了。"那女宾说："先生的主意妙极了。"于是她照着马克·吐温的吩咐，歪过头去，装出一副在听的样子。马克·吐温开始低声说："11 年前，我曾去芝加哥参加欢迎格兰特的庆祝活动，当晚举行了盛大宴会，有 600 多名军人到场。当时，坐在我旁边的一位先生，因为他听力不好，生怕别人听不到他的说话声，所以不说话则已，一开口便吼声如雷，使旁边的人吓得惊骇起来。"

这时，席间的喧闹声便逐渐安静下来，所有的人都想听马克·吐温到底在说些什么，并不约而同地都斜着身子来倾听。接着，马克·吐温又低声说："那位先生不大声吼叫的时候，坐在我对面的一位先生对他身旁的先生讲的故事快要讲完了。我只是仿佛听到他说：'只见那人很快揪住她的长头发，这女人尖声吼叫，哀求着把她的颈子按在他的膝盖上，然后用剃刀猛地一划……’”

宴会厅里已经完全安静下来了。这时，马克·吐温不再叽叽咕咕了，他突然站起来说道：“女士们，先生们！我刚才是在玩游戏，目的是为了制止这场喧闹声。在宴会席间不是不可以说话，但要讲文明，可以一个一个地讲，不要一大伙人同声尖叫，高声喧哗。我想你们是会同意我的建议的。”大家都觉得马克·吐温说得有理，宴会在既文明而又欢快的气氛中度过了。马克·吐温以他的机智和口才，巧创一个文明的环境。他后来曾感慨地说：“在我一生中，从来没有像那次那么高兴。因为新的环境、新的条件使我的情绪又有了新的飞跃，从而产生了一个又一个的创作激情。”

马克·吐温这个方法实在是妙。面对众人高声喧哗的情形，大声呵斥是没有用的，也不会有人愿意去听。如何让众人主动安静下来去听呢，马克·吐温站在他人角度上，出此计谋，将计谋巧妙地用幽默的口才实践，用文明的语言使众人心服口服，反客为主，吸引了众人，自己也得到了肯定。看来“反客为主”计谋只要在我们的语言中巧妙使用，便可帮助我们轻而易举达到目的。

四、办公室职场巧用心计

“反客为主”不仅能帮助我们巧妙解决生活中的难题，运用到职场上，往往还能够帮助我们创造更好的效益。

某IT公司的A处承担一个大部门工作，B处承担一个小部门的工作。A经理常以“大”自居，工作主动性差，每次向上级汇报工作总是被办公室安排到最后。等到他发言时，上级已经累得精疲力尽，只得催促他“简单一点，快一点”说。有时候，他还没来得及汇报完，就因为时间不足而宣布散会了。B 经理则敢争敢抢，不以部门小而自卑，每个星期都要坚持向上级汇报一次工作，并且要办公室主任安排他首先汇报。每次汇报，他不但谈自己的工作，还要把处内的好人好事表扬一番。

一年之后，上级在评价两个经理的工作时，都觉得 B 经理干了不少事；对 A 经理，则有一种“不了解”“不清楚”的感觉，有的上级甚至给他一个“干了点事，但是不突出”的评价。一争一让，做法不一，效果也就截然相反。这个 A 经理，不仅自己一年的工作在评比上被打了折扣，连部门的同事也跟着吃了亏。

汇报工作是如此，日常的工作也是如此。A 部门入职了一位和 B 经理一样会巧妙使用“反客为主”计谋的员工。他为人老实，虽然部门里很多琐碎的杂事都扔给了他，但是他一直毫无怨言，而且完成的都还不错，即使明显看得出来有些事情是故意为难他，他也只装作不知道。渐渐地，不但部门同事接受了他，领导也对他有好感，但是关键项目仍然交给资深员工来做。没过多久，部门中最重要的客户突然选择不和公司合作了，部门内部一片混乱，连夜召集会议商讨对策。会上出乎所有人的意料，新来的这个员工一反常态，极其准确地指出了之前客户维护方面的一些问题，并当场承诺自己有能力扭转局面。事实胜于雄辩，他果然在短短几天之内扭转局面，成功赢回了客户。自此以后，他理所应当地成为部门最核心的员工，而之前的客户负责人受到严厉批评，一蹶不振，最终还是辞职了事。其实，这个员工之所以能在关键时刻一鸣惊人，是因为他在平常不断地想办法参与到客户交流会里，看起来是勤奋好学，其实是已经慢慢抓住了关键问题所在，然后暗中施以推手，逐渐引导客户选择放弃合作。借此机会，他才能脱颖而出，凭借对客户需求的深入了解，一举扳回局面，成功反客为主。

“反客为主”之计要求做人者善于变被动为主动，变不利局面为有利局面。其方法就是客方钻空子插脚进去，掌握对方首要机关或要害，循序渐进，变客为主；或被动的一方，抓住时机，变被动为主动，即在形势不利时，要甘居“客位”。B 经理在客位时抓住机会，表现自己，最终被上级赏识，把 A 经理拉下主位，自己一跃而上成为主位。新入职的员工把挑战一一化解的同时，积累了自己的能力，最终遇到契机，反客为主，可谓巧妙。看来只要把“反客为主“计谋使用得当，便可以在职场上得到意料之外的成功。

第三十一计　美人计

韩　旭
合肥工业大学（商学系）

兵强者，攻其将；将智者，伐其情。将弱兵颓，其势自萎。利用御寇，顺相保也。

这是三十六计中“美人计”的原文，意思是，对兵力强大的敌人，要制服他的将帅；对足智多谋的将帅，要设法削弱他的斗志。将帅的斗志衰弱，士卒的士气消沉，部队就会丧失战斗力。利用敌人的弱点进行分化瓦解，就能顺势保存自己的实力。

美人计，语出《六韬・文伐》：“养其乱臣以迷之，进美女淫声以惑之。”意思是，对于用军事行动难以征服的敌方，要使用“糖衣炮弹”，先从思想意志上打败敌方的将帅，使其内部丧失战斗力，然后再行攻取。就像本计正文所说，对兵力强大的敌人，要制服它的将帅；对于足智多谋的将帅，要设法去腐蚀他。将帅斗志衰退，部队肯定士气消沉，就失去了作战能力。利用多种手段，攻其弱点，己方就能顺势保存实力，由弱变强。

一、“谍海女王”的杰作

竭塔·哈丽是世界间谍史上最出色的间谍，人称“谍海女王”，她成功窃取英国19型坦克设计图一事，堪称她在间谍史上的“杰作”。

在第一次世界大战中，德国情报机关获知，有一份英国19型坦克设计图藏在法军统帅部高级机要官莫尔根将军家的绝密金库中。德国情报机关当即命令哈丽尽快获取该图。

远在巴黎的哈丽接到命令后，马上拟订了自己的行动计划。哈丽是荷兰人和爪哇人的混血儿，天生丽质，美貌绝伦，她在巴黎又是有名的大舞星。因此，哈丽精心地筹备了一次家庭舞会，并巧妙地邀请莫尔根前来赴会。在舞会上，她大大方方地与莫尔根相见、相识。此后，哈丽借口拜访莫尔根两次，两个人聊得火热。不久，哈丽便向莫尔根表达了自己对他的“爱慕之心”，这使莫尔根受宠若惊。哈丽知道莫尔根的夫人已去世多年，他自己孤身一人，便请求到他家里居住，以便朝夕相伴，纵情相爱。莫尔根欣然允诺，于是哈丽担当了家庭主妇的角色。经过一段时间的相处，在一次打扫房间时，哈丽终于发现密库，但上面有密码锁，怎么也打不开。

这时，柏林方面来电，指令她必须在24小时内送出情报，并告诉她密码可能是6位数。

晚上，哈丽在莫尔根的酒里放了大量安眠药。莫尔根几杯酒下肚，倒头便睡。哈丽乘机想办法去开密码锁，但无论怎么试都打不开，就在她感到要绝望的时候，她发现对面墙上挂着一个老式挂钟。为什么挂钟的指针总是停在9时35分15秒呢？它是不是一个密码呢？晚上9时就是 21 时，密码锁的密码很可能是 213515。哈丽输入这个数字串果然打开了密码锁，然后她用微型照相机拍下英国 19 型坦克的资料，并在当晚将胶卷寄出。

二、曾国藩拒绝小便宜

哈丽利用“美人计”成功拿到了自己想要的东西，顺利完成了任务，这不失为一项智谋，我国的大学士更是将这一计谋作为处世与修身做人的方法。曾国藩就是如此。“美人计”用在为人处世上，即不为利益所迷惑，专注于自己要做的事。曾国藩指的不是单纯的对心理欲求的限制，既包括心理活动，也包括行为规范，从范围上说，是治心、治身、治口浑然一体；既有表面的现象，也有发自内心的本源。他用阴阳来比喻，忿，就是愤慨、愤怒、情绪化。曾国藩称他为“阳恶”，也即表现在语言行为上出口不逊，情绪难以控制。

对于曾国藩来说，“美人计”另有新意，即反对自己占人好处，并且不能占人半点便宜，这即为不贪，会施以恩惠是他能够取得长久胜利且让大家一致说好的手段。这说明，他懂得：赢得别人的赞赏最好的办法是恩惠术。

曾国藩的恩惠术是超乎常人的，是一种大智慧。明代人杨继盛在临终前给他儿子的遗嘱中写道：“宁让人，勿使人让；吾宁容人，勿使人容；吾宁吃人亏，勿使人吃吾之亏；宁受人之气，勿使人受吾之气。人有恩于吾，则终身不忘；人有仇于吾，是即时丢过。”这既是箴言，也是苦药，更是一个临终的老人对人生的彻悟，蕴藉着极其丰富的人生奥义。他只讲了一个字——“恕”，但每一句都在说，宁人负我，我勿负人。

曾国藩对人性的理解，较杨继盛更甚。他认为，那些施恩于自己的人都是另有企图，少则百数，多则千数，不过是诱饵，将来万一自己做了总督或是学政，不理他们则失之刻薄，理会他们，将会无法满足他们的欲望。正是出于这种考虑，曾国藩在京八年，从不肯轻易接受他人恩惠，并嘱咐弟弟："凡事不可占人便宜，不可轻取人财，切记切记。"

作为官场之人，这包含着对占便宜失身失节的领会，曾国藩是个聪明人，这更是一种怕麻烦的心理，他自然是有这层考虑的。

所以，占便宜，无论以哪种形式、哪种性质、哪种目的，都可以一言以蔽之：便宜好占，或者难堪，或者麻烦。

1849年，曾国藩的京城住所只有两样东西——衣服和书籍。前者是必不可少的生活用品，而后者则是曾国藩一生所爱。就是这仅有的两样东西，曾国藩表示，将来罢官以后，除了夫人的衣物，其余衣物将与兄弟五人平分。所有书籍一律收入"利见斋"中，无论兄弟还是后辈都不得私自拿走一本。除了这两样东西，曾国藩表示他绝不保留任何东西。

曾国藩说自己在北京做官时，因为经济紧张，虽然对家庭有些接济，可是欠了一些债，回家又需要几百两的路费，情况不甚乐观。

曾国藩曾经劝诫曾国荃：身居高位，不可骄傲。后来更是给他写信："你对我的劝诫，总是不肯虚心体验，动辄辩论一番，这最不可取。我们身居高位，万众瞩目，不可不慎。大凡总督巡抚总以为自己是对的，别人是错的，自满自足。君子过人之处，只在虚心而已。不但我的话你要细心寻思，而且外面所有的逆耳之言，你都应该平心考究一番。所有古人认为，居上位不骄极难。"

做大官做得久的人，总是容易骄傲和奢侈，有时不一定自己想这样，而往往是别人迫使自己这样。曾国藩就遇到过这样的事情。

一次，曾国藩的属下李翥汉说自己打了一把可以炖人参、煮燕窝，花费了八两多白银的银壶，意欲送给曾国藩。曾国藩听说后深深感到愧悔。他说："现在百姓都吃草根，官员也多属贫困；而我身居要职，骄奢如此，并且还窃取廉洁节俭的虚名，真是令人惭愧！要痛下针砭！"

曾国藩非常注重名声，拒绝诱惑，故头脑时刻清醒，乃为智人！

三、以情动人赢谈判

曾国藩以"美人计"严于律己，终成一代名家。"美人计"作为一计兵家之计，除了可作为修身养性的箴言，更多的是能够打动人心，在"荷枪实弹"的争夺与智斗中更能体现它的过人之处。许多人都能够合理地利用这一计谋，俘获人心，避免正面交锋，最终达到了自己的目的。下面就是这样一个例子：

江苏仪征工程是世界上最大的化纤工程，该项目引进了国际上最先进的技术设备，与多家公司合作。但是，在与西德吉玛公司的合作中，我方发现对方引进的圆盘反应器有问题，并给我方造成了重大的经济损失，由此引发了我方对德方的索赔谈判。中方提出了索赔 1100 万德国马克的要求，而德方只认可 300 万德国马克。由于双方要求差距太大，几个回合之后，谈判搁浅了。中方谈判首席代表仪征化纤公司总经理任传俊反复考虑，决定以情为重，真诚相待。他提议陪德方公司总经理理扬·奈德到扬州游览。

在大明寺的鉴真和尚面前，任传俊真诚地说：“这里纪念的是一位为了信仰，六度扶桑，双目失明，终于达到理想境界的高僧。”“你不时常奇怪日本人对华投资比较容易吗？那是因为日本人理解中国人重感情、重友谊的心理。你我是打交道多年的老朋友了，除了彼此经济上的利益外，就没有一点个人之间的感情吗？”理扬·奈德深受震动。

双方从扬州直接回到仪征，谈判继续。任总开门见山地说：“问题既然出在贵公司身上，为索赔花太多的时间是不必要的，反正要赔偿。”理扬·奈德耸耸肩膀：“我在贵公司中标，才 1 亿多美元，我无法赔偿过多，总不能赔本干。”任总紧跟一句：“据我得到的消息，正是因为贵公司在世界上最大的化纤基地中标，才得以在全世界连续 15 次中标，这笔账又该怎么算呢？”对方语塞。

随后，任传俊直率地说：“我们是老朋友了，打开天窗说亮话，你究竟能赔多少？我们是重友谊的，总不能让你被董事长敲掉饭碗。但你也要为我想想，中国是个穷国，我总得对这里的 1 万多名建设者有个交代。”中方这种实事求是的态度，终于感化了德方，最终以德方赔偿 800 万德国马克的结果达成谈判协议。

任传俊就是利用了自己实事求是的态度，虽然德方之前不肯按数赔偿，但是任传俊站在对方的角度上知道合作伙伴十分看重信任方面。准确把握了“美人计”从对手方面出发的内涵与要义，故特意提出日本合作方来与之比较，表现出中国人令人信任的重感情、重礼仪的心理，并真正地把握了谈判对手的心理，不仅在情谊而且在利益方面出发，对德方进行了驳斥，最终最大限度地争取回了自己的利益。

四、巧设计抓住评委心

谈判场上是需要据理力争，但传俊灵活而形式多变地利用这一计谋可以巧妙的维护自己的利益，而在竞争激烈的职场上也是需要竞争者斗智斗勇。合理运用“美人计”迎合对手，对症下药，往往更易取得成功。

去年夏天，一家地市级日报社招聘采编人员，在面试入围的 10 人中，无论从学历，还是所学专业来看，晓峰都处于下风，唯一的一点儿优势就是他有从业经验——在中学主办过校报。

接到面试通知后，他拢了一下思绪，客观地分析了自己的所长和不足，把应对面试的场景做了一番精心设计……

他把收集到的厚厚一摞报纸重新翻了一遍，琢磨它办报的风格、特色、定位以及它主要的专栏等等，做到心中有数。还记下了一串常在报纸上出现的编辑、记者的名字。

参加面试时，评委有 8 个。第一个问题是常规性的自我介绍。第二个问题是“你经常看我们的报纸吗？你对我们的报纸有多少了解？”由于之前已经做了充足的准备，他简单思考后将对这张报纸的认识，包括它办报的风格、特色、定位、不足等全部说了出来。

最后他还说：“我还了解咱们报纸许多编辑、记者的行文风格。例如，某某老师消息写得简洁明了，某某老师善于通讯写作；某某老师文风清新自然，某某老师说理缜密流畅……虽然我与他们并不相识，但文如其人，我经常读他们的文章，也算与他们相识了。”他注意到，许多评委露出了会心的微笑。其实，当时他并不知道的是提到的许多老师就是当时在场的评委。

第三个问题是“谈谈你应聘的优势与不足。”晓峰回答说：“我的优势是有过两年的办报经验，并且深爱着报业这一行。拿起一张报纸，我总不自觉地给人家挑错：题目显得累赘，哪个词用得不合适，哪个错字没有校对出来，版面设计不合理，碰题了、通栏了……甚至有时上厕所，也忍不住捡起地上的烂报纸看……”听到这里，评委们不约而同地笑了。

面试结束的时候，他还把自己主办的校报挑了几份分发给各位评委，请他们翻一翻，提出宝贵意见，并说：“权当给我们学校做个广告。”评委们又笑了。

最终，不出所料，他幸运地被录用了。其实，一开始他并不被看好。然而，其他参加面试的人回答问题过于“正统”和“死板”，正是晓峰事先“设计”好的灵活与幽默，让挑剔的评委们觉得他更适合干记者这一行，最终成了幸运者。

于是，开始不起眼的晓峰自然脱颖而出。

其实，就当时面试现场情况与评委反应来看，晓峰被录取也是意料之中的事情。因为他能够真正地抓住评委的内心，为自己的面试找到亮点与得分点。不同于其他死板正式的面试者，但却恰恰抓住了所竞争职位的关键要素并合适地进行了巧妙的凸显，精心设计的面试从评委的心理出发，熟读并了解了报社作者的文风，最终功夫不负有心人，为成功加分增彩。

可以看出，“美人计”作为“三十六计”中重要的计谋，主要是通过把握住对手的内心世界的需求或者薄弱的地方，巧妙避开锋芒或者投其所好，利用较为省力与准确的方法来攻克敌人或者达成目的。这无论是在自然界、人生中甚至工作以及其他各项事务上，都可以给我们带来一定的指引与启迪，我们需要深刻理解与体会其中的要义。

第三十二计　空城计

鲁　宇（合肥师范学院文学院）

虚者虚之，疑中生疑；刚柔之际，奇而复奇。

这是三十六计中“空城计”的原文，意思是说：兵力虚弱却更显示出虚弱的样子，使敌人加重疑惑；在敌强我弱的情况下，巧妙地运用这一策略就更加令人称奇。

一、场面越大越好

人们常说商场如战场，在商场使用兵法自然是再正常不过的事情，胡雪岩在他的生意场上也像诸葛亮一样通过空城计的使用，成功地“打败”了敌人。

中国人向来喜欢“凑热闹”，哪里热闹往哪里去。胡雪岩就掌握了中国人的这一心理，在生意上特别讲究场面。一般情况下，不过是剪彩、送花篮、放鞭炮、摆宴席等等。胡雪岩在杭州的阜康钱庄开业时，他在场面上也颇费了一番心思。他不仅要求钱庄的房子要气派，装修要富丽堂皇，他还要求墙上的字画一定要是正品，否则会惹人笑话，字画的作者名气不能太小，太小则配不上阜康的招牌。可谓是将气派做到了细枝末节。钱庄开业当天，胡雪岩还请来了官商两界的名人，他亲自接待，可想而知场面何其宏大、何其热闹。

阜康钱庄自开业时就成功吸引了消费者的眼球，顾客们光看着钱庄开张的气派场面就对钱庄充满信任。所以说，讲究场面并不是一味地铺张浪费，而是为了迎合消费者的心理，实际上是在显示自身的实力，给顾客树立一种可信赖的形象。

实际上，阜康钱庄开业之初却是一副空架子。甲午战争之后，洋行联合排挤中国民族银行业，阜康钱庄当然也在排挤之列。由于之前开业时投入过多，场面一收，顾客必会动摇对钱庄的信心，使顾客对钱庄的经营状况、现有实力、未来发展以及信誉程度产生怀疑，从而对自己的资金产生担忧。因此，就算阜康钱庄已经四面楚歌，面临倒闭的危险，胡雪岩也尽量让钱庄表面上看起来一切如常。所以在这样特殊、敏感的时期，阜康钱庄这样的“实力”一定是赢得顾客的最佳办法。

恰恰在困难的时候，他的三女儿即将出嫁。很多人都认为女儿的婚事应当一切从简，将金钱省下用在刀刃上。连他的朋友也劝他说，只要不是太委屈他女儿，场面小一点外人也是能够理解的。

胡雪岩则不这么认为，他对劝说他们的人说：“事情不是这样办的。我现在正处在风口浪尖，他们一个个虎视眈眈地看着我败下阵来。我这时要是示了弱，不仅那些外商看着开心，会继续打压我们，那些客户肯定会认为我们钱庄命不久矣，从而纷纷放弃与钱庄的合作。还是要按我说的，女儿的婚宴还要如初，当初他们是怎么办的，这一个还要怎么办。”

女儿办喜事那天，胡家上下依旧张灯结彩，锣鼓喧天。各式的灯牌、仪仗队排出一里之远。帮忙办喜事的人员一律穿着蓝袍黑褂，帮忙挑运嫁妆的人员一律穿着簇新的蓝绸镶红边的棉袄，场面井然气派。很明显，这一场面向外显示了一个信息：阜康钱庄并没有受到这次挤压排挤的影响，依然能够办这么大场面的婚礼。于是，婚礼过后阜康钱庄照样生意兴隆，胡雪岩在杭州城的其他生意，如典当、药店、四行等，没有一个受到影响，阜康被挤兑的风潮也被冲淡了许多。

不得不说，胡雪岩这一次做得很对。如果胡雪岩在女儿的婚礼上节省了开支，做不到之前的场面，那么，顾客肯定会将这一事件与挤兑风潮联系在一起，而且会进一步认为阜康钱庄甚至胡雪岩的其他产业受这次风潮的影响，损失巨大，从而减少与阜康钱庄的交易，那么钱庄的前景就会堪忧。胡雪岩把三女儿的婚礼办得风风光光，不仅给自己壮势，也给了消费者继续相信他们的理由与信心。

胡雪岩虽然受到外商排挤，钱庄发展举步维艰，但他大办女儿的婚礼，成功消除外界对他生意“金玉其外败絮其中”的怀疑，他的钱庄和其他生意才能继续平稳地进行。他是因为掌握了消费者的心理，才能游刃有余的运用空城计，保住自己的生意。

仔细想来做人也是一样，没有一个人愿意将自己的弱点曝光在公众的面前，人们展现给别人的永远是光鲜亮丽的形象。中国的俗语有“近朱者赤近墨者黑”一说，一般人都愿意和优秀的人成为朋友，这样自己也会变得强大，这就是“大场面”的吸引力。

中国还有“物以类聚，人以群分”的说法，看你的朋友就能看出你是什么样的人，你值不值得信赖，一览无余。所以人们希望别人看到没有瑕疵、强大的自己不是没有道理的。

二、温柔地拿回自己的钱

空城计讲究的是“虚者虚之”，在为人处世方面，这一原则尤为重要。“以虚套实”，就是自己用虚虚实实的话来套取别人说出自己需要的信息，这实际是生活中高明之人的一种处世之道。在这里要注意的是，虚话并不等同于假话。假话是不真实的，与事实相悖的，而虚话则是如烟幕弹一样，只是为了让对方说出自己想要的话，在虚实之间达到自己的目的。

袁平和梁刚两个人既是生活中的好友，也是生意上的伙伴，因此两人十分信任彼此。两人最近刚合作了一桩生意，袁平将自己的那一部分项目资金也都打到了梁刚的卡里，没想到袁平将这笔资金打到梁刚的账上没多久，梁刚就意外出车祸去世了。可是这笔资金对生意来说十分重要，目前生意已经难以支撑下去，急需这笔钱来维持。

袁平一时又凑不出足够的资金继续生意，急得如热锅上的蚂蚁，不知如何是好：如果贸然地去问梁刚的妻子要钱，在人看来不免有落井下石之嫌，显得太不近人情，而且对尚处在丧夫悲痛中的梁刚妻子也是另一重打击；另外他自己也实在开不了这个口，自己朋友的突然离世他也感到惋惜，觉得这样做太伤两家和气。可是现在生意的确是缺了这笔钱就难以进行下去，而且这笔钱没有任何手续可以证明那是袁平打到梁刚卡上的，他怕日子久了这样拖下去，到时候就是有理也说不清。

袁平为此左右为难，回家后把烦恼说给妻子听。妻子得知后，为袁平出主意道：“很显然，你不能直接提钱的事，而且你也不该这时候和他家人说这件事，毕竟他们还没有从悲伤中走出来。你作为梁刚的朋友，他的后事你必须鞍前马后，等到嫂子情绪平复后你再跟她平静地谈起这件事。当然，你也不能单刀直入，要晓之以理，动之以情，嫂子是通情达理的人，她一定会以大局为重的，你就不要这样为难了。”

于是，袁平暂时放下了手中所有的工作，以梁刚好友的身份到梁家帮忙料理梁刚的后事。当一切都尘埃落定后，家人的情绪也缓和下来的时候，袁平以十分诚恳的态度对梁刚的妻子说：“嫂子，梁哥走得突然，不知道他之前有没有跟你提过我和他合作的项目。这不，生意才开始，梁哥就这样没了。”袁平眼中含泪，十分痛惜，又转而对梁刚妻子说道：“可是，人虽然不在了，我们活着的人日子总归是要过下去的。之前我们的生意都是梁哥在负责，我们筹备的资金也都放在梁哥那里，我不过是个跑腿的。今天跟嫂子谈起生意，主要是想让你代替梁哥负责我们的生意，大家一起把这个项目做下去。这个生意是一刻都耽搁不得的。吃点苦我倒是不怕，只要嫂子您出面，我一定会赴汤蹈火。”

梁刚妻子听后，连忙摆手说道：“那怎么行，你们生意上的事我是一窍不通的，而且我一点经验也没有，你们是在做生意，又不是过家家，我哪能去添乱，到头来把你们生意做砸了就是我的罪过了。不如这样，你把这个项目的资金都拿去，继续项目另找合伙人，或者单干，都由你决定。总之我不能耽误了生意，再说这些天你在我家忙前忙后，肯定也耽误了不少吧，这都是我们家对不住你，我们哪还能让你继续损失下去。”梁刚妻子满是愧疚地说完这番话。有了梁刚妻子的话，袁平心中的大石头总算是落地了。

“空城计”的核心是用虚像来迷惑对方，用虚虚实实的言语让对方难断真假，诱使对方主动将自己需要的话讲出来。

在本案例中，袁平首先是在梁家帮忙料理梁刚的后事来博取梁家人的好感，特别是梁刚妻子的好感，让她认为袁平与梁刚的兄弟情谊笃深，并不是会落井下石的人。在后事料理完，梁刚妻子的情绪也恢复过来之后，袁平诚恳地谈起了与梁刚合作的生意，表明投资资金都在梁刚的卡上，又请求梁刚的妻子来管理生意。显然这是虚话，但经过之前的铺垫，梁刚妻子当然不会怀疑他，于是顺理成章，实事求是地说出自己不会接手他们的生意，并承诺将他们的项目资金交还袁平，袁平也就达到了自己既不伤和气也能拿回钱的目的。

三、大西洋城建最大赌场饭店

在现实生活中运用的空城计，更侧重用语言的虚实来达到自己的目的。袁平通过虚虚实实的话语顺利地拿回了自己投资的钱，在下面这则案例中，特普朗则是用空城计快速地完成了自己建造大西洋城最大赌场饭店的计划。

话说1975年的一天，特普朗听说希尔顿饭店因两家游乐场饭店办公而使整个公司的股票下跌。希尔顿饭店在全球有150多家分店，为什么仅仅两家饭店出现问题整个公司都会受损呢？特普朗对此疑惑不解，查阅了相关资料才明白：原来希尔顿饭店业营业并不多，即使是纽约最大的一家盈利只占总额的1%左右，但拉斯维加斯的两家饭店却占总额的40%以上。此外，特普朗发现，新泽西大西洋城带有游乐，亦即赌博性质的饭店，房租竟是别处的50倍以上。特普朗被这个发现惊呆了，对于去大西洋城豪赚一笔心动不已。

现实是，在大西洋城建赌场饭店困难重重，一是大块的地皮难买，二是获得建造饭店和游乐设施的资格需要经过层层审核，三是获得经营赌博许可证必须经过“听证会”批准。这些困难并没有吓倒特普朗进取的心，他发誓一定要在大西洋城开一家赌场饭店。

特普朗相中了一块由美国导弹潜艇集团、马格纳姆集团、广播电视联合集团及六家移民分别占有的“木板路”。这块地因为是建造赌场的黄金地段，各土地拥有者也开始漫天要价，让许多有志于这块地的人望而却步。特普朗的团队先是重金收买了六家移民，后来又不断游说三家公司，向他们说明这块地迟迟不能脱手是因为不能拼凑在一起，高昂的租金让别人不愿做冤大头，以后想要卖出去怕是十分有难度。特普朗的持续游说逐渐使三家企业动摇，最终和特普朗达成了土地买卖协议。

接下来就是申领赌场营业执照，可是在大西洋城申领营业执照需要漫长的时日，有时甚至长达三五年。为了缩短时间，特普朗先让人做好了饭店模型，带着模型和新泽西州司法部长、大西洋城游乐场管理委员会委员进行谈判：“我已经花了几百万美元买下了大西洋城的一块地，准备投资 2 亿美元建成最大的饭店。然而我知道，在大西洋城申领营业执照简直比登天还难，以至于大部分商人放弃大西洋城而转投内华达州。今天，我想让你们证明，新泽西和大西洋城才是最好的投资场所。”

众官员无动于衷，特普朗拿出模型继续说道：“这个模型就是我要建的饭店。它一旦建成，就是新泽西州最豪华的饭店。因为此次是我个人投资，并非公司，不免对新泽西州的办事效率担忧。申领营业执照就得三年五载，再加上听证会一拖再拖，我不得不另寻他方，或许投资纽约市郊的一个小镇才是明智的选择。”

司法部长急忙打断：“特普朗先生，我想您对新泽西州有误解。我不能保证调查后您一定能获得营业资格，但是我能保证新泽西州申领饭店执照是高效的，半年内您一定能得到明确的答复。”说完又对管理委员会官员说道：“我没说错吧？”

管理委员会的官员只好答道：“是的。但调查时间可能需要一年。”

特普朗听后大为恼火："算了！真要是一年，我明天就走！司法部部长在场呢，你们就能当面说要一年，他不在的情况下你们还不知道要拖几个一年！算了！"

司法部长连忙安抚："别着急，特普朗先生，我说的半年一定是能够向您保证的，大西洋城游乐场管理委员会一定会在半年内给您答复。"

果真，对特普朗的调查在半年内完成，全票通过。申领执照的听证会也如期举行，特普朗在最短时间内获得了建造赌场饭店的资格。

特普朗的投资会给大西洋城带来丰厚的利益，因此这里的官员不愿放弃特普朗，会尽全力满足他的要求。当特普朗听说有可能会延期，故意说出他还看好了纽约的一处地方，明天就撤销投资，这不免让官员们紧张起来，连忙答应半年内一定出结果。特普朗在虚虚实实间掌控着官员们的心理，使用了空城计而达到了自己的目的。

四、博士职场平步青云

创业难，就业也难。现在就业形势严峻，就算有高学历文凭，也不一定能找到合适的工作。一方面是因为就业机会少，另一方面也是因为高学历者对工作有着异常严格的要求：他们既希望工资优厚，又希望专业对口，此外对企业文化、工作环境等都有自己的要求。于是找到一份满意的工作对许多人来说都不是一件容易的事。

计算机专业博士王军利在找工作时就碰了不少壁。王军利的家乡是一座中等城市，因为母亲患病，他不得不放弃了大城市的就业机会，回家乡工作。起初他以为自己名牌大学毕业，又是博士学位，而且 IT 还是热门专业，就算是在家乡这样的小城市，工作肯定不难找。谁成想，应聘的单位无不说他学历太惊人，他们那些小庙，容不下他这尊大佛，说得王军利是一肚子委屈。

眼看着三个月过去了，王军利还是没有找到工作，面对着医院一张张的催款单，他不得不放弃自己对工作的种种要求，在应聘时声称自己只有高中毕业，不多久，他终于在一家电脑公司做上了商务文员的工作。

王军利不介意这份工资低又辛苦的工作，勤勤恳恳地做好工作，再加上人又热心，办公室的同事都认为他人不错，对他有了好感。和大家相处的时间久了，大家又发现了王军利的一个特长，那就是懂电脑。不管电脑出了什么问题，只要经过他手，他都能三下五除二，十分轻松、麻利地解决问题。日子一久，大家都开始叫他“IT 王”，电脑出了问题也是第一个想到王军利让他帮忙解决。

不多日，王军利“IT 王”的美名就传到了老板的耳朵里。老板通过对王军利日常工作的观察，十分器重他的为人和专业技术，很快就提拔他为业务经理，当然工资待遇也做了相应提升。

三年后，老板一家因为要移民美国，不得已将公司转手他人。临行前，老板不无遗憾地对王军利说：“我在美国认识一家 IT 企业的人力资源总监，他希望我给他推荐一位业务部副总，我向他推荐了你。他看了你的履历也很欣赏你，但是他们公司要求副总必须是研究生及以上毕业，你的学历让他十分为难。”

王军利连忙解释：“老板，其实我真实的学历是博士。迫于当时因为学历太高求职屡屡碰壁，我才不得已谎报了学历，出此下策也是为了找到工作。”说着翻出自己博士的学位证书给老板看。老板看后，笑着拍了王军利肩膀一下，说：“好小子，原来你一直跟我玩着空城计呐。”

屡次碰壁后，王军利吸取教训，迎合当时人事部门用人心理，隐瞒自己真实学历，找到了只要高中毕业就能做的商务文员的工作。此为空城计中的“虚而虚之”。在工作中，他没有自怨自艾，也没有抱怨公司有眼无珠，不识人才，而是摆正态度，做好一份没有技术含量的工作，在与同事相处时也抱有热忱的心态。俗话说，是金子总会发光的，王军利在与同事的相处中，一步步展露自己的 IT 实力，获得了老板的垂青，获得了美国公司业务副总的职位，使自己的社会价值得以实现。“刚柔之际”，“奇而复齐”之效立显。

诸葛亮在敌强我弱的危急关头运用空城计退敌，让后人称颂不已。走出战乱年代，在和平年代我们就不需要这些兵法谋略了吗？答案显然是否定的，兵法对现实生活有很强的借鉴意义。空城计是一种心理战术，在生活中有更广阔的发展空间。

胡雪岩成功掌握了消费者的心理，运用空城计保住了自己的信誉和地位；袁平在梁刚车祸后没有因为金钱的矛盾和梁家产生隔阂；大洋彼岸的特普朗成功拿下大西洋城的地皮和饭店营业执照；博士生小城隐瞒自己的学历就业升职，这一系列的案例都体现着空城计“虚者虚之，疑中生疑”的精神，他们或用不符合现实的行动，或是用实中存虚的语言，为的都是要让对方相信自己，从而达到自己的目的。

第三十三计　反间计

崔兴红（合肥工业大学马克思主义学院）

疑中之疑。比之自内，不自失也。

这是三十六计中“反间计”的原文，意思是说：“在疑中再布疑阵，使敌内部自生矛盾，我方就可万无一失。”说得更通俗一些，就是巧妙地利用敌人的间谍为我所用。在战争中，魔高一尺，道高一丈，使用间谍是十分常见的。

一、巧施反间秦国灭魏

三国中的周瑜迷惑蒋干，使曹操误会，误杀了得力的水军干将。历史上还有风云人物巧施反间计挑拨君臣关系，统一了天下，他就是秦王。

信陵君，战国时期魏国贵族，魏安王的异母弟弟，著名的战国四公子之一。他为人仁爱忠厚，礼贤下士，因此天下士人都争相投到他的门下，信陵君的门客最多时达三千人。

信陵君的姐姐是赵国平原君赵胜的妻子，在秦国长平战役歼灭四十多万赵军，进而围攻赵国国都邯郸时，其姐姐就多次写信请求魏安王和信陵君援救赵国。魏安王慑于秦国的强大实力，只是派出军队虚张声势，不敢让魏军与秦军交战。信陵君采用魏国隐士侯嬴的计策，盗取了魏安王调动军队的兵符，指挥魏国大军逼退了秦军，为邯郸解除了围困。

信陵君怕魏安王恼怒自己盗取兵符擅杀军队统帅的行为，不敢回到魏国，就让军队将领带领魏国大军返回魏国，自己与门客留在了赵国。

信陵君在赵国居住了十年。秦国得知信陵君始终留在赵国，就出兵攻打魏国。魏安王为此事焦虑万分，派使臣去赵国请信陵君回国。信陵君担心魏安王仍然恼恨自己，所以仍不采取行动。信陵君在赵国结交的隐士毛公和薛公听说此事后，对他说："公子之所以在赵国备受敬重，名扬诸侯，只是因为有魏国的存在啊。现在秦国进攻魏国，魏国危急而公子毫不顾念，假使秦国攻破魏国国都大梁而把您先祖的宗庙夷平，公子还有什么脸面活在世上呢?"毛公和薛公的话还没说完，信陵君的脸色就变了，立即嘱咐车夫赶快驱车回去援救魏国。

信陵君回到魏国后，去见魏安王，两个人相对落泪。魏安王把上将军大印授给信陵君，任命信陵君为魏国军队的最高统帅。

魏安王三十年（公元前 247 年），信陵君派使臣把自己担任魏国军队上将军职务一事通报各个诸侯国。因为信陵君在各名士中的好名声，在得知信陵君担任了魏军的上将军后，诸侯们都各自调兵遣将救援魏国。信陵君率领五个诸侯国的军队在黄河以南地区把秦将蒙骜率领的秦军打得大败，进而乘胜追击，将秦军逼回函谷关内，使他们不敢再出函谷关。从此，信陵君的声威震动天下。

秦始皇担心信陵君会进一步威胁秦国，就决定实施反间计离间魏安王与信陵君。

秦始皇派人携带了上万斤的黄金前往魏国，秦国使者到达魏国后，找到被信陵君杀死的魏军将领晋鄙的门客，买通他们，让他们在魏安王面前诬陷信陵君。晋鄙的门客求见魏安王，对魏安王说：“信陵君流亡在外已达十年，现在担任魏国的大将，诸侯国的将领都归他指挥，诸侯们只知道魏国有个信陵君，不知道还有个魏王。信陵君也决定乘这个时候称王。诸侯们害怕信陵君的权势声威，正打算共同出面拥立他为王。”此外，秦国还采用其他办法多次施行反间计。秦国知道魏国在秦国安插了一些间谍，便假装不知道这些人是间谍，请他们代秦国向信陵君表示祝贺，问信陵君是否已经立为魏王了，那些间谍都信以为真，将假情报报给魏王。魏安王几乎天天都能听到毁谤信陵君的话，渐渐地疑虑越来越大。魏安王念在他是自己的异母弟弟，未取其性命，只免除了信陵君的上将军职务，信陵君清楚自己是因为有人毁谤而被解职，所谓“伴君如伴虎”，为保住自己的性命，以免功高震主，决定推托有病，不再上朝。

从此以后，信陵君在家里与宾客们通宵达旦地宴饮，痛饮烈性酒，并且常常跟女人厮混，沉溺于酒色之中。信陵君这样日日夜夜寻欢作乐度过了四年，终因饮酒无度患病而死。同一年，魏安王也去世了。

秦始皇得到信陵君已死的消息，就派将领蒙骜率军进攻魏国，攻占了 20 座城邑，在占领的魏国领土上设立东郡。从此以后，秦国像蚕食桑叶一样一点一点地侵占魏国领土，18 年后，彻底消灭了魏国。

总体来看，信陵君德高才俊，身边又有大批的俊杰相助，堪称魏国的中流砥柱。秦国为战胜魏国，要清除信陵君这只拦路虎，于是实施了反间计，通过多种手段在魏安王面前毁谤信陵君，终于动摇了魏安王对信陵君的信任，促使魏安王解除了信陵君的军权，而郁郁不得志的信陵君因为酒色过度而终。没有了信陵君这一障碍，秦国对魏国肆行侵略，日渐蚕食魏国的疆土，最后终于彻底消灭了魏国。

秦国实施反间计的效果，确实抵得过千军万马。在现实社会中，我们也要洞察事物本质，在硬碰硬难以取得直接胜利时，不如以假乱真，扰乱对手视线，混淆视听，使其作出错误的判断和行为，从而便利己方来获取成功。

二、崇祯帝冤杀忠臣

在上一个故事中，秦国巧用反间计挑拨信陵君和魏安王的关系，使魏国失去屏障后统一六国，而明朝崇祯帝却因为不懂此计中的智慧，而落入陷阱，杀害了栋梁。

明末崇祯帝上台后惩办了阉党魏忠贤，又给杨涟、左光斗等人平了反，很想振作一番。这时，许多大臣请求把袁崇焕召回朝廷。崇祯帝接受了这个意见，提拔袁崇焕为兵部尚书，负责指挥整个河北、辽东的军事。袁崇焕重新回到宁远，选拔将才，整顿队伍，使得军纪严明，士气振奋，先后取得宁远大捷、宁锦大捷和广渠门大捷等，其军事能力让皇太极颇为畏惧。

皇太极打了败仗，当然不肯罢休，他知道宁远、锦州防守严密，便决定改变进兵路线。他做好一切准备，率领几十万后金军，从龙井关、大安口绕到河北，直扑明朝京城北京。袁崇焕得知此情后立即出兵，想在半路上把后金军拦住，可是时间上已经来不及了，后金军乘虚而入，到了北京郊外。袁崇焕得到情报，心急火燎地带着明军赶了两天两夜，到了北京，没顾上休息，便和后金军展开了激烈的战斗。

后金军突然进攻北京，立即引起了全城震动。崇祯帝更是心急如焚，不知该如何是好，后来听说袁崇焕带兵赶到，才心安了一些。他又亲自召见袁崇焕，慰劳了一番，言辞中不乏对袁崇焕的赏识与信任，对金此次侵略的担忧，劝慰他尽心尽力为国抗金，自己将鼎力支持。但是一些魏忠贤的余党却散布谣言，说这次后金兵绕道进京，完全是袁崇焕引进来的，说不定里面还存在什么阴谋。崇祯帝是个猜疑心极重的人，听了这些谣言，也有些怀疑起来，但无事实证据，而且袁崇焕毕竟是自己手下较为信任的大将，曾立过不少功劳，如今又是多事之秋，正是需要他为国效力共抗金兵之时，便暗暗把这份担心藏在了心里，明里不说，私下却留意着各方动静。正在这个时候，有一个被金兵俘虏去的太监从金营逃了回来，向崇祯帝告密，说袁崇焕和皇太极已经订下密约，要出卖北京，这个消息简直像晴天霹雳，把崇祯帝惊呆了。

原来，明朝有两个太监被后金军俘虏去以后，被关在金营里。有天晚上，一个姓杨的太监半夜醒来，听见两个看守他们的金兵在外面轻声地谈话。一个金兵说："今天咱们临阵退兵，完全是皇上（指皇太极）的意思，你可知道？"另一个说："你是怎么知道的？"一个又说："刚才我就看到皇上一个人骑着马朝着明营走，明营里也有两个人骑马过来，跟皇上谈了好半天话才回去。听说那两人就是袁将军派来的，他已经跟皇上有密约，眼看大事就要成功啦。"姓杨的太监偷听了这番对话，大吃一惊，想着是立功的好机会，趁看守他的金兵"不注意"，偷偷地逃了出来，赶快跑回皇宫，向崇祯帝报告。崇祯帝本就对袁崇焕充满疑心，这担忧就如气球一样，一天比一天吹的大，太监的这番话像是气球膨胀到最后一步吹的一口气一样，听完后立马爆炸，崇祯帝信以为真。他哪里知道，这个情报完全是假的，皇太极忌惮袁崇焕带兵打仗的能力，屡战屡败下想出此策，派了两个脑子灵活可信任的手下冒充守卫，将这番精心设计过的对话在牢狱谈论，装作"不经意"地泄露出去，故意放松防卫，让这位被囚困的杨太监逃回了宫中，向皇太极禀报。

崇祯帝命令袁崇焕马上进宫，袁崇焕接到命令，不知道发生了什么事，匆匆忙忙地进了宫。崇祯帝立马拉长了脸，责问说："袁崇焕，为什么金兵到了北京，你的援兵还迟迟不来?"袁崇焕不禁怔了一下，心中思索何出此言呢。他正想回答，崇祯帝已经不由分说，喝令锦衣卫把袁崇焕捆绑起来，押进大牢，后来将其杀害。

哪怕到一百年之后，朝廷的君臣们在讨论明朝覆亡的原因时，还说主要原因是崇祯帝冤杀了袁崇焕。我们从客观角度来讲，崇祯帝尚未核实事情真假就武断下了结论，使自己手下也就是人际交往圈内一名大将折损，是不明智的。同样，"反间计"中的智慧也可以应用在我们生活中的处世之道上。我们要从中吸取教训，了解反间计的运用途径，在和周围人发生矛盾时，不要轻信流言，而要冷静思考，与其交流，了解事情原委，不能因为一时冲动而伤害了自己的一个好朋友，中了别人的反间计。这样才能维护好自己的朋友圈，处理好各种关系，不因一些雕虫小技伤了和气。

三、中方谈判代表大获全胜

中国古代的崇祯帝被反间计所害，失去了手下大将，致使明朝灭亡，而现代我国却用此计在谈判中扭转局势，获得胜利。

在我国改革开放中，一些企业为了创造更大效益．为了多出质优价廉的产品，把目光放在引进外国先进技术设备上。我国北方某省进出口公司代表本省一家企业，到 M 国进行引进 Lc－1 生产线的谈判。

到达 M 国后，谈判一方 M 国 A 公司对我方谈判代表热情款待，并提供了优雅、舒适的宾馆，因此我方代表最初认为对方是诚恳、可亲的。

谈判的前一天晚上，我方代表在宾馆里详细地分析了谈判步骤。谈判开始，对方就对我方事先安排的谈判计划了如指掌，并且以一种不容置疑的态度阐述了自己的观点："我们所生产的 Lc－l 生产线属于世界上最先进科技产品，不论是生产工艺方面，还是产品质量方面，都是无可挑剔的，可以说是世界一流产品，我们也知道你们急需这套生产线，在国内投产……"

谈判的节奏显然被对方操纵。我方代表在第一轮谈判中，没有能够掌握主动权。谈判暂时休息后，我方代表对对方能够掌握我方的谈判意图感到很惊讶。按常识来讲，第一次谈判应该是试探性的，因为双方互相摸不清底细，但从这轮谈判看，好像他们对我们谈判的细节都非常熟识，怎么回事呢？莫非其中有什么？他们回想起在宾馆里曾就谈判的内容分析探讨过，但是不是真的有什么间谍？（如窃听器等）他们决定先试探一下。休息时，他们没有回房间讨论下一步该怎么办，而换了一个地方，制定计策。

果然，在下一轮开始的谈判中，对方对我方的意图就不是很清楚，他们小心谨慎地与我方讨价还价，轻易不做主动进攻。这一下就证实了对方确实在我方代表居住的房间里安装了窃听工具。怎么办，是当面义正词严地指出，然后放弃谈判回国，还是将计就计，让他们的窃听手段为我所用。谈判人员经过权衡利弊，决定利用他们，把主动权掌握在我们手中，让对方搞不清楚真伪，最终达到胜利。

计划制定后，他们佯装不知道，休息时继续在房间谈论谈判计划，让对方掌握这些情报。在接下来的谈判中，对方自以为了解了我方意图。他们认为我方意在压低价格，所以，谈判一开始，就价格问题谈到："关于我方 Lc－1 生产线，我们说过，它是一流产品，没有任何国家的产品能和我方产品相比，所以其价格相对要高，但我们本着对你方优惠的原则，已经给出最低售价了，您若不信，请看我们的销售记录。"

我方代表不慌不忙地说："我们且不论生产线的价格，而是先讨论一下 Lc－1 生产线的工艺情况，Lc－1 真的如贵方所说是世界一流产品吗？据我们所知，目前真正一流产品是 F 国生产的 HB 型生产线。既然你们也称是一流产品，那么在机械性能方面孰更优呢？我这里有 HB 型生产线的质量标准备忘录，请贵方过过目。"

对方万没料到我方会提出这么一个问题，这令他们措手不及，同时他们也考虑莫非活动已被中方识破。因为他们害怕在大庭广众之下被剥去伪装，所以不知所措，脸上露出疑惑不解的神情。

我方代表抓住这一有利时机，乘胜追击，终于迫使对方按我们预定的目标达成了协议，圆满地完成了进口生产线的任务。

在这个案例中，对方虽然是利用了现代间谍术，但我方识破之后，并没有当面指出，而是利用了它，为我方最终取得谈判的胜利铺平了道路。

可见，在现代商战中，经济间谍的使用，仍然不失为竞争的有力手段。所以，在经营中有时可以直接应用反间计，但是只把眼光放在这种直观的应用上，就显得有些肤浅和狭隘了，要运用反间计的核心思想将计就计，以其人之道还治其人之身，利用竞争对手的人员或手段来达到自己的目的。

四、小李智斗职场害群之马

除了在谈判上我们能利用反间计将计就计获得胜利外，公司内部也可以使用此计化解一些潜在的威胁。

小李是一家广告公司的业务经理，前几天招聘了一批跑业务的新员工。不久后，小李发现了其中一个叫小王的，他总是有意无意地要求小李把所有的客户资料都放心交给他，并且美言说，这样就不必每次有新业务都要经理整理后才分发给下面的业务员，既降低办事效率又浪费人力资源，麻烦经理。还打包票承诺以后有什么业务，他都可以替经理负责统计分析。

一开始，小李并无疑心，交予他管理。然而，次数一多，小李就上心了。虽说勤劳是好事，可是怎么会无端端对客户资料这么关心，于是小李怀疑他可能是竞争对手派来的间谍。公司受损，自己也免不了责任，防患于无，小李将这事暗暗记在了心底。后来经过跟踪探查，发现他果真跟一个同样是广告公司的上层接触，而且还是频繁外出，偷摸见面。小李又从多方面探探小王的口风，譬如问问你昨天去哪里了，发现小王总是编些假话，跟他亲眼看到的完全不一样，小李终于肯定小王是个间谍。刚开始，小李想果断地把这卧底给清除干净，但是一想首先这个间谍的身份已经知晓，等于是把隐藏的威胁放到了台面上，可以加以防范。其次，对手公司既然有这样的动静，把小王赶出去后，难保下一回他们不会使用同样的招数再派第二个“小王”来，反而自己还要分散精力寻找。再说自己怎么也算是本地广告公司企业的老大，不能总是一味地兵来将挡、水来土掩，是时候以此为机会告诉竞争对手，自己不是轻易会上当受骗、好欺负的。

于是，小李就将计就计，继续把小王留在公司了，还对他日渐“信任有加”，假借给他机会，让小王终于为公司立了一次小功劳，顺理成章地把公司的所有客户资料都交付给小王。当然，客户资料全部是经过小李的加工后的，小王拿到资料后，连工作都不顾了，就回到了他的老巢，把自己的战果交给了他的幕后老大——另一家广告公司的老总。

结果可想而知，他们拿着那份客户资料开展了工作，得罪了不少人，还引起了行业中的声讨，最后终于被挤兑出局。小李广告公司的龙头地位就更加稳固了，经过了这次的事件，也让不少人知道，不要打小李公司的主意，否则会无功而返，赔了夫人又折兵。

小李细心观察，抓住一点就展开调查行动，抓住了商业间谍，又以假为真、以真为假、真真假假、虚虚实实，提供一点甜头，稳住间谍小王，让他误以为自己获得了信任，成为左膀右臂。在一片迷雾中，为了防止自己公司的情报被对方窃取，小李泄露假情报给敌方，从而打压了对手的实力，自己在行业中又树立了威信。我们在现实生活中也要弄清楚真实与虚伪，学会分辨，善用反间计，可能取得意想不到的效果。

“反间计”的计策虽然源于古代战争，但是它的应用不该仅仅限于战场上，所谓“间”则为间谍，“反间”就是指识破别人的诡计，利用敌方的间谍为自己所用，或者散布错误的资讯，保护自己的信息不被泄漏。无论是草蜻蛉幼虫披着蚜虫的蜡絮伪装自己巧妙捕食，周瑜和秦王反间除掉对手，还是小李运用反间获得商业上的胜利等等，所有例子都是此计的现实运用和生动反映。

在现代纷乱的社会中，我们总会面对很多的竞争和压力，遭遇各种各样的困难，懂得运用反间计的人生智慧将更容易在职场、生活中游刃有余，更好地处理人与人之间的关系，识别身边的小人和好人，明白“忠言逆耳利于行”的真正道理，让自己获得他人的赏识和认可，事业节节高升。

要明白，想成功，不光是要努力，还要开动我们的大脑，相信善用“反间计”，我们会更加从容不迫的面对生活，迎难而上，获取人生丰厚的果实。

第三十四计　苦肉计

黄　荣（合肥工业大学宣城校区信息工程系）

人不自害，受害必真；假真真假，间以得行。童蒙之吉，顺以巽也。

这是三十六计中“苦肉计”的原文，这句话的意思是说人们通常不会自己伤害自己，如果受到伤害也必定不会受到他人怀疑；我方以假乱真，使敌人信假为真，以达到离间敌人的目的，使得计谋实现。如同对付无知的幼童，只要顺着他的意思，他就任你摆布；要像欺骗幼童那样迷惑敌人，顺势进行活动。暗中自害，并加以伪装，然后嫁祸于人，使别人因此受到惩罚。

一、小偷的苦肉计

在没有战争的时代，有人也会利用苦肉计来骗取他人的信任进行偷盗，他们的手段再高明，却怎么也逃不过警察的眼睛，通过警察的眼睛，我们来看看他们是怎样使用苦肉计的。

沙娜小姐是一家大公司的总裁。有一次，她代表公司去巴黎参加一个国际博览会，公司安排她住在一个高档豪华而且很舒适的旅馆。因为她很爱美，所以在自己的手提包里放了许多精美首饰，因此，她也格外的小心，害怕那些精美的首饰丢失或被盗。她到那家旅馆时，她所在楼层的女服务员帮助她把手提包提到房间，并殷勤地告诉莎娜小姐，让她有事尽管吩咐。

话说，那名女服务员在帮沙娜小姐提手提包时，发现里面有许多精美首饰，便有了偷窃的心思，回去后就跟同伴商量对策，想找个机会偷取那些珠宝首饰。

第二天清晨，沙娜小姐起床后便按电铃叫女服务员为她准备一杯牛奶，然后送到她的房间里，自己则去了卫生间。女服务员觉得机会来了，便与商量好的同伴一起去了莎娜小姐的房间。他们到莎娜小姐的房间后按计划进行偷盗，一切进行得很顺利。

沙娜小姐正在洗脸的时候，听到房门被打开了，知道是女服务员来给她送牛奶来了，便没有在意，继续洗漱。不一会儿，她听见“扑通”一声，立刻从洗手间跑了出来，便看见女服务员躲在房门口，额头上鲜血直流，莎娜小姐瞬间被眼前的景象惊呆了。等她反应过来，便马上转头看向床头柜，不看不要紧，一看吓一跳：刚才还放在床头柜上的手提包不翼而飞了。

这让莎娜小姐很是着急，莎娜小姐知道自己的首饰被小偷偷走了，便没有犹豫，拿起电话报警了。警长哈尔根在接到报案后，立即赶到旅馆。他先在现场察看了一遍，然后让女服务员叙述事情的经过，因为女服务员头部受了伤，便吃力地对警长哈尔说道：“刚才我接到沙娜小姐的吩咐，她让我为她端一杯热牛奶送进她房间，没想到的是，我刚跨进房门，便突然感觉到身后有人用拳头击打我的头部，我一下子被打倒在地、昏昏沉沉中，我看见一个男人溜进房子拿走了放在床头柜的手提包，我想起身抓住他，但是因为我没有力气，所以让小偷逃跑了。”说完，女服务员坐在地上哭了起来。

警长听完后没有再问，而是低头苦思了一会儿，又抬头看了看放在床头上的热牛奶，猛然回过头来，眼光犀利地盯着女服务员，说道：“服务员小姐，你不要演戏了，我已经知道是谁偷了那个手提包，你快把事情的真相交待清楚吧！”

女服务员的脸色顿时变得惨白，支支吾吾地说：“警长先生，你这话是什么意思？难道你怀疑那个手提包是我拿走的？如果是，你可以搜身，我不会拒绝，但是请你不要冤枉好人。”然后又哭着将头转向莎娜小姐，道：“莎娜小姐，你要相信我，我没有拿你的手提包啊。”

警长看着女服务员向莎娜小姐求助的身影，轻笑一声，说道：“莎娜小姐，你不要被她骗了。这位服务员小姐，你说当你端着牛奶走进房门时，被人击倒在地，而这杯牛奶非但没有被洒在地上，反而好端端地自己跑到了床头柜上，你又作何解释呢？而且，你在发现小偷的时候为什么不喊，而是想自己去抓？这分明就是谎言。”

女服务员张口结舌，只好主动交待了事情的真相，并供出了跟她一起的那个同伙，同时也交出了莎娜小姐的手提包。原来，她跟自己的同伙商量好，她先进去将莎娜小姐要的牛奶放在床头柜，然后再顺藤摸瓜，将手提包带出来交给早已站在门口等待她的同伙，自己则实施苦肉计，让同伴在后面打她一拳，然后跌倒在地，这就是莎娜小姐出来时看到的那一幕了。

女服务员使用苦肉计，满以为可以骗过莎娜小姐，却不曾想自己留下了破绽，让警察非常容易地知晓了她的计谋。苦肉计是以伤害自己的方法来取得敌人的信任的计谋，使用此计，有好处，也有坏处。女服务员使用苦肉计，使自己的额头受了伤，却没有得到一点好处，而是犯罪之后被处罚了，这就是使用苦肉计时最值得注意的一点：在没有决胜的把握的情况下最好不要使用此计，免得失败后，白白受苦不说，万一搭上自己的性命可就得不偿失了。因此，除非在万不得已之时，否则最好不要使用苦肉计。

二、聪明的柯尔

在使用苦肉计时，要因人而异，因时而用。现在的我们拥有法律的保护，如果在使用苦肉计时触犯了法律，那就要受到法律的制裁，就如那位女服务员小姐，聪明反被聪明误。而在为人处世上，我们也可以适当地应用苦肉计，来取得更大的利益，不过，前提是不可以触犯法律。

友尼利福公司是英国的一家公司，公司的总经理 C. J. 柯尔在企业经营中，有一个基本的信念，那就是“不拘束于体面，而以相互利益为前提”。他按照这个信念，把公司经营得风生水起，使得公司在后来的发展中取得更大的利益，也使得友尼利福公司屹立不倒。

在非洲东海岸，早就设有属于友尼利福的大规模的友那蒂特非洲子公司。友尼利福公司的从业人员已经达到了 14 万，其中的大多数工人并不是非洲本地人，而是一些白人，而且，因为当时的社会对黑人的歧视，公司里黑人与白人的工资待遇也是不一样的。在非洲地区，有很丰富的制取肥皂的原料，可以用这些天然植物原料来制取肥皂，让公司获得利益，而这儿的土地也很适合栽培食用油的原料——花生，因此，那儿成了友尼利福的一块宝地，也是公司财富的主要来源之一。

第二次世界大战结束后，非洲各地的独立运动如火如荼，社会局面更是动荡不安，结果，大部分的土地被政府没收。当然，原先属于友尼利福用来种植花生的肥沃土地也未能幸免于难，一块块的被非洲国家以各种理由没收。友尼利福公司的宝地没了，那经济来源也就短缺了，公司即将面临破产的危机。这时，经验丰富的总经理柯尔，亲自来到非洲解决危机。他的到来扭转了公司不利的局面。

柯尔到达非洲后做了两件事情：第一件事情就是找一些旧友办理交涉，疏通与政府人员的关系；第二件事情是在他们的非洲子公司发出了6条指令。柯尔针对当时非洲民族解放运动日益高涨的实际情况，对友那蒂特非洲子公司发出的指令是：第一条，命令非洲各地所有友那蒂特非洲公司系统的首席经理人员，让他们迅速启用非洲人，并在重要岗位聘用非洲人；第二条，立刻取消原来非洲人与白人在薪水上的差异，采取同工同酬的实施方案；第三条，在尼日利亚设立经营干部培训所，以方便培养非洲籍的干部，让他们可以得到更好地提升；第四条，采取相互利益政策，加强公司同非洲的共同发展；第五条，退让的寻找生存之道，待机发展；第六条，不应该被社会问题所干扰，以创造更大利益为前提。

柯尔在和加纳政府交涉时，为了表示尊重对方利益的态度，也为了表示自己的一份诚心，实施“苦肉计”，把自己的宝地——花生栽培地主动赠送给了加纳政府。加纳政府在收到柯尔的诚意后，对柯尔产生了好感，这为柯尔在后来的发展做好了铺垫，而事实证明确实是这样的。后来，加纳政府为了报答柯尔，让友尼利福公司做加纳政府的食用油原料的买卖代理公司，并让柯尔做买卖代理人，这就使柯尔在加纳享有了专营权。

因为几内亚政府不同意所在地区存在公司，柯尔在与几内亚政府的交涉中，表示自己愿意主动撤出公司，支持几内亚政府的政策。他的这种坦诚的态度反而感动了几内亚政府，政府出面挽留柯尔的公司，希望友尼利福公司继续存在下去，为他们带来利益。除此之外，柯尔在非洲各地都采用了退让的策略，也获得了不同程度的收益。

因为柯尔懂得以退为进，使得友尼利福公司在非洲独立运动的高潮中，不但没有受到任何影响，反而平安地渡过了这一难关，并取得了可观的利益。

在柯尔发出的六条指令中，可以看出柯尔所做出的退让，他将公司的领导人换成非洲本地人，并调整工人的薪水……看似柯尔是在妥协，向非洲政府低头，实则不然，柯尔以退为进是为了给公司争取存在下去的机会，为以后的发展铺路。

柯尔的苦肉计应用得恰到好处。他善于分析社会形势，适时做出应对策略，使自己的公司在战乱重重的条件下存在下来。因此，在为人处事中，我们必须巧妙地应用苦肉计，为自己争取一些机会，以取得意想不到的结果。

三、A 先生的苦肉计

苦肉计应用在为人处事上，可以为自己在复杂的社会中争得一席地位，而用在谈判上，如果应用得好，便可取得很大的利益，让使用者受益匪浅。

新加坡华裔的一名贩卖大蒜的客商 A 先生，他在与我国一家食品出口公司谈判大蒜生意时，使用了“苦肉计”，使自己获得了利益的同时，也让我国获得了利益。第一轮商谈时，我国的公司为大蒜的报价是每吨 720 美元，而 A 先生为了获得更大的利益，还价是每吨 700 美元。双方因为在价位上的差距，决定第二天重新谈判。

第二天，谈判双方再次坐到谈判桌前。因为距离大蒜的收获期很近了，如果不尽快定下成交量及成交价格，一旦错过了收购时期，不但数量保不住，而且收购价格也要上涨。我国的这家公司在权衡了利弊之后，愿意以 705 美元达成交易，下降了 15 美元，这次的交易应该是圆满结束的，但是 A 先生在交易时发出了一手“怪招”。他说：“我是山东人，也了解这儿的大蒜行情，我们交个朋友吧。说心里话，这批蒜卖 705 美元一吨，对于公司有点低了，我心里也不是很愉快。做生意嘛，讲的是来日方长。这样吧，我再给你们每吨增加 5 美元，是否可行？”

A 先生的这一“怪招”真的使这家公司出乎意料，因为以每吨 705 美元成交，虽然卖价比上海名牌蒜——嘉定蒜便宜，却符合国际市场行情，对于我方并没有什么大的损失。等到合同正式签字生效后，该公司的一名工作人员问他：“A 先生，你为什么要添价呢？”。他说：“你作为一名卖大蒜的，应该知道新加坡华人多，而我们的老主顾都是北方的华籍人，他们对蒜的食味要求是越辣越好，而嘉定蒜的名头虽响，但辣味却不是太足，我们将这些蒜卖出去照样卖个好价。多添 5 美元，并非没有顾虑，这一批货对我们来说，是少赚了 1 万美元，但对于贵公司而言，却是不可忘怀的。再说，我们双方以后还要长期交往，一旦我们有困难要向你们求助，我想你们是不会拒绝的。”如此说法，又有谁会拒绝呢？而事后证明确实如此。

原来，交易成功了，并不代表可以出口了。因为在青岛口岸，只有在月初时有艘轮船到达新加坡，而要想赶在其他买主之前在新加坡抢到市场，卖个好价，就得早点装船，将大蒜运往新加坡。可 A 先生买的这一批货刚好错过了当月的船期，没有将大蒜装上船的他很是着急，因为货期越晚，风险越大。他便将自己的境遇告诉了该公司，并请求该公司将发货的海岸口由青岛改为上海，因为上海近期就有到新加坡的船。该公司即刻同意了，因为我方也没有吃亏。将大蒜运往青岛港口用的交通工具是汽车，而运往上海港口用的却是火车。虽然路程长了，但火车的运费比汽车的便宜，没有增加费用。再说，该公司帮他赚了钱，他下次还会来与该公司做交易，何乐而不为呢？

没有人会做亏本生意，在谈判中巧妙地应用苦肉计，既可以给自己带来利益，让自己拥有一个生意上的伙伴，又可以让对方获得利益，珍惜你这个伙伴，达到长久的合作。

四、黄刚的自我忏悔

A 先生利用“苦肉计”，成功地为自己找到了一位可以长期合作的伙伴，可见，苦肉计在谈判中所起的作用。但是，如果我们将苦肉计用在职场上，也会有很大的作用哦。

黄刚是一家著名外企的市场部总监，他工作认真负责，待人谦和友善，赢得公司人员的一致好评，但黄刚内心却有一个小秘密，这个秘密也使得他的内心深受煎熬。

最近，市场部调来一位名叫张新的副总监。张新出自名校，工作能力、领导能力都很强，就是太贪财，而且是那种不计后果的贪。年底时，公司安排他负责一个招商活动，但是他上报的活动经费竟然是十几万，远远地超出了预算标准。作为总监的黄刚经过多方查证，才知道大部分钱都被张新以各种理由装入口袋，于是，黄刚勒令张新交上辞职报告。

每个人遇上这种情况，都不会甘心，更何况是能力出色的张新呢？张新接到消息后，冲到黄刚的办公室，冷笑着说出了黄刚内心的那个秘密，临走前还用此秘密恶狠狠地威胁黄刚，让黄刚放过他。

原来，事情是这样的：黄刚有一个伯父，以前是这家公司的大陆地区的副总裁。伯父退休前，将黄刚介绍到公司市场部工作，但因为是名企，所以黄刚周围的同事都是名校毕业，而且大多是硕士或博士文凭，只有黄刚毕业于一所普通的大学，还是本科。黄刚感到了工作环境带来的压力，一时鬼迷心窍，通过中介，花钱在国外的一家野鸡学校买了一张硕士文凭，好让自己没有压力。在后来的工作中，黄刚并没有用到这张“野鸡文凭”，而是凭借自己的能力步步高升。因此，这张“野鸡文凭”就成了他内心的一个秘密，而这家外企公司一向是严惩弄虚作假的员工，所以张新才拿这件事来威胁黄刚。

望着张新扬长而去的背影，黄刚甚是头疼。他不知道张新是如何知道这件事的，但他知道这绝对是自己的致命伤。是助纣为虐，放过张新，还是为了公司的利益，坚持做人的原则？黄刚一时拿不定主意。经过反复思考，黄刚认为自己不能一错再错，也不能让这个秘密成为自己一生的威胁。于是，他在公司的网页上发布了一篇名为《忏悔录》的文章，用极其恳切的语气和态度将自己拥有“野鸡文凭”的事件公之于众，并深刻剖析了当年自己因急功近利、贪图虚名而不择手段的思想动机，同时主动请求辞职。

一石激起千层浪。这篇文章的发出，引起了很大的反响，一时间，公司的职员对此事议论纷纷，但大家都被黄刚的诚实所感动，也认为黄刚的能力是表现出来的，并不是这张文凭所能决定的。人非圣贤，孰能无过？大家都为黄刚求情，领导经过商议，也都认为黄刚的诚实表明了他对公司的忠心，而黄刚这几年的表现也足以证明他的能力。于是，总裁亲自出面，不但驳回了黄刚的辞职书，还劝他今后安心工作，为公司做出更大的贡献。

张新拿到辞退通知书后，不由仰面长叹：“黄刚真不愧是黄盖的后代，苦肉计用得实在是妙。”

第三十五计 连环计

孔凡奇（合肥工业大学马克思主义学院）

将多兵众，不可以敌，使其自累，以杀其势。在师中吉，承天宠也。

这是三十六计中“连环计”的原文，意思是说：如果敌方力量强大，就不要硬拼，要用计使其自相钳制，借以削弱敌方的战斗力。巧妙地运用谋略，就有如天神相助。

一、子贡巧计救鲁国

公元前484年，齐国的右相陈恒企图操纵国政，但又害怕朝中大臣国书、高无平从中作梗，便向齐简公建议，派国书等几位大臣领兵攻打鲁国，说是鲁国曾与吴国一道攻打过齐国，应该报仇解恨。齐简公采取陈恒的建议，派国书为大将，带着高无平等大臣率领兵车千乘来到汶水之滨扎营。

孔子听到这个消息，大吃一惊，与他的几个学生商量说：“鲁国是我们的父母之邦，现在有难，不可以坐视不救，有谁能制止齐军攻打鲁国呢?”听了孔子的活，子贡自告奋勇地说他有办法解救鲁国面临的危难。

子贡先到齐国见到右相陈恒，他对陈恒说道：“鲁国的城墙低而薄，护城河狭而浅，国君懦弱，大臣无能，军队不善于打仗，是个难于征伐的国家，而吴国城墙高而厚，护城河宽而深，兵多将广，是个比较容易征伐的国家啊!”陈恒听了这话，很生气，认为子贡在戏弄他。子贡便让陈恒屏退左右，悄悄地对陈恒说：“据我观察，相国与大臣国书、高无平有些不和。国书与高无平率军进攻衰弱的鲁国，一定能取胜；取胜的功劳自然属于国书与高无平，这些人的权势会不断增加，而相国您便将因此面临困境了。因此，假如您能设法使国书、高无平率兵攻打吴国，势必失败，国书与高无平将面临困境，这对于相国您掌大权是很有利的啊!”

陈恒听了子贡的话，很是高兴，但考虑到齐军已到汶水，忽然又叫军队去打吴国，别人会怀疑他的动机，因而有些犹豫不决。

子贡了解到陈恒的思想顾虑，便又对陈恒说：“只要您能叫他们按兵不动，我便立即到吴国去说服吴王来救鲁伐齐，这样，齐国就有理由攻打吴国了。”陈恒同意子贡的主意，竟以听说吴国将出兵攻齐为由，叫国书暂不攻鲁。

子贡日夜兼程赶到吴国，对吴王夫差说：“上次吴国和鲁国联合攻齐，现在齐国人为了报仇，已屯兵汶水之上，准备先攻打鲁国，再攻打吴国。大王您何不先发制人，兴兵伐齐救鲁？以吴国的强大，定能打败齐国，这样也可使鲁国听命于吴国了。”夫差说：“上次打败齐军后，齐国表示服侍吴国，一直不来朝贡，我正要向他问罪呢！只是听说越国有侵犯吴国的野心，我准备先打越国，再进兵齐国。”

听了夫差的话，子贡表示愿意去说服越王，让越王亲自率军跟随夫差攻齐，夫差高兴地答应了。

子贡来到越国，告诉勾践说："夫差怀疑越国将攻打吴国，吴国就要兴兵伐越了！"勾践听了很着急。子贡便教给他一个办法：亲自率领一支军队，跟随吴王攻打齐国，这样可以消除吴国对越国的怀疑。将来如果吴国战败，力量就会削弱；吴军战胜，一定会与强大的晋国争霸。这样，后方必然空虚，越国便可以乘虚而入。勾践十分赞成子贡的主意。过了几天，越王使派文种向吴王献宝剑、精甲等礼物，并表示越王将亲率 3000 军士随吴伐齐。吴王很高兴。子贡又说服吴王，只要让越军参战就行，而越王勾践则不必亲自出征了。

接着，子贡辞别吴王，赶往晋国，对晋王说："人无远虑，必有近忧。吴军正要攻打齐国。如果吴军取胜，吴王一定会要和晋国争霸，晋国应有所准备。"

等子贡回到鲁国，吴军已打败齐国。不久，吴王又率大军北上伐晋。这时，越王勾践便乘机攻占吴国都城。

子贡一番攻心游说，布置了一个使齐、吴、越、晋四国互相牵制的连环巧计，使鲁国免遭齐军的攻伐，又免受吴国的挟制，从而挽救了鲁国。一般地说，连环计不管是两计相扣，还是多个计谋相配合，其功能无非是两个：一个是让敌人自相钳制；二个是更有效、迅猛地攻击敌人。二者相辅相成，用兵就如得天神相助一样。

连环计是一种权术。所谓"连环计"是指多数的环连贯在一起，而成为一串。使用此计主要是指互相拖累，相互钳制，或者通过巧妙的方法使敌人不战自乱，减弱敌人的力量，或乘机进攻，或趁机撤退。

连环计的道理是十分简明的，事物都是相互联系的，只要抓住要害，就会引起连锁反应，如此一环环地使用下去，便会达到事半功倍的效果。

连环计的运用，最重要的是布局。布局周密完整，没有破绽漏洞，才能完美无缺地施展。若其中有一环一计失误，可能造成牵一环而动全局、缺一计而前功尽弃的后果。

只有考虑周全，组织严密，能充分结合主客观因素的人，才不会因百密一疏而造成功亏一篑。

二、市场竞争的新谋略

一环套一环的连环计，使得成功变得更为容易，而现代也有不少聪明的企业家善于使用连环计在商战中取得主动。位于河南省郑州市区的郑州市钟表眼镜批零商店，曾是全国八大眼镜专卖店之一，过去它一直垄断着郑州市及周围地区的眼镜销售市场。可是当这家批零商店还在自得其乐地吃老本的时候，它的周围却先后冒出了十几家个体眼镜店铺和不少地摊，有的甚至就干脆堵住了批零店门口。这些小老板有时候进店转一圈，出门就把自己摊上同样的眼镜降低了标价，而他们打出的“配镜迅速、立等可取”的幌子也很奏效。就这样，个体经营者凭着其本小灵活、嘴甜货廉的优势，很快便堵住了郑州市钟表眼镜批零店的财路。一向自居老大的郑州市钟表眼镜批零店面对围攻，先是冷静地分析了市场形势，然后发现：个体户的优势是进退自如、定价灵活，但他们一般缺乏过硬的技术，且配镜质量无保证，也无力造成经营上的优势。因此，批零店根据自己的优势，终于制定出了一套“扬长避短、优化服务”的战略。

他们先是缩减了低档眼镜的销售量，以避开个体户定价灵活的优势；又增加了中、高档眼镜的花色、品种。由于一般顾客都不大懂得配镜的技术，他们便又在报纸、电视上展开了宣传攻势：一是宣传配镜的基本知识，使顾客了解到配镜不适将给眼睛造成的损害；二是宣传本企业的信誉及提供的优质服务。他们还在广为宣传的基础上开展了“儿童眼镜百日服务”的活动，即儿童配镜减价一半，还提供免费验光，并聘请了 3 位眼科专家全天候诊，为儿童提供免费配镜咨询，以保证儿童配上适宜的眼镜。此外，他们还专门购置了 5 辆摩托车，以便把配好眼镜的儿童送至家门或学校。这一系列措施，安排得如此细致、周密，一环紧扣着一环，顾客不知不觉地就中了连环计的“圈套”。最终，伴随着知名度扩大、销售员素质提高，他们还培养了一批未来的顾客——儿童。于是，郑州市钟表眼镜批零商店的复苏就可想而知了。

连环计是一种根据预期结果制定行动方案的博弈策略。总之，在博弈中，为了克敌制胜，有时候一计往往很难迫使对方就范，所以就需要多施几计将对方一步步地诱入圈套，这样也就方便取胜了。

“太太口服液”由深圳太太口服液公司开发研制，是一种用十几种中草药制成的颇具药文化色彩的营养保健口服液。1993 年 3 月 8 日，几位闯深圳的年轻人用心血和汗水正式研制出了“太大口服液”。口服液在当今中国大陆已足足有 300 多种，光深圳就有五六十种。在众多的商家中，想要赢得人们的好感，首要的是营销术，而营销术中，最重要的是广告术。

“太太口服液”如果打报纸广告，就不打没色彩、没形象创意的“豆腐块”，要打就必须是每天都出现的系列牌面“包场”。因此，“太太口服液”一开始就以半版或成套的系列广告，在特区两大报上重复刊载。

以这样宏大的气势进行广告轰炸，自然引起了公众的关注与强烈的兴趣。

“太太口服液”广告语是最初出现在报纸上的“三个太太两个黄”“三个太太一个虚”“三个太太三个喜”，一下子就抓住了太太们的心理，激发她们想看下文是什么的强烈好奇心。

“太太口服液”在国贸大厦灯箱上，一改以往国内广告语的宣告式或询问式语言，以一种轻松、幽默的平常口语甚至双关语去借“太太”之名的优势，导出了一系列引人注目的话题：

“太太脸上有难，也写在了丈夫脸上。”

“拥有‘太太’，你可能一夜成富翁。”

他们在国贸大厦的灯箱外包上一块黄布，上面写着：“里面有一个太太”“里面有两个太太”“里面有三个太太”，背后写着巨大的“猜”字，如此吸引住了进出国贸大厦的人群。公司在国贸大厦人流如潮的地方，拉出长 80 米、宽 1.2 米的巨大布幅，写着“太太留名”，结果不到 6 个小时，几万人在布幅上写了名字和地址。此事之后，“太太”能不让人记忆深刻?

“太太”公司知道如果这样零敲碎打或孤零零地打广告，看似节省却浪费。“太太”当然也懂得，如果在创业时，拼命打广告，等到销售看好时，就撤广告，那消费者很快就会把“太太口服液”遗忘了。因此，当销售迅速上升时，“太太”公司照样坚持做广告，加强宣传攻势，加深公众对“太太”的印象。

在中央电视台黄金时间，“太太”公司邀请了著名歌星帮助塑造系列电视广告形象——“挚情长真，永驻我心”的广告词与动人的画面，以较强的故事性效应，很快赢得了消费者的喜爱，扩大了“太太口服液”的知名度。

1995 年，“太太”公司又推出“九五新装样式”，从包装上进行创新，以满足消费者求新的心理。此外，“太太”还经常在户外利用灯箱、路牌等做广告，时刻提醒消费者关注“太太”。

就这样，通过各种媒体广告的配合，“太太”几乎家喻户晓，深深地印入了人们的心中，时间一长，就形成一种消费气候，在许多家庭，丈夫买“太太”送给妻子，已成为一种时尚。

连环计，顾名思义，是一种多步骤或多环节的计谋。少则两步骤或两环节，多则无定数，步步相接，环环相扣，如同长链环环相连。

为确保成功，在每一步骤或环节上，都可以用计。在现代经商活动中，经营者采用一环扣一环的公关营销活动，确能显示出该计的妙处。

三、晏子舌战楚王

春秋战国时期，齐国有位大夫晏子，善于言辞。有一次，他受命出使楚国。楚国是当时的大国，自然要借此在齐国面前显示一番自己的威风。楚王有意侮辱晏子与齐国，于是找机会几番地为难他。面对实力强大的楚国，代表齐国的晏子自然处于下风，不过他最终还是凭借自己的智慧巧妙地解决了那些难题。

第一次，楚王知道晏子身材矮小，就事先在大门的旁边特意开了一个五尺高的小洞，请晏子从这个洞进去。

晏子拒绝了，他说：“出使狗国的人才从狗洞进去，今天我出使到楚国来，难道也要从这个洞进去吗？”这样一来，楚国人便为难了：按楚王的命令来办事的话不就相当于承认了自己是狗国吗？万般无奈之下，楚国人只好请晏子改走大门。

第二次，晏子拜见楚王。楚王不屑地问道："齐国没有人吗？"晏子对答："齐国首都临淄有七千多户人家，展开衣袖可以遮天蔽日，挥洒汗水就像天下雨一样，怎么能说齐国没有人呢？"楚王就奚落晏子："既然这样，为什么派你这样一个人来做使臣呢？"晏子回答说："齐国派遣的使臣，各有各的出使对象，凡是贤明的使者都被派遣出使贤明的君主那儿，凡是不肖的使者被派遣出使不肖的君主那儿，因为我是他们中最无能的人，所以就只好委屈下出使楚国了。"楚王听了哑口无言，却仍然不服气。

第三次，楚王请晏子喝酒，在这期间，有两个公差押着一个人走到楚王面前。楚王故意问公差："这绑着的人是哪国人呀？"公差回答说："他是齐国人，犯了偷窃罪。"楚王继续得意地问："是因为齐国人本来就善于偷窃吗？"听到这里，晏子起身说："我恰巧听说过一件事：如果橘子生长在淮河以南就还是橘子，若是它生长在淮河以北就会变成枳了，虽然这两样东西它们的叶子非常相似，但是果实的味道是不同的。那么这是为什么呢？原因还是水土，淮河以南与淮河以北的水土条件其实大相径庭。现在您看齐国的百姓在齐国不偷，一到楚国就偷窃，莫非也是楚国的水土使得老百姓善于偷窃吗？"楚王大笑，自知他已经难不倒晏子了。

在这场口才的较量中，晏子面对楚王的三番刁难，毫不畏惧，每次都能应对自如。一方面，针对对方的嘲讽，晏子设计了与此相关联的命题，其实已经布好了局，为楚王设计好了一个被动的局，在这样的局面中，一荣俱荣，一损俱损，双方荣辱与共，晏子就达到累敌的目的；另一方面，晏子顺着楚王的意思而得出的推论反使楚王的处境由优转劣，最后为自己的难题所困，只能自取其辱。

四、韩瑞计除“守旧派”

“连环计”的原理很简单，那就是任何事物都是相互联系的，只要抓住要害，就会引起连锁反应，如此一环扣一环地在适当的形势下运用适当的计谋，最终一定能取得胜利。职场和战场一样，想取得胜利，都要讲究精密筹划、周密布局。三十六计中，在什么时候使用什么计谋，并没有一定的规则，可以根据需要随意搭配，但要注意，每一环节都必须要蕴涵心机，如同下棋，要有谋略在胸中，一步走下去，之后几步的走法和目的都已经了然于心。只有这样，“连环计”才能计计成功，也方能显示出“连环”之奥妙。

韩瑞是一位资深的 HR 经理，目前正负责一家合资企业的人事改革。这家合资企业的前身是老国企，因此裁员是韩瑞最头疼的问题，一不小心，可能会出人命。韩瑞接受任务后，并没有急于着手改革，而是先进行了细致深入的调查。调查结果显示，需要调整的人员大部分集中在公司的“守旧派”身上。所谓“守旧派”，就是那些不甘心自身利益受损、为企业合资设置种种障碍之人。而“守旧派”中的核心人物便是企业的副总——梁总，企业的各个主要部门里都有他的人，这个人可不好对付，怎么办呢?

韩瑞冥思苦想了几天几夜，终于想到一个好办法：以恶制恶，即借梁总的手先送走那些“守旧派”，然后再借机赶走梁总。

于是，韩瑞请示总裁后，成立了一个机构变革小组，请梁总担任组长。韩瑞与梁总谈心，说：“您现在可是国企改革的标杆、旗手，上上下下多少双眼睛都关注着您哪！这是第一炮，打响了，梁总您的前途就无量了！”梁总毕竟是个有私心的人，和那些“守旧派”的所谓“友情”也不过建立在利益上面，如今为了获取更大的利益，哪里还顾得上他人？再加上韩瑞不间断地请媒体来采访梁总，政府的汇报工作也全权交由梁总来做，在重重压力下，他即便想抽身，也由不得自己做主了。于是心一横、牙一咬，决定踩着盟友的“尸体”往上爬了。

毕竟是“守旧派”的老大，底下人想造反，但是把柄和底细都牢牢地在“老大”手中抓着，扑腾几下，也就偃旗息鼓了。韩瑞不管梁总用什么方式，只要他能把局面收拾好就行。很快地，各部门的“守旧派”都被清理得差不多了，韩瑞趁机开始安排自己早已选好的人，当然，那是一些锐意进取的“革新派”。

虽然梁总看似很顺利地完成了任务，但他心中始终惴惴不安：自己翻脸不认人，说不定很快就会遭到报复。即便那些人明里不敢，谁能保证暗地里不来呢？但他的不安很快便被一个找上门来的人打消了，这人竟然是一家著名猎头公司的说客。

梁总简直不相信自己的耳朵：“竟然还会有人来挖我？”

“啊！您自己都不知道？您现在可是鼎鼎大名的‘铁腕改革家’啊！有多少亟待变革的国企期盼着像您这样的人才前去进行大刀阔斧地改革呢！”

梁总觉得这简直是“喜从天降”，一方面自己的离开可以给那些得罪过的“兄弟们”一个交代，另一方面自己的身价竟然涨得那么高！于是，他很快递交辞呈，喜滋滋地去另一家国企赴任了。

韩瑞接到猎头的电话：“感谢您给我们提供信息。”韩瑞的脸上绽开了舒心的笑容。

韩瑞为梁总设计的每一步都符合“连环计”的特征：先是利用敌人内部力量互相牵制、彼此抵消，然后待大的势力消灭小的势力后，再趁机消灭大势力。先是“借刀杀人”，再是“请君入瓮”，环环相扣、天衣无缝。

职场上有时难免“孤军作战”，当实力不及对手时，正面硬拼只会令自己“受伤”。这时，不如巧设“连环”、以恶制恶，让对手内部的力量相互钳制、自我消耗，然后等待有利时机将他们一举铲除。

“连环计”既要“巧”也要“连”，不但要依据具体情势谋划相应的计策，还要讲究各计策之间纵向相贯、横向相辅。数计之间不但互为因果、互为条件，百计迭出，形成一条计谋链，而又相互促进、相互补充，天衣无缝、毫无漏洞。这样就可以不让敌人有可乘之机，自己则牢牢掌握竞争的主动权。连环计的实质就在于两方面：一是使敌自累，即在敌人相互勾结，形成强大实力，而我方无法直接攻击时，为削弱敌人的实力，可采取制造矛盾、各个击破的手段，使敌人自相钳制，待其由优势变为劣势，再谋攻围歼；二是机巧贯连，即对同一谋划对象使用两个或两个以上的计谋，这些计谋环环相扣，横向相辅，纵向相贯，相得益彰。

要打赢一场战争，总是需要多种计谋相互联系，迭相运用。这从广义上讲，都可说是连环用计。当然，连环计不仅运用于战争，在现代社会的很多方面，合理运用连环计，不失为一种人生的大智慧。

第三十六计　走为上计

储小娜（合肥师范学院文学院）

全师避敌，左次无咎，未失常也。

这是“走为上”计在《三十六计》中的原文，这句话的意思是说，在战斗中，遇到敌强我弱的情况，要懂得退却，避开强敌。“左次”意思是撤退，“无咎”意为没什么过失。意思是说：这样懂得避却，也没有什么过失，是符合常理的事情。

一、刘邦智走鸿门宴

在军事战斗中，能正确地预估形式，明白敌我力量，及时脱身、保存实力，这是一种大忍让与大智慧。在现实生活中也是如此，及时地退让不是软弱无能的表现，而是力量的一种积蓄，能知难而退就一定会有厚积薄发的一天。刘邦就是如此。

自秦灭亡以后，刘邦和项羽各率一军。刘邦手下有十万兵马，驻扎在霸上，项羽有军队四十万驻扎在新丰鸿门。论行军打仗刘邦绝不是项羽的对手，这项羽一直以来也未将刘邦及其同僚放在心上。但如今，刘邦已是先入汉中，且有十万军队。不论怎样说这十万的军队都是项羽心头的大患，不除他，只怕项氏打下的江山迟早有一天会拱手让人。

为除刘邦，项羽的谋士范增便出主意，在鸿门设下一宴席，特邀刘邦来赴宴，想在宴会上，一举将刘邦等人给灭掉。

哪知这宴席还没举办，消息就被刘邦给知道了，而透露此消息的人就是项羽的叔父项伯。知道此事之后，刘邦寝食难安，就如同热锅上的蚂蚁。如果去就是送死，这不去就给了项羽对付自己的借口，去与不去对刘邦来说都是个难题。

自古以来，一个成功的君主身后，一定站着一群同样优秀的谋士，刘邦就是如此。正当刘邦犹豫未决之时，张良站了出来，说道无论如何这宴席还是得去的，至于如何应对项羽，只能到时见机行事了。

一行人在约定的时间，赶到了鸿门，准时参加这场宴席。表面上是个宴席，可是大家心里都明白这就是专为刘邦设的一个圈套。喝酒的人表面一团和气，实际上确是各怀心思。见时机到了，范增便让项庄舞剑来助兴，项庄了解范增的心思，这剑可处处都是针对刘邦的。看情况不对，项伯也拿出剑来与项庄对舞，一个其意在杀人，另一个其意却在救人。众目睽睽之下，项庄也不好与项伯发生过大的冲突，见杀不了刘邦，就只得作罢。

这一场惊心动魄的舞剑算是表演完了，只怕刘邦及其下属看得胆战心惊。然而此时，自己处在别人的地盘上，刘邦能不能活着逃脱确实是个问题。见刘邦处处都处于下风，张良此时只得把樊哙找来。樊哙虽是个莽夫，但此人武功甚好，关键时刻好歹还能护得刘邦周全。

樊哙进来之后，项羽手下的人确实不敢轻举妄动了。有樊哙在此护刘邦，刘邦才像吃了一颗定心丸，这悬着的一颗心也终于放下来了。虽有樊哙在，但项羽人多势众，一旦发生冲突，刘邦怕也很难逃得出去。面对这番情景，最靠得住的保命之法就是逃跑，只要能跑得掉，那项羽就对付不了刘邦。宴席之上，在场的人也不在少数，想要逃跑也得有个堂堂正正的借口啊，况且这四下里都是人，硬跑肯定是行不通的。

和很多参加酒会却不愿意多喝酒的人一样，“上厕所”似乎是一个屡试不爽的好借口。刘邦此时找的借口也是上厕所，不过刘邦并不是要以此来挡项羽的酒，而是以上厕所为名趁机逃跑。趁着上厕所的机会，刘邦和樊哙从后门沿着小道逃跑了。所谓成大事者不拘小节，这刘邦也顾不得自己的颜面了。

逃跑是一件简单的事，可如何既跑得掉又不失面子，这才是一门真正的学问，而让刘邦既保了性命，又保了名声的这个人就是张良。刘邦逃跑之后，张良却一直坐在宴席之上，估摸着刘邦此时已经回到自己军营里了，张良才告诉项羽刘邦已走的事实。张良说道：“沛公不胜酒力，可又怕霸王您怪罪，只得偷偷先走了，此时怕是已经到了军营。为表罪意，沛公特命我将这对白玉送上，还望霸王能原谅主公。”

留张良在此处的这一举动可真是高明，一来张良在此，那范增等人就不会猜到刘邦已经逃跑了，这就给刘邦逃跑留得了宝贵的时间。二来张良的这一番说辞，既保全了刘邦的名声又不至于让项羽失了面子，也使项羽没法以此事来找刘邦的麻烦。

生活不会永远顺风顺水，当人为刀俎、我为鱼肉的时候，就要懂得退让。倘若刘邦不退让，怕如今的历史就要从此改写了，而在现实生活中，面对困境时的我们也应该如此，当对手过于强大时，不要硬碰硬的以卵击石，要懂得以退为进。适当的逃离不是软弱，而是为了积蓄力量，等待下一次更完美的反击。

二、只让世界记住你最闪亮的样子

人的一生会有很多不同的境遇，失败、挫折、成功、闪亮，这些东西始终伴随着我们。然而实际上，你在什么样的情境里退去，你给世界留下的就会是什么样的身影。

要让世界记住你最闪亮的样子，也就意味着要在最闪亮的时候离开让你发光发热的舞台，而这恰恰也是最难的事情，很多人终其一生也难以做到，但著名乒乓球教练安德斯却做到了。

1992 年夏季奥运会之后，安德斯突然宣布将于 1993 年 5 月世乒赛结束后退出球坛。这一举动不仅让对安德斯抱有很大希望的球员们大感惊讶，也让瑞典人民倍感痛心。因为此时的安德斯是瑞典乒乓球队的主教练，并带领着球队在多场世界级球赛中取得了不错的成绩。

1990 年，安德斯被聘为瑞典国家乒乓球队总教练，在他的指导之下，瑞典球队迎来了胜利的春天，频频获得国际众多重要奖项。安德斯了解每一个球员的优势，擅长挖掘他们的天赋，能指导他们合理地运用自己所长。另外，安德斯还善于排兵布阵，他带领队员们所打的每一场比赛几乎都是以胜利结束。

1991 年的世界乒乓球赛上，他带领的瑞典男子乒乓球队几乎包揽了所有项目的金牌。1992 年夏季奥运会上，他带领的男子乒乓球队更为瑞典赢得了唯一的一块金牌。不论从什么角度来说，安德斯始终都是瑞典体育界的英雄，更是瑞典乒乓球队的全部希望所在。然而他辞职的消息一出，很多人为此感到惋惜，也有很多人认为安德斯一定是脑子进水了，不然怎么会在自己事业如日中天的时候，说退就退呢？

然而，只有安德斯自己才明白，此时退出才是最好的时机。在这个世界上，处于低位、默默无闻会被人遗忘；同样的，长期处于不变的高位，也不会再引起别人的注意。如果这些还不足以成为一个知名教练辞职的原因，那么另外一个原因则是促使他离开的关键。

此时的安德斯，在别人的眼里，可真称得上已达到了事业的巅峰，实际上只有他自己知道，他已达不到更高的地步了。安德斯心里明白，连年的胜利已经激不起自己再去挑战的欲望，因为最好的结果也不过是现在这个样子，而他也已经将自己最擅长的部分教给了自己的弟子，再怎么教也不过这样。如果继续下去，不过是让别人逐渐熟悉自己的战法，最后的结果，就是这种胜利会慢慢地被别人取代。等到那一天，他便不再是瑞典乒乓球界的英雄，所有的业绩也会被即将的失败所掩盖，最后自己也只能黯淡离场。

事实证明，离去不仅对安德斯自己至关重要，也是整个瑞典乒乓球队的最好选择。球队需要新的血液，需要新的活力，只有新的力量才能带给他们全新的突破，而这一切恰恰是安德斯给不了的。

安德斯是个聪明人，赛场上的多年经历也告诉他，这个世界上没有永远的胜利者。事物不是一成不变的，所谓风水轮流转，今日过分辉煌，明日就有可能被人遗忘。既然迟早会被人忘记，倒不如在自己最闪亮的时候功成身退，这样既给自己一个圆满的结局，也给了瑞典乒乓球队一个崭新的希望。

1993 年，安德斯从瑞典国家乒乓球队辞职，而瑞典人民此时会记住的也只有他最闪耀的身影。

三、赢在“后退”上

很多人都有这样的体验，在平时的购物过程中，如果买家与卖家在价钱上不能得到满意的妥协，买家就会选择假意的离开。见顾客要走，很多卖家就会在价钱上做出较大的让步。商务谈判中也是如此，在这样的情况下，适时的以退为进，往往会制造紧张的局面，此时反而更加容易促进谈判的成功。

1984 年，为促进化肥产业的发展，我国计划在秦皇岛口岸附近，与突尼斯合作开办大型化肥场。谈判进行得非常顺利，中国是个农业大国，化肥市场需求大，对很多人来说，这是一块不可多得的肥肉，谈判过程之中，石油大国科威特也看中了这块肥肉，意图加入合作的行列。

科威特加入之后，原本的双方谈判就换成了三方谈判，而参与此次谈判的就是科威特某化肥公司的董事长。此人是个商务谈判的高手，在商界也有一定的地位。该董事长一来时，就要求之前所有的谈判都不算数，并要求重新进行筹备，而这一切都必须在科威特代表的参与下才能作数。

科威特是半路加入谈判行列的，此前的市场调研、产业规划、场地设计等方方面面的筹备工作已经耗费了十几万的资金，也费去了不少人的大量精力。倘若如他所说，一切从头开始，就意味着之前所有的努力都白费了。况且之前的筹备计划也并未影响到科威特方面的利益，再说如果谈判拖延，损失的是大家共同的利益。因此，在场所有人都不愿意再重新开始，但碍于该董事长的威严，也没有人敢提出质疑。

谈判似乎陷入了僵局，此时却有一人站了出来，也正是此人的一句话，才让谈判重新进行了下去。这个人是秦皇岛当地政府的代表，只见他站起来只说了一句话，他说道："为开办此工厂，我们地方政府已经提供了最好的场地和相关优惠政策。这块地皮临近港口、位置优越，考虑到与贵国的友好关系，我们才给贵国优先的机会，既然大家没什么好的解决办法，那我们就只能考虑把这块地让给别的企业了。我还有别的事，我就不参加接下来的谈判了。"说完此话，这位政府代表就拎着包走了。

听到此，该董事长立马放低姿态，将那名官员请了回来，要求继续谈判，而此后的谈判也非常的顺利。

说到这，不得不说，这位政府代表的"走为上"一计用的可真是妙啊，他这一番话不仅极具诱惑力，同时也具有一定的压迫力。办化肥厂首先要考虑的就是选址，而当地政府已经提供了好的场地，那就为工厂开办提供了不少便利，这是诱惑所在。

另外，从这位政府代表口中能清楚地知道，化肥厂只是这块地皮的选择之一，谈判延拖，那这块好的场地就有可能成为别人的了。要真是因为自己的执着，致使公司遭受损失，那这位董事长可就得不偿失了，这是压迫力所在。况且他心里也明白，之前的筹备并未损失到科威特的利益，此时坚持只是碍于颜面，两利相权之下，科威特的董事长也只有选择退一步，继续谈判。

商业谈判中，经常会遇到这种相持的局面，当有利可图时，双方往往都不肯轻易地退步。此时若哪一方巧设一局，敢于退后一步，往往就会迫使对方做出让步，而成为最后的赢家。

四、“走”入新天地

不论是在战争中，还是在生意场上，“走为上”计总能帮我们及时地走出困境，走出危机。在职场上也是如此，当工作遭遇瓶颈时，适时地退出去，往往会收获“柳暗花明又一村”的意外惊喜。

章治，一家外企的人事部经理，凭借着自己多年的工作经验和超强的办事能力，在公司里一直顺风顺水。但近来，章治却面临了自己入公司以来的第一个危机，而造成这个危机的原因是公司的新老板。

新来的老总叫乔治，乔治年轻、办事能力强，刚一进公司就开始大刀阔斧的搞改革，所谓新官上任三把火。若是一些小打小闹，章治也还应付得来，但新老板一来，便要求所有关于人事的章程或文件都要中英双语的。按照以前的惯例，人事部的所有资料都是汉语的。公司职员众多，相关人事资料也非常多，若全译成英文版，得耗费不少的精力。这件事让章治非常苦恼，然而事情的关键却并不在此，关键在于乔治给他新派了助手。

按理说，增派助手减轻自己的工作负担，这应该是一件好事，但事实上却不是这样。明眼人心里都明白，增派助手不过就是个幌子，乔治真实的目的不过要在人事部安插自己的心腹罢了。人人都说：一朝天子一朝臣，这乔治明显是想在公司里形成自己的势力。可这就苦了乔治了，他不仅感到自己的地位受到威胁，还感到从未有过的信任危机。于是，自己喜欢的高薪职业，就硬生生地变成了一份苦差事，工作所能带给他的就只剩下压力、疲惫与烦恼了。

一次，好友魏寅的一番话，让章治的人生有了新的转机。魏寅是章治关系非常好的朋友，在一次聚会上，魏寅了解了章治工作的情况后，就建议章治辞职。

很多时候，工作的目的不仅仅在于能领报酬，能养家糊口，还在于它能给人一份寄托，使人在精神上得到满足。既然现在的工作带给章治的就只有压力，此时辞职，也未尝不是一个好的选择。

一番深思熟虑之后，章治就决定辞职了。辞职后的章治并没有马上找工作，而是选择到一家高校继续深造。两年之后，章治从该校顺利毕业。凭借着在学校学来的新知识和多年的工作经验，章治自己创办了一家企业咨询顾问工作室。

在平时的授课过程中，章治语言风趣幽默，上课通俗易懂，他的课很受别人欢迎。同时章治又将上课内容与自己的实战经验相结合，他传授的经验不仅非常实用，而且理念新颖，符合发展潮流，因此章治很快就受到了不少业内人士的追捧。自己的工作室也办得风生水起，可谓真正迎来了事业的巅峰。

职场如战场，同事之间，上下级之间因为利益的纠葛、见解的不同，免不了会明争暗斗，而当这种斗争带给你的只有伤害，工作带给你的只是压力，或者工作环境让你喘不过来气的时候，不妨试着退回去。“走为上”不是因为你惧怕与别人斗争，而是不被环境所影响，在另一片天地里去成就自己。

在职场中，苦心经营也好，步步为营也罢，他们也许会带给你的或许只是表面上的繁华，而当你经受不住环境的侵袭时，“柳暗花明又一村”的收获，或许比“出淤泥而不染”的坚守来得更自在，更能释放本心。

人的一生会面临很多各种各样的选择，每一个选择都关乎我们的命运。

在困境中懂得知难而退，不做无谓的抗争；在辉煌时不被外物诱惑，保持清醒的头脑；在平淡里不执着于现状，敢于走进一片新天地，这是“走为上”一计的体现，同时也是将帮助我们，改变人生，改变生存现状的大智慧、大哲学。

跋

智慧教育，探索无穷

钱　斌

有些专家断言：智慧教育是教育信息化的未来发展趋势，是未来教育的主要形态。

那么，究竟什么是“智慧教育”，怎样进行“智慧教育”呢？

我们进行了一些探索。

我们以合肥工业大学宣城校区、马克思主义学院学生为主，吸收安徽中医药大学、上海师范大学、安徽大学、广东工业大学、合肥师范学院等院校的部分学生，组建团队。指导学生以《三十六计》中的36条计谋为线索，在书籍、杂志、网络中搜寻案例。团队成员共同努力，历时两年，汇编了一本案例集《人生智慧三十六计》。

各个搜集来的案例主要聚焦大学生活、职场生涯，通过对其中思维模式的解构、辨析，引导大学生以积极的心态面对，以正确的方法思考，以睿智的方式解决。

通过实践，我们认为：进行所谓的“智慧教育”，不是摒弃知识的传授，而是更加重视引导学生去探求知识，使其转识成智，成为用知识的智者；不是信息技术简单的运用，而是更加重视教育内容，综合运用各种手段，培养学生完整、健全的能力和人格，使其不断追求有价值的人生，成为“有智慧的人”。

中华优秀传统文化有着系统的思想、深湛的内容和丰富的实践，是当前进行智慧教育的文化渊薮，应当善加利用。

组建学生文创团队的另一个思路，是希冀探索文化育人的新方式。

对于传统文化来说，文化育人首先是受教育者必须了解传统文化，树立文化自信，进而融入传统文化。在这样的情况下，教育者才能对受教育者以文化之，实现文化育人的目标。

当前，大学生的传统文化教育主要是通过高等院校的课程体系来实现的，侧重于传统文化中的各种思想观念，以及文学艺术等方面，在教育的方式、内容和目标上，均存在缺陷。这些缺陷的存在，使得大学生对传统文化的传承是不充分、不完整的。学生对于传统文化主要是情感认同，而非理性认知。

文创团队的实践，在一定程度上破解了这个难题。

我们进一步提出了“科研传承模式”。这是以协作学习理论为指导，探讨在“互联网+”背景下，学生以团队方式学习、研究和体验传统文化的独特方式。这种学习方式注重整体学习效果，鼓励团队成员之间的交流与协助，通过组团资源共享、内部讨论和头脑风暴等形式，在团队协作的氛围中培养成员的探究意识与相关能力。

授之以鱼不如授之以渔。虽然《人生智慧三十六计》中的案例并非学生们的创作，但是沿着特有的思路进行搜集和整理，也是一种科研活动。这正是科研传承模式的主体思路：培养学生的研究能力，创造团队学习的氛围，鼓励学生自主地去学习、了解传统文化，牢固树立文化自信，自觉传承传统文化，最终达成以文化人的目的。

选择《三十六计》为蓝本进行文创，是我们对思想政治教育内容上的一个探索。

习近平总书记指出，“中国优秀传统文化的丰富哲学思想、人文精神、教化思想、道德理念等”，“可以为道德建设提供有益启发”。他认为，“对传统文化中适合于调理社会关系和鼓励人们向上向善的内容，我们要结合时代条件加以继承和发扬，赋予其新的涵义”。

兵学是传统文化中的一朵奇葩，是古人长期军事斗争的经验总结和理论概括，其典型特点是讲求实效性。兵家所有谋划的最终目的，就是为了战胜对手。因此，在充满竞争的当代社会，兵家的基本思想仍然具有指导意义；兵家的权谋机变，也是当代人临机决断的必备锦囊。

需要说明的是，当代社会有着一种对传统兵学庸俗化的理解，似乎运用计谋就是为了在职场上、在商业竞争中，为自己谋得利益。为此，可以不惜牺牲社会的、他人的利益，甚至不惜丧失自己的人格，去换取一时的所得。这种对中华优秀传统文化“厚黑学式”的继承，既是对传统兵学的背离，也与社会主义核心价值观格格不入，是我们所鄙弃的。

我们有意识地编选了这样一些“反面”案例，在集体利益与个人利益、长远利益与短期利益、利益优先与人格尊严的背景下，引导受教育者进行进行正确抉择。我们认为，这是对受教育者进行价值观教育的一种良好方式。

传统兵法的研学，并非是学习古代兵家的阴谋诡计，而是引导受教育者领悟计谋的精髓，化“阴谋”为“阳谋”，根据现有条件，在不影响别人、也不依赖别人的前提下，运用智慧的力量，光明正大地通过整合自己的资源配置，提高效率，达到总体更好的结果或实现更高的希望。

随着“思政课程向课程思政”“显性思政向隐性思政”的发展，思想政治教育要实现在学生的课程中，乃至生活中的全覆盖。中华优秀传统文化的教育，也应成为其中的重要的构成。而传统兵学的教育，则不仅要求受教育者有智慧的头脑，更要有善良的品行，这是对思想政治教育内容上的一个拓展。

此外，我们还结合大学生培养目标、传统文化元素和“科研传承模式”，提出“创新创业智慧学”概念。同时，鼓励学生以创作内容，或以传统文化相关内容为基础，申报各级各类项目，参加各种实践活动和各种竞赛，将文创活动与大学生创新创业紧密结合。

学生负责人钱子聪等，以文创活动为基础，申报成功大学生创新创业项目“‘互联网＋’模式下的国学传播研究——基于以三十六计为代表的自媒体平台”（项目号：2016CXCY264）。力图“走出象牙塔，走进百姓中，把国学传播到千家万户”。

我们根据文创内容，录制“创业与智慧”，获中国高等教育学会创新创业教育分会2016年全国高校创新创业教育课程“精彩一课”二等奖。

我们还成功申报安徽省大规模在线开放课程（MOOC）示范项目“传统文化与创新思维”（项目号：2017mooc306）。准备组织部分教师和团队学生，将书稿的内容录制成慕课，向社会开放。该项目创新性地将学生导入课程建设阶段，以完全的开放理念，使受教育者介入教育的源头，实现自我教育并有益于新的受教育者，为优质课程的建设提供了一条可借鉴的路径。

落红不是无情物，化作春泥更护花。新的时代，教育形势有了新的发展变化。而无论教育思想、教育形态、教育模式如何更迭，不变的是教师对学生的心。教育教学是良心工程。只要教师怀揣一颗关爱学生的心，就一定能够创新出各种办法，“培养一代又一代拥护中国共产党领导和我国社会主义制度、立志为中国特色社会主义奋斗终身的有用人才”！

2019 年 9 月 8 日